AF279406

Después de *El origen de las especies*: la teoría darwiniana, paradigma de hoy

Miguel C. Botella López
Meriem K. Gijón
José Gijón Puerta
(eds.)

Después de *El origen de las especies*: la teoría darwiniana, paradigma de hoy

Granada
2023

Índice

Presentación

Javier Villoria Prieto[1] y Marisa Hernández Ríos[2]

La obra que el lector tiene en sus manos es el resultado de una reunión científica de la que fuimos anfitriones y con la que colaboramos de forma decidida por la pertinencia e importancia del evento científico que responde al compromiso social que las facultades de educación tenemos de poner en valor el rigor académico y científico.

El concepto de la teoría de la evolución aún genera cierta discusión y, por qué no decirlo, enfrentamiento en sociedades avanzadas como la norteamericana, donde por un lado las sociedades científicas defienden que es un principio fundamental de la biología apoyado en un número apabullante de evidencias científicas, frente a una visión de una parte de la sociedad que lo considera un tema controvertido cuando no lo pone en duda. Reflejo de ello es que la enseñanza de la evolución ha sido y sigue siendo un tema muy debatido en muchos estados americanos que han llegado a plantear que no se enseñe en los centros educativos, o que si se hace se haga de forma paralela a la teoría de la creación. Este hecho supone un desafío para la enseñanza de la evolución y la naturaleza de la ciencia, aquello que no aparece en el currículo no se enseña, y lo que no se enseña se desconoce. En los últimos años parece que esta controversia no va a más y según los datos de Plutzer et al.[3], gracias a la labor de instituciones científicas y educativas, los profesores de Ciencias que defienden y enseñan la teoría de la evolución son mayoría; esta mejora se ha logrado gracias a una mejor formación del profesorado, y aquí reivindicamos el papel de las Facultades de Educación, y del profesorado en ejercicio. Qué importante es la formación continua a lo largo de la vida en la profesión docente para mejorar los procesos de enseñanza y aprendizaje en la formación científica.

La situación de la enseñanza de la evolución en nuestro país no ha experimentado la controversia que hemos apuntado y queremos subrayar que la educación

---

1. Decano de la Facultad de Ciencias de la Educación de la Universidad de Granada

2. Vicedecana de Extensión universitaria y responsabilidad social. Facultad de Ciencias de la Educación de la Universidad de Granada.

3. Véase Plutzer, E., Branch, G. & Reid, A. Teaching evolution in U.S. public schools: a continuing challenge. Evo Edu Outreach 13, 14 (2020). https://doi.org/10.1186/s12052-020-00126-8

de los ciudadanos en las grandes teorías y hechos que la ciencia revela, como lo es la evolución de los seres vivos, es ahora más que nunca necesaria. Tener ciudadanos bien formados en cuestiones científicas es hoy imprescindible, y formar a los futuros docentes en el conocimiento de estos hechos y teorías resulta inaplazable. Nada tiene sentido si no es a la luz de la teoría de la evolución, y la educación de los futuros docentes en estos conceptos no puede ser una excepción.

Si una sociedad es el reflejo de la educación que recibe, y nuestra meta es una formación de calidad, esta no se puede lograr sin unos docentes bien formados, capaces de adaptar la enseñanza a la realidad de sus aulas. Es aquí donde las Facultades de Educación tenemos una gran responsabilidad como papel de formadores de las personas que van a responsabilizarse de la formación de las generaciones actuales y venideras. El rigor y solvencia académica y científica han de ser elementos clave de esa formación. Es en este contexto donde brindamos un apoyo incondicional a la propuesta que nos llegó de implicarnos en los actos que han puesto en valor dos efemérides relacionadas con el desarrollo y difusión de la teoría de la evolución por medio de la selección natural, propuesta por Charles R. Darwin en 1859 en su obra *On the Origin of Species by Means of Natural Selection, or the Preservation of Favoured Races in the Struggle for Life.*

La primera, vinculada a Granada y a sus instituciones educativas, fue la conferencia inaugural del curso 1872-73 del director del Instituto de Enseñanza Media Rafael García Álvarez, catedrático de Historia Natural, quien realizó una defensa cerrada del darwinismo que derivó en su condena por la jerarquía eclesiástica. La segunda efeméride fue la publicación hace cincuenta años del artículo de Theodosius Dobzhansky *Nothing in biology makes sense except in the light of evolution.*

Estos dos acontecimientos han funcionado como hitos para reflexionar sobre los avatares de la teoría y sobre su situación actual, sobre todo desde la perspectiva de la transmisión a las próximas generaciones de sus contenidos y sus valores científicos.

Asimismo, el reciente fallecimiento del profesor Francisco J. Ayala nos da pie para reafirmar su trayectoria científica y la de aquellos académicos que, como el propio Ayala, han dedicado su vida al estudio y difusión de la teoría evolutiva.

Por este motivo, planteamos también este volumen como un reconocimiento a dos personas, ambas españolas, cuya destacada trayectoria vital está completamente ligada a la teoría de la evolución: Francisco J. Ayala (*in memoriam*) y Camilo José Cela Conde. Con este gesto queremos poner de manifiesto la necesidad imperiosa de reivindicar la evidencia, la ciencia y el pensamiento libre como elementos clave para el futuro de las sociedades occidentales, que han basado buena parte de su desarrollo actual en el hecho científico.

La teoría darwiniana de la evolución: de la certeza a las dudas

Camilo José Cela Conde[1]

Sirvan estas páginas como homenaje a Francisco Ayala, desaparecido en el peor de los sentidos de la palabra.
Mucho de lo que se dice aquí procede de su sabiduría, tan grande como para provocar las envidias miserables que terminaron con él.

La propuesta realizada por Charles Darwin en su obra canónica de 1859 supone la pieza clave de las ciencias de la vida. Darwin proporcionó una explicación alternativa a la creacionista para justificar la diversidad y complejidad de los organismos vivos existentes, pero, como se sabe, su planteamiento inicial tropezaba con la falta de medios para explicar el proceso de la evolución por selección natural en dos aspectos esenciales: la herencia y la generación de la diversidad genética. Hubo que esperar cerca de un siglo para que el neodarwinismo, tras la síntesis de la teoría original darwiniana con la genética mendeliana y tras el descubrimiento de las funciones de los ácidos nucleicos, ofreciese un cuadro completo. No obstante, quedan pendientes de resolver algunas dificultades entre las que se encuentran la cuestión del *progreso evolutivo* y la identificación de las especies que constituyen los distintos eslabones de cualquier linaje evolutivo. Con la duda acerca de si el concepto de *especie fósil* o *cronoespecie* está justificado desde el punto de vista metodológico.

Tales cuestiones se tratan en la primera parte de este capítulo. La segunda examina, por medio de las herramientas teóricas tratadas en la primera parte, las principales características de la evolución del linaje humano.

El origen de los organismos: la teoría de la selección natural

En el año 1973, Theodosius Dobzhansky publicó un artículo cuyo título se ha convertido en un mantra para las ciencias de la vida: «Nada tiene sentido en Biología si no es a la luz de la evolución».

1. Profesor emérito de la Universidad de las Islas Baleares.

¿Por qué?

Quizá porque el punto de partida para cualquier sentido que se le quiera dar a los seres vivos deja claro que la complejidad y diversidad de los organismos tiene una explicación muy difícil. Piénsese en las características de los diferentes órganos y tejidos que necesita un ave apara poder volar: la falta de uno solo de ellos se lo impediría. Considérense las 375.000 especies que forman el orden de los coleópteros; tan abundantes que se atribuye a Ernst Mayr la frase de que, «si Dios existe, lo cierto es que le gustan mucho los escarabajos». ¿Cómo explicar tales hechos?

A principios del siglo XIX se daba por sentado que la respuesta era trascendente: Dios había creado todos los seres vivos como especies inmutables y eternas. La Biblia era la fuente de inspiración de esa certeza, en particular el libro del Génesis (20-30) que comienza sosteniendo lo siguiente: «Entonces Dios dijo: "Que las aguas se llenen de seres vivientes y haya aves volando en el firmamento sobre la tierra"». Pero el archidiácono de la diócesis de Carlisle (condado de Cumbria, Inglaterra) William Paley sostuvo que no era necesaria la fe para dar por cierta la creación divina de los organismos: el sentido común lo demostraba. En sus propias palabras:[1]

> Supongamos que, al cruzar un brezal, mi pie golpea una piedra y me preguntan cómo llegó la piedra allí; Posiblemente podría responder que, por lo que sé, había permanecido allí desde siempre, sin que fuera fácil mostrar lo absurdo de esta respuesta. Pero supongamos que hubiera encontrado un reloj en el suelo, y se me preguntase cómo fue que el reloj estaba en ese lugar; Difícilmente pensaría en la respuesta que había dado antes, que por lo que sé, el reloj podría haber estado siempre allí. ... Debe haber existido, en algún momento, y en algún lugar u otro, un artífice o artífices, que formaron [el reloj] con el propósito al que en realidad responde; alguien que comprendió su construcción y diseñó su uso. ... Cada indicación del artefacto mecánico, cada manifestación del diseño que se da en el reloj, existe en las obras de la naturaleza; con la diferencia, por la que hace a la naturaleza, de ser mayor o más, y eso en un grado que excede todo cálculo. (Volumen 1, pág. 1, traducido).

No existe reloj sin relojero, ni, con mayor motivo, organismo sin su creador. El argumento es tan sólido que fundamenta todavía la hipótesis creacionista del diseño inteligente. Hasta uno de los mayores críticos del creacionismo, Richard Dawkins, se autocalifica en su obra más conocida[2] de *neo-paleyista* dando por cierto que Paley proporcionó razones que eran más que convincentes; ser creacionista resultaba necesario hasta que Darwin propuso su teoría de la evolución por selección natural.

¿Por qué es tan atractivo el argumento del relojero? Por razones estadísticas. Como se sabe, todos los seres vivos cuentan con un genoma, el mecanismo que lleva a todos ellos, ya sea un ave, un elefante o un insecto, a ser como son y transmitir sus características a la descendencia. El genoma está formado por ácidos nucleicos (DNA, ácido desoxirribonucleico, y RNA, ácido ribonucleico), que son cadenas muy largas en forma de una sucesión de nucleótidos (una cadena doble en el DNA; una simple en el RNA). Cada uno de los nucleótidos consta de un triplete de bases nitrogenadas que, en el DNA, son la adenina, citosina, guanina y timina (uracilo en vez de timina en el RNA). Pues bien; incluso la forma de vida más simple, los virus (dejando de lado la discusión filosófica acerca de si son o no seres vivos), disponen de cadenas muy largas de ácidos nucleicos. El DNA del adenovirus humano RKI-2797/04 tiene entre 30.000 y 36.000 pares de bases nitrogenadas. Y la cadena de DNA del *Homo sapiens* alcanza 3.200 millones de pares de bases.

¿Cuál sería la probabilidad de que se formasen al azar, sin un diseñador, tales cadenas? La cifra escapa a la comprensión de nuestra mente, pero busquemos una analogía más fácil de entender. *El ingenioso hidalgo don Quijote de la Mancha*, el libro de Cervantes, tiene 377.022 palabras que suponen alrededor de dos millones de caracteres. La lengua castellana consta de 27 letras, 54 si tenemos en cuenta mayúsculas y minúsculas, más cinco letras acentuadas, 12 signos de puntuación y 9 signos auxiliares; un total de 80 caracteres. Para calcular lo que se tardaría en escribir al azar *El Quijote* imaginemos un mono tecleando sin sentido una máquina de escribir de 80 caracteres. Si escribiese 100 caracteres por minuto, es decir, 6.000 por hora y 60.000 en un día de diez horas de trabajo, le llevaría alrededor de un mes teclear los dos millones de caracteres del libro.

Una primera frase escrita por ese mono imaginario podría ser, por ejemplo, «ko)) tP ;rLRs:,, ññ.; dFCs¿¿». ¿Cuál sería la probabilidad de que, en vez, fuese «En un lugar de la Mancha, de cuyo nombre de puedo acordarme» y así hasta el final del Quijote? El resultado es el cociente 1/80 elevado a dos millones, cifra que equivale a un cero, coma, al que siguen cerca de 4 millones de ceros hasta llegar a la primera cifra distinta al cero (un uno). Se trata de un número inconcebible. Para entrar en cifras con un sentido más fácil de apreciar imaginemos que hay un millón de monos tecleando a la vez. ¿Cuántos años serían necesarios para que al menos uno de ellos escribiese el libro con una probabilidad igual a la que le tocara el gordo en Navidad comprando un décimo? La respuesta es 666.000 millones de años.

Como la edad del universo es de cerca de 14.000 millones de años, cerca de cincuenta veces menos, hay que concluir que William Paley tenía razón. En especial porque la cadena del DNA humano es 1.500 veces más larga que la secuencia de letras y signos del *Quijote*. Hace falta un diseñador.

¿Un diseñador divino? Volvamos a los monos que teclean al azar. Las primeras palabras que escribiesen podrían ser algo así como:

:ko99¿¡¡
rLRs:,,
ññ.;
dFCs¿¿
...op87ljgf430i

Pero supongamos que tenemos una máquina que hace lo siguiente:

1. Rechaza en la primera todos los caracteres escritos al azar, salvo el que se lea: «En»
2. De ser así, guarda los caracteres «En» de la primera palabra
3. Id. en la segunda palabra con «un».
4. Y así con «lugar», «de», «la», «Mancha» ..., hasta el final del libro.

Incluso disponiendo de una máquina semejante se tardaría un tiempo enorme en alcanzar una probabilidad de escribir el libro semejante a la de ganar la lotería, cierto es. Pero se trata de un tiempo en gran medida inferior al que exige el azar puro.

Algo parecido a dicha máquina es lo que propuso Charles Darwin en su libro *On the Origin of Species by Means of Natural Selection*.[3] En él Darwin sostenía que, en contra de lo establecido por la Biblia (y argumentado por Paley), los seres vivos no forman parte de especies inmutables y eternas. Cambian, y lo hacen mediante pequeñas modificaciones hasta el punto de que, a la larga, tales cambios llevan a que los descendientes no se parezcan a sus antecesores remotos.

Pues bien, el mecanismo del cambio, según Darwin, es la selección natural.

La selección natural, y no la idea de la evolución, es el enorme legado que nos dejó Darwin. El evolucionismo tenía ya una larga historia cuando apareció *On the Origin of Species*; pero lo que añadía Darwin, además de una cantidad ingente de pruebas en favor de la evolución, es un argumento acerca de la manera como funciona el mecanismo de selección. En realidad, se trata también de una idea de sentido común muy conocida pero que, por razones prácticas, repetiré una vez más.

Darwin puso de manifiesto que en cada generación nacen muchos más individuos de los que llegan a la edad madura, y los individuos de cada generación no son todos idénticos entre sí. Sólo sobreviven aquéllos cuyas condiciones particulares les permiten sobreponerse a las dificultades del medio ambiente. Y sólo pueden transmitir sus características los que sobreviven y logran reproducirse con éxito. En eso consiste la selección natural.

Pero en el argumento de Darwin se esconden dos cuestiones clave:

—la existencia de caracteres diferentes entre los individuos, que depende de que haya un mecanismo de generación de variaciones
—y la transmisión de los caracteres propios a los descendientes, que depende de que haya un mecanismo de herencia.

Por desgracia, ninguno de los dos mecanismos, ni el de la generación de variaciones ni el de la herencia, estaba al alcance de Darwin. Este último lo presentó Gregor Mendel en 1865 y fue publicado un año más tarde.[4] Si Darwin llegó a conocer los trabajos de Mendel, no los tuvo en cuenta. Fueron autores posteriores, mediante la síntesis de la teoría de la selección natural de Darwin y la teoría de la herencia de Mendel, quienes dieron paso al paradigma neodarwinista cuyos principales pasos podrían resumirse como indica el cuadro 1.

Cuadro 1. Principales pasos del desarrollo del paradigma neodarwinista

Hugo de Vries y otros	1900	Redescubrimiento de los trabajos de Mendel
Wilhelm Johanssen	1909	Concepto de «gen»
Thomas Morgan	1910	Los genes son porciones del cromosoma
Georges Beadle y Edward Tatum	1940	El gen determina la síntesis de proteínas
Oswald Avery	1944	El gen está formado por DNA
Rosalind Franklin	1952	Fotografía por rayos X del DNA
James Watson y Francis Crick	1953	Estructura y funciones del DNA

James Watson y Francis Crick propusieron en 1953 que el DNA cuenta con dos funciones: la autocatalítica, en la que cada molécula da lugar a dos nuevas moléculas en principio idénticas, y la heterocatalítica, en la que la información contenida en el DNA por medio de la sucesión de bases nitrogenadas se transcribe a una molécula de RNA (RNA mensajero, mRNA). Ésta abandona el núcleo y en el cuerpo celular, gracias a la ayuda de otro tipo de RNA (RNA de transferencia, tRNA) y de un orgánulo, el ribosoma (formado por el ácido ribonucleico ribosomal, rRNA, y proteínas ribosómicas), da lugar a la síntesis de los distintos aminoácidos que, encadenados, forman cada proteína.

El mecanismo que explica la generación de variaciones aparece en el artículo de Watson y Crick[5] sobre las implicaciones genéticas de la estructura y funciones del DNA. Como dicen los autores, «la mutación espontánea puede deberse a que una base se presenta ocasionalmente en una de sus posibles formas tautoméricas». Un cambio de ese tipo puede ser significativo o no dependiendo de varios factores. El código genético, es decir, el detalle de los tripletes de bases nitrogenadas (codones) que codifican la síntesis de cada uno de los aminoácidos (20 en total) que forman las proteínas fue alcanzado a través de pasos sucesivos en los que diferentes investigadores descubrieron qué aminoácido codificaba cada codón. El primer paso fue dado por Marshall Warren Nirenberg y Heinrich Matthael[6] al dilucidar la codificación del aminoácido fenilalanina. Cinco años más tarde, Har Gobind Khorana y colaboradores[7] terminaron la tarea indicando la relación que existe entre los 64 codones (la combinación de cuatro bases nitrogenadas tomadas de tres en tres) y los 20 aminoácidos (ver cuadro 2).

El cuadro 2 pone de manifiesto que un mismo aminoácido puede ser codificado por distintos codones, con lo que el cambio de una base nitrogenada a causa de una mutación en una base puede ser inocuo. Por ejemplo, cambiar el último uracilo en el codón UUU por citosina, UUC, no produce ningún efecto porque en ambos casos se sintetiza el aminoácido fenilalanina. También puede ser que, incluso cambiando un aminoácido, la proteína no se vea alterada.

Cuadro 2. Codones que sintetizan los 20 aminoácidos (tomado de Khorama et al. 7).

		Segunda Base					
		U	C	A	G		
P r i m e r a B a s e	U	UUU Phe	UCU Ser	UAU Tyr	UGU Cys	U	T e r c e r a B a s e
		UUC Phe	UCC Ser	UAC Tyr	UGC Cys	C	
		UUA Leu	UCA Ser	UAA Stop	UGA Stop	A	
		UUG Leu	UCG Ser	UAG Stop	UGG Trp	G	
	C	CUU Leu	CCU Pro	CAU His	CGU Arg	U	
		CUC Leu	CCC Pro	CAC His	CGC Arg	C	
		CUA Leu	CCA Pro	CAA Gln	CGA Arg	A	
		CUG Leu	CCG Pro	CAG Gln	CGG Arg	G	
	A	AUU Ile	ACU Thr	AAU Asn	AGU Ser	U	
		AUC Ile	ACC Thr	AAC Asn	AGC Ser	C	
		AUA Ile	ACA Thr	AAA Lys	AGA Arg	A	
		AUG ***	ACG Thr	AAG Lys	AGG Arg	G	
	G	GUU Val	GCU Ala	GAU Asp	GGU Gly	U	
		GUC Val	GCC Ala	GAC Asp	GGC Gly	C	
		GUA Val	GCA Ala	GAA Glu	GGA Gly	A	
		GUG Val	GCG Ala	GAG Glu	GGG Gly	G	

Ala	Alanina	Leu	Leucina
Arg	Arginina	Lys	Lisina
Asn	Asparagina	Met	Metionina
Asp	Ácido aspártico	Phe	Fenilalanina
Cys	Cisteína	Pro	Prolina
Gln	Glutamina	Ser	Serina
Glu	Ácido glutámico	Thr	Trionina
Gly	Glicina	Trp	Triptófano
His	Histidina	Tyr	Tirosina
Ile	Isoleucina	Val	Valina
*** Metionina o comienzo			

Pero una única mutación puede tener en ocasiones consecuencias serias. Si en la posición 6 de la cadena b de la hemoglobina humana se produce una mutación que lleve a que el codón GAA se convierta en GUA, en lugar del ácido glutámico se introduce el aminoácido valina. Y los individuos homocigóticos para esa mutación (que la tengan en los lugares correspondientes de sus dos cromosomas) sufren una enfermedad grave, la anemia falciforme.

El esquema de la evolución por selección natural queda, pues, así:

- Se produce un cambio genético ya sea por mutación o por diferencias en la recombinación de genes. Tal cambio es azaroso.
- En ocasiones, ese cambio supone un incremento en la capacidad de adaptación del organismo. Que sea así, depende del medio ambiente.
- Algunos de los organismos que sobreviven gracias a la mejora adaptativa transmiten a la generación siguiente su código genético con los cambios producidos. La forma como lo hacen depende de las leyes de la herencia.
- Con el paso del tiempo, las mutaciones beneficiosas que van trasmitiéndose conducen a un organismo diferente; no sólo a una variante del organismo original, sino a una criatura distinta por completo.

El resultado de semejante proceso de evolución por selección natural, a lo largo de los 3.500 millones de años (al menos) que se calcula que han transcurrido desde la aparición de los primeros organismos, queda reflejado en la diversidad mostrada en la figura 1.

Figura 1. Diversidad actual de la vida. Tomado de Kaushik et al.[8]

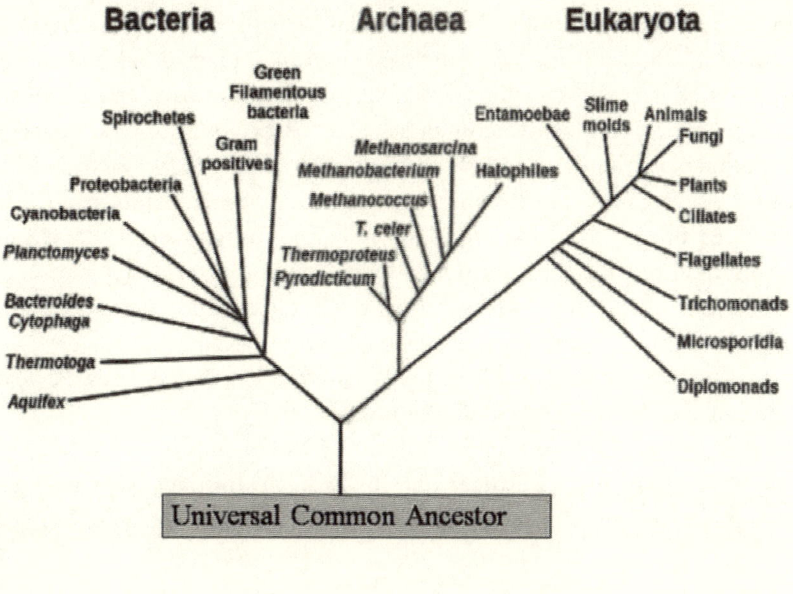

Dificultades de la teoría de la evolución por selección natural

Nada tiene sentido en las ciencias de la vida si no es a la luz de la evolución.

La frase de Theodosius Dobzhansky con la que comenzábamos estas reflexiones tiene como referencia la teoría que nos legó Darwin acerca de la evolución por selección natural. Qué duda cabe acerca de que las diferencias acumuladas mediante los mecanismos de generación de diversidad, de selección y de herencia han conducido (por ejemplo) a que los animales de hoy en día sean muy diferentes a ese progenitor remoto situado en la base de la tabla 3, del que nada sabemos pero que se conoce con las siglas anglosajonas de LCA (*Last Common Ancestor*).

Pero tampoco podemos ignorar que, al margen de las carencias de la propuesta darwiniana original sobre los mecanismos de generación de diversidad y de herencia, el paradigma neodarwinista cuenta con dificultades a la hora de detallar el proceso de evolución; parte de ellas derivadas de lo incompleto que es el registro fósil y otras de carácter más teórico. Nos referiremos sólo a dos de estas últimas: el sentido de la evolución como *progreso* y el problema de la identificación de especies dentro de cada linaje evolutivo.

El «progreso» evolutivo

Es una precaución necesaria cuando se habla de las ciencias de la vida evitar el error de ver la evolución como un *progreso* entendido en forma de incremento de complejidad. Dado que ignoramos cómo era el LCA de la base de la tabla 3, no podemos saber en qué medida diferiría de los procariotas actuales, las bacterias y las arqueas. Sin embargo, el registro fósil proporciona evidencias acerca de los organismos más antiguos, cianobacterias como las identificadas en los esquistos Apest de la formación Pilbara (Oeste de Australia), con una edad de ≈3.500 millones de años (m.a. en adelante).[9] Ni que decir tiene que ignoramos cómo era el genoma de tales organismos para poder compararlo con el de los grupos de bacterias actuales y calibrar las diferencias. Pero parece obvio que cuando Darwin hablaba de los cambios acumulados que llevan a que un ser viviente sea del todo distinto a su ancestro remoto no se estaba refiriendo a los microorganismos. En términos de sentido común al menos, cabe dar por sentado que las bacterias actuales se parecen más a sus ancestros de hace 3.500 m.a. que, por decir algo, los elefantes al antecesor de ese mismo tiempo al que les une su linaje evolutivo.

Hay, pues, linajes que cambian mucho y otros que lo hacen menos. Pero, cuando se dan, ¿en qué consisten los grandes cambios?

Como sostuvieron Eörs Szathmáry y John Maynard Smith:[10]

No hay razón teórica para esperar que los linajes evolutivos aumenten en complejidad con el tiempo, y no hay evidencia empírica de que lo hagan. Sin embargo, las células eucariotas son más complejas que las procariotas, los animales y las plantas son más complejos que los protistas, etc. Este aumento de complejidad puede haberse logrado como resultado de una serie de importantes transiciones evolutivas. (pág. 227).

La clave del cambio, según Szathmáry y Maynard Smith, se encuentra en la forma como se almacena y transmite la información, con ocho grandes transiciones:

I.   De la replicación de moléculas a las poblaciones de moléculas en compartimentos
II.   De los replicadores no ligados a los cromosomas
III. Del RNA como gen y enzima al ADN y proteína (el código genético)
IV.   De los procariotas a los eucariotas
V.   De los clones asexuales a las poblaciones sexuales
VI.   De los protistas a los animales, plantas y hongos (diferenciación celular)
VII. De los Individuos solitarios a las colonias (con castas no reproductivas)
VIII. De las sociedades de primates a las sociedades humanas (lenguaje)

Es importante entender que Szathmáry y Maynard Smith proporcionan sólo un esquema teórico —sin evidencias empíricas— acerca de cómo fue preciso que tuvieran lugar cambios en la forma de transmisión de la información dentro de las tres primeras transiciones, es decir, hasta llegar a lo que conocemos hoy como *genética*. El código genético que permite la síntesis de proteínas a partir de la información contenida en el DNA necesitó de dos incrementos anteriores de la complejidad: la agrupación de moléculas que se replicaban antes de manera separada, y la agrupación en cromosomas de esos conjuntos de moléculas replicadoras separados entre sí. Los mecanismos y detalles empíricos de tales transiciones son, como decimos, desconocidos de momento. Pero a partir de la presencia de los primeros organismos con código genético, los procariotas (bacterias y arqueas en la figura 1), Szathmáry y Maynard Smith indican cinco transiciones de las que sí contamos con evidencias empíricas:

• aparición de seres con células diferenciadas
• aparición del sexo como mecanismo reproductivo
• aparición de las diferentes células que forman el organismo
• aparición de colonias (con castas no reproductivas, como las de las obreras en los himenópteros, termitas, hormigas, abejas y avispas, por ejemplo)
• paso de las sociedades de primates a las sociedades humanas

En este último caso, Szathmáry y Maynard Smith consideran que el lenguaje —entendido en los términos de Noam Chomsky,[11] es decir, como lenguaje de doble articulación (las letras se articulan en palabras y las palabras en frases)— es el que supone el cambio en la forma de transmisión de información que conduce al último incremento de la complejidad. Por desgracia, también carecemos de pruebas empíricas acerca de cuándo y cómo se produjo la aparición del lenguaje, aunque la hipótesis más extendida es la que apunta a nuestra especie, *H. sapiens*, como protagonista del cambio.

Hay autores que atribuyen a nuestra especie hermana, *H. neanderthalensis*, la posesión del lenguaje humano —e incluso Szathmáry y Maynard Smith adjudican a *H. erectus* un *protolenguaje*— pero basándose siempre en pruebas indirectas como puedan ser las de los trazos simbólicos presentes en el registro arqueológico. La única evidencia molecular que se ha relacionado con el lenguaje, la del gen *FOXP2*,[12] ha sido cuestionada.[13]

Dicho de otro modo, la transición que más interesa en el seno de la antropología y las ciencias humanas, la que supone el cambio de complejidad que se da en el tránsito desde los simios a nuestra especie, carece de un soporte empírico convincente acerca de cómo se produjo su evolución.

El concepto de especie como herramienta para describir la evolución

Vayamos ahora con la cuestión de las especies que se suceden a lo largo de un linaje evolutivo.[2]

Existe un debate interminable acerca de cuál era el significado de "especie" que tenía Darwin en mente. El estatus ontológico de la especie no es, en verdad, de gran interés para los biólogos, pero los filósofos de la ciencia le han dedicado mucho tiempo y muchos esfuerzos. Con un dilema en la mente: desde el punto de vista filosófico, o bien la especie es una herramienta heurística, es decir, un concepto arbitrario que se usa en las tareas taxonómicas, o cada especie tiene, como los organismos, una existencia real.

La postura de Darwin parece indicar que veía la especie como un concepto nominalista. Por ejemplo, en el capítulo 2º del *Origin*[3] dijo: «*(...) Considero el término especie como dado arbitrariamente por conveniencia a un conjunto de individuos que se parecen mucho entre sí, y que no difiere esencialmente del término variedad que se da a formas menos distintas y más fluctuantes*».

Medio siglo después de que apareciese el principal libro de Darwin, el asunto se encontraba aún bajo debate. En abril de 1908, la revista *The American Naturalist* reunió varios artículos dedicados a los aspectos taxonómicos, fisiológicos y ecológicos de la especie, incluyendo una discusión acerca de *The Species Question*. Parece, sin embargo, que ni entonces se encontró ninguna solución adecuada, ni contamos con ella ahora mismo. La *Species Question* permanece todavía sin resolver.

---

2. Este apartado contiene, con modificaciones, parte del contenido del artículo siguiente: Cela-Conde, C. J., & Rincón Ruiz, C. (2011). El concepto darwiniano de especie. En J. Martínez Contreras & A. Ponce de León (Eds.), *Darwin y el evolucionismo contemporáneo* (pp. 69-79). Ciudad de México, México: Siglo XXI Editores.

La introducción a la 4ª edición del International Code of Zoological Nomenclature (ICZN) establece en su Principio 1 lo siguiente:

> El Código reconoce que la aplicación rígida del Principio de Prioridad puede, en ciertos casos, trastornar un nombre largamente aceptado en su significado habitual a través de la validación de un nombre poco conocido, o incluso olvidado hace mucho tiempo.

Es decir, aunque el ICZN utiliza un criterio nominalista para identificar cualquier taxón, incluido el que corresponde a una especie, la libertad a la hora de clasificar especímenes queda limitada sólo a la necesidad de que se alcance un consenso.

De tal suerte, la noción de especie se convierte en un instrumento nominalista, sin restricción biológica alguna. Pero, ¿qué tiene que ver un concepto así con la teoría darwiniana?

No es difícil concluir que una idea de especie de ese estilo no casa en realidad con las entidades descritas con Darwin como resultado de la evolución por selección natural. Darwin se refiere a seres vivos concretos que pertenecen a unos grupos adaptados a las presiones ambientales y capaces, con el paso de muchas generaciones, de alcanzar condiciones anatómicas y ecológicas diferentes. En el capítulo II del *Descent of Man*, Darwin[14] escribió lo que sigue:

> Tan pronto como algún miembro antiguo de la gran serie de los primates llegó a ser menos arbóreo, debido a un cambio en su forma de procurarse la subsistencia, o a algún cambio en las condiciones circundantes, se habría modificado su forma habitual de progresión: y, por lo tanto, se habría convertido más estrictamente en cuadrúpedo o bípedo. (…) Sólo el hombre se ha vuelto bípedo.

La secuencia evolutiva que lleva desde el primate ancestral a la especie humana es, pues, para Darwin como sigue: seres arbóreos — seres cuadrúpedos — seres bípedos. Y cada paso de esa secuencia se refiere a organismos reales que, en su conjunto, forman en cada estadio especies reales. A su vez, cada especie cuenta de alguna forma con sus propias ventajas adaptativas características. Las ventajas de los humanos bípedos son descritas por Darwin de la forma siguiente en el mismo capítulo indicado antes:

> Las manos y los brazos difícilmente podrían haber llegado a ser lo suficientemente perfectos para fabricar armas, o para haber arrojado piedras y lanzas con un verdadero objetivo, siempre que se usaran habitualmente para la locomoción y para soportar todo el peso del cuerpo, o, como se remarcó antes, siempre que estuvieran especialmente equipados para trepar a los árboles.

No parece que quepa lugar a la duda acerca de lo que está evolucionando en cada caso: una especie con existencia tan real como la de cualquier organismo. De hecho, Darwin dio muy poca importancia (de manera textual) a las cuestiones nominalistas. En el capítulo VII del mismo libro, Darwin[14] escribió:

> *Si el hombre primitivo, cuando poseía pocas artes, y las más rudimentarias, y cuando su capacidad de lenguaje era extremadamente imperfecta, habría merecido ser llamado hombre, depende de la definición que empleemos. En una serie de formas que se gradúan insensiblemente desde alguna criatura parecida a un mono hasta el hombre tal como existe ahora, sería imposible fijar un punto definido en el que deba usarse el término hombre. Pero esto es un asunto de muy poca importancia.*

El proceso evolutivo que conduce de los primates arbóreos a los humanos bípedos es, en el esquema que Darwin utiliza, una escala lineal con diversos pasos intermedios que resultan difíciles de detallar. Sin embargo, una cuestión muy diferente es la del estatuto ontológico de cada uno de esos pasos. No estamos ante nombres que evolucionan, sino ante especímenes que van dando lugar a especies diferentes. Tomando en cuenta ese hecho, la dificultad se traslada desde el nombre de *simio* o *humano* a la consideración de un proceso de evolución en el que es muy difícil identificar de manera precisa cuándo aparece el bípedo humano. Dicho de otra forma, la forma gradual de la evolución convierte en complicado el determinar cuáles son las distintas especies fósiles que van cambiando en un proceso de sucesión de organismos que cambian a causa de las mutaciones, la selección natural y la herencia.

Es ésa la verdadera *Species Question* que debemos abordar aquí: ¿cómo cabe indicar cuáles son las especies fósiles que forman parte de un linaje? Al menos el punto de partida está bien resuelto porque tenemos a nuestra disposición un concepto útil de especie. La mayoría de los autores interesados en cuestiones teóricas está de acuerdo con el concepto biológico de especie formulado por Dobzhansky[15,16] y desarrollado por Mayr[17-19]. Se basa en el criterio del aislamiento reproductivo entre grupos de organismos: dos poblaciones pertenecen a diferentes especies si se encuentran reproductivamente aisladas una de otra (es decir, no pueden hibridarse, salvo en circunstancias excepcionales y limitadas). Sin embargo, este procedimiento no proporciona ayuda alguna cuando se trata de especies fósiles: resulta imposible comprobar si los especímenes fósiles podrían haberse hibridado o no. Los debates entre las concepciones actuales de la evolución humana son un buen ejemplo de las consecuencias inherentes a esa dificultad. Así, ha sido discutida la validez de no pocos taxa. Por ejemplo, ¿constituyen los neandertales una verdadera especie o pertenecen a la nuestra, *Homo sapiens*? ¿Es un taxón independiente y válido *Homo ergaster* frente a *Homo erectus*? ¿Existe una especie *Homo rudolfensis* separada de *Homo habilis*?

El concepto de especie de Dobzhansky y Mayr es fundamental para entender no sólo la procedencia biológica de los organismos actuales sino también su evolución por selección natural. Cada episodio relacionado con la aparición de nuevos rasgos (gracias a los mecanismos de mutación, recombinación genética y adaptación) tiene lugar dentro de un conjunto reproductivamente cerrado de organismos: dentro de una especie. Así, los procesos que determinan cambios dentro de una especie no pueden *saltar* a los organismos de otra especie distinta. El aislamiento reproductivo lo impide (con la excepción de la hibridación ocasional entre especies, asunto que debemos dejar de lado aquí por razones de espacio).

Aunque no existe un criterio firme y ampliamente aceptado para determinar si un fósil ha sido clasificado de forma correcta, el principio del aislamiento reproductivo permite establecer ciertas claves. La cladística[20] es la técnica que ha sacado más provecho de esa posibilidad. Sin embargo, no está libre de dificultades que le son propias de forma casi imposible de evitar.

La cladística, como se sabe, no admite que se puedan distinguir especies evolutivas dentro de un linaje monofilético (sin ramificaciones). Pero, hablando de forma teórica, si existe una ramificación mediante un proceso en el que una especie (la llamada por Hennig *stem species*, o *especie madre*) es reemplazada de manera instantánea (recuérdese que seguimos hablando en términos teóricos) por dos nuevas *daughter species, especies hijas* —que son *especies hermanas* entre sí— entonces sí resulta posible identificar especies ancestrales.

La *stem species* y las *daughter species* forman en conjunto lo que se denomina un clado. Y gracias a la manera como se genera el clado —desaparición de la *stem species* y aparición de las *daughter species*—, cabe indicar el momento preciso en que se produce el episodio de ramificación, de separación cladística, el instante denominado *nodo* (vid. figura 2).

Figura 2. Especie madre, basal o «stem species», y especies hijas, con el nodo que indica el proceso de ramificación, de acuerdo con la formulación original de Hennig (1965).

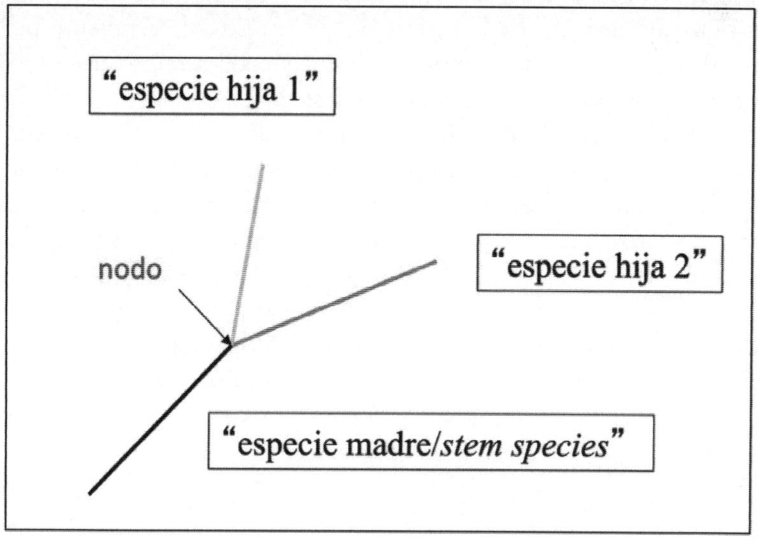

La prueba de la presencia de procesos de separación cladística a lo largo del tiempo se obtendría, por definición, señalando los clados y nodos. Pero para poder hacerlo hay que abandonar la perspectiva teórica y entrar ahora en una cuestión empírica: ¿Cómo cabe identificar en el registro fósil un acontecimiento de ramificación en el que una *stem species* da lugar a dos *daughter species*? La clave para poder hacerlo reside en las llamadas apomorfias, los rasgos derivados propios de cada especie. Las apomorfias de las *daughter species* que se separan en el nodo no pueden ser compartidos a causa del aislamiento reproductivo, dado que estamos hablando de verdaderas especies. Basta con identificar las apomorfias para poder distinguir las diferentes especies.

El mecanismo heurístico funciona en la práctica así: supongamos que, en un yacimiento, y dentro de un mismo horizonte estratigráfico, aparecen fósiles muy similares entre sí pero que forman dos grupos distintos porque cada uno de ellos posee un rasgo al menos que está ausente en el otro. Si se tratase de dos poblaciones de una misma especie, no tendría sentido que hubiese tal separación de rasgos (una vez que descartemos los dimorfismos sexuales y la existencia de una variabilidad razonable). Cabe concluir, pues, que estamos ante un fenómeno de aislamiento reproductivo cuya explicación más parsimoniosa se alcanza entendiendo que se trata de dos especies muy parecidas pero diferentes que viven en el mismo espacio y tiempo. Hemos identificado las especies hermanas de un proceso de ramificación.

Como decíamos antes, la cladística original de Hennig no permite distinguir especies dentro de un linaje monofilético, sin ramificaciones. Sin embargo, es bastante común nombrar en los trabajos paleontológicos diferentes especies a lo largo de un linaje que no se ramifica. En ocasiones se recurre al término *cronoespecies* para distinguir, dentro de un linaje monofilético (o filético, sin más), entre grupos de organismos que mantienen una relación de ancestro-descendiente porque, en el proceso de evolución, han cambiado tanto que de ser organismos coetáneos mantendrían un aislamiento reproductivo entre sí.

Se trata, claro, de un malabarismo especulativo, pero, a la vez, parece razonable. Por ejemplo, los caballos modernos, *Equus*, y sus ancestros de 50 m.a. atrás, *Hyracotherium*, reciben diferentes nombres porque, desde un punto de vista morfológico, son tan diferentes entre sí como lo son al menos los caballos actuales y las cebras (más diferentes aún, lo que lleva a que *Equus* e *Hyracotherium* se sitúen en dos géneros distintos). El concepto de cronoespecie admite el reconocimiento de una sucesión de especies dentro de una evolución monofilética, sin ramificaciones, aunque no contemos con acontecimientos cladísticos capaces de identificar un nodo.

Pero, ¿cómo establecer en un proceso filético el momento en que se produce el cambio de especies, es decir, el nodo? (Figura 3).

Figura 3. El problema de la identificación del nodo en una evolución de cronoespecies

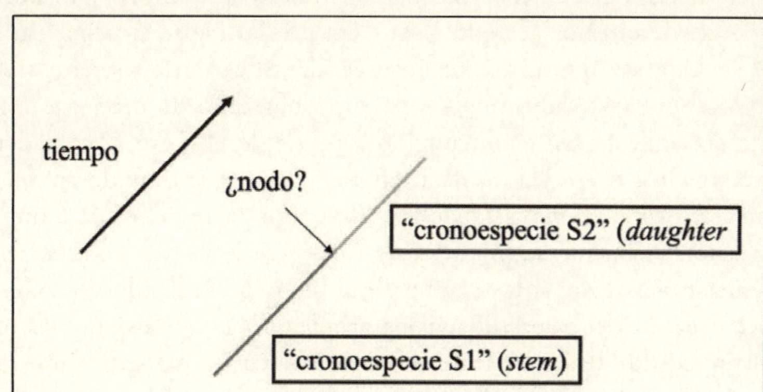

Podría ser factible identificar el nodo en que una cronoespecie hija S2, se separa de su especie madre S1 si, en el linaje filético, encontrásemos en un determinado momento especímenes contemporáneos de ambas. La cladística original de Hennig no permite tomar en cuenta ese proceso como propio de una especiación —no considera una posible presencia simultánea de especie madre y especie hija— pero la cladística transformada, sí lo hace.[21] Ésta acepta la presencia de una población hija S2 por medio de una apomorfia al menos que la distinga de una especie madre S1 cuyos especímenes estén presentes en el mismo yacimiento y horizonte estratigráfico que el ocupado por S2. La manera de representar ese proceso, dentro de la cladística transformada, consiste en considerar S1 y S2 como especies hermanas en el cladograma (figura 4).

Figura 4. Cronoespecie madre y cronoespecie hija representadas como especies hermanas en la cladística reformada

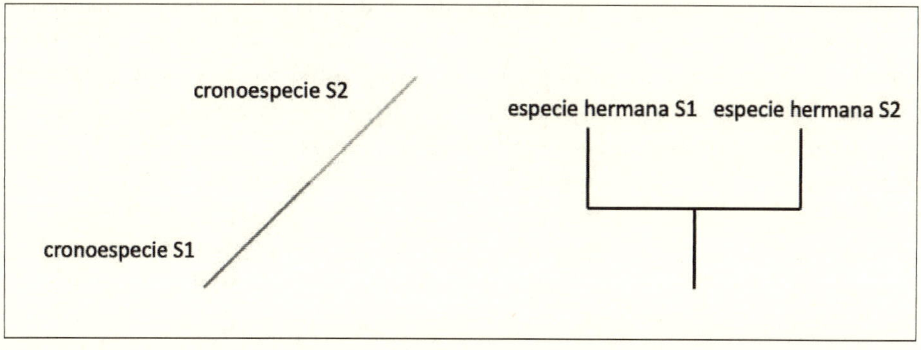

Una consecuencia importante que aparece al colocar las especies madre e hija como especies hermanas es la pérdida del sentido original de la *stem species* de Hennig. Como indicaron Schaeffer, Hecht and Eldredge,[22] en la cladística reformada todos los taxa, ya sean fósiles o actuales, deben ser considerados como taxa terminales en el cladograma. Por tanto, podemos distinguir ningún ancestro, ni siquiera hipotético, anterior al nodo —que era precisamente el papel asumido por la *stem species*. Una vez que un taxón fósil es identificado de forma correcta, pasa a constituir —como taxón terminal— el grupo hermano de otro taxón o de otro conjunto de taxa que hayan evolucionado a partir de él. Pero al considerarlo así, nos encontramos que no podemos decir en realidad que se trate de un *ancestro*. De acuerdo con esa idea, la *stem species* desaparece como parte del cladograma; no sólo su representación es la que se pierde sino el propio concepto de especie basal. A partir de semejante exigencia, los cladogramas pierden el sentido de representantes de un proceso evolutivo (al estilo de los árboles filogenéticos) que tenían en la propuesta original de Hennig, para limitarse a indicar la manera como los linajes se dividen en grupos hermanos (figura 5).

Figura 5. Árbol filogenético vs. representación como taxa terminales de todas las especies, fósiles o actuales, de acuerdo con la cladística transformada.

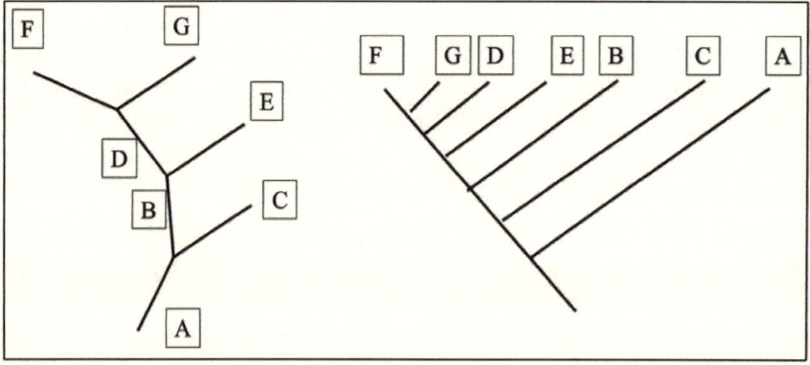

La pérdida de la dimensión temporal es un precio muy alto pagado por la trasformación de la cladística para poder albergar linajes filéticos. La consecuencia, como se ha dicho, lleva a que los cladogramas no representen ya relaciones ancestrales. Por añadidura, el proceso de especiación a lo largo del tiempo tampoco puede ser establecido. Como indicaron Delson, Eldredge & Tattersall,[23] el concepto de *especies hermanas* es un instrumento metodológico que debe ser aplicado incluso si (1) los taxa bajo consideración son dos especies que mantienen relaciones de ancestro-descendiente y no son, por tanto, verdaderos grupos hermanos; y (2) los taxa bajo consideración tienen parientes cercanos que no son conocidos. De acuerdo con Delson y colaboradores,[22] un cladograma construido de esa forma no distingue si las ramas que proceden de un nodo son especies hermanas o mantienen una relación madre/hija. Los procesos de transformación de una cronoespecie en otra desaparecen como objeto de investigación científica con arreglo a la cladística reformada dado que la hipótesis acerca de la relación ancestral de un taxón respecto de otro no puede ser sometida a prueba.[23,24,25] Esa misma idea fue expresada por Siddall[26] al sostener que la búsqueda de relaciones evolutivas por medio de ancestros identificados en el registro fósil es algo así como la reaparición del culto al becerro de oro.

Estamos pues, desde el punto de vista epistemológico, ante una situación trágica (recuérdese el origen griego de esa palabra: aquello que es a la vez necesario e imposible). En el campo más sólido del análisis filogenético, el de la cladística, no contamos con conceptos lo bastante fuertes como para describir e interpretar los procesos evolutivos. Parece urgente, pues, la necesidad de revisar las herramientas taxonómicas incluido el concepto de cronoespecie. Es preciso disponer de un sistema que sea capaz de identificar relaciones de ancestro-descendiente en el registro fósil. Pero resulta muy difícil imaginar siquiera cómo cabría proceder para llegar a esas herramientas conceptuales ausentes.

Tal vez una relectura carente de prejuicios de las propuestas originales de Darwin pueda ser un buen punto de partida para superar ese obstáculo. Como indicó Darwin en el capítulo 1 del *Descent of Man*:[14]

> Así podemos entender cómo ha llegado a suceder que el hombre y todos los demás animales vertebrados hayan sido construidos sobre el mismo modelo general, por qué pasan por las mismas primeras etapas de desarrollo y por qué conservan ciertos rudimentos en común.

Los rudimentos comunes y las particularidades de cada taxón en un esquema de especies hermanas son, por supuesto, la clave para entender los procesos evolutivos. No obstante, reducir las comparaciones a aquéllas que pueden llevarse a cabo mediante los procedimientos cladísticos al uso no parece suficiente. Entre las nuevas perspectivas a considerar se encuentra el estudio de caracteres funcionales aplicando las técnicas cladísticas a la evolución de las capacidades humanas como son la cultura y el lenguaje. De nuevo, Darwin y su *Descent of Man*, nos dan la clave:

> Quien desee decidir si el hombre es el descendiente modificado de alguna forma preexistente, probablemente se preguntará primero si el hombre varía, aunque sea levemente, en la estructura corporal y en las facultades mentales; y si es así, si las variaciones se transmiten a su descendencia de acuerdo con las leyes que prevalecen con los animales inferiores.

Segunda parte. ¿Cómo analizar la filogénesis? El caso del linaje humano

El resumen de lo dicho hasta ahora no sólo recuerda, de la mano de Dobzhansky, que la teoría neodarwiniana de la evolución es imprescindible para la Biología. También pone de manifiesto las dificultades que aparecen a la hora de aplicarla para establecer la filogénesis de un linaje.

Centrémonos en el ejemplo de la evolución humana. La casi imposibilidad de identificar especies fósiles daría en este caso la razón a los autores que sostienen que, desde el punto de vista taxonómico y en un sentido estricto, todo el linaje humano debería reducirse a una única especie evolutiva, *Homo sapiens*.[27] Por supuesto que existen unas diferencias morfológicas grandes entre los humanos modernos (que es como se suele denominar a los miembros de nuestra especie) y los homininos fósiles más antiguos (los primeros miembros de la tribu Hominini tras su separación de la tribu Panini, en la que se engloban los chimpancés). Pero si no contamos con medios para indicar cuándo aparecen y desaparecen las distintas especies fósiles de nuestro linaje, al hablar de sus vínculos evolutivos estamos condenados a la especulación.

Como hemos visto, cuando identificamos episodios cladísticos en los que una especie madre da lugar a dos especies hijas desaparece el problema. Pero, al margen de la dificultad que tiene encontrar indicios empíricos de cualquier cladogénesis, seguiríamos atados de manos si la evolución de una especie a otra es monofilética, sin ramificaciones. Y la cladística reformada, que resuelve ese inconveniente, ya hemos advertido que lo hace a cambio de eliminar el sentido de árbol filogenético que tenían los cladogramas originales de Hennig. Si todos los taxa (especie madre e hija, en un linaje monofilético) deben ser considerados terminales (vid. figura 5) no es posible indicar qué especie es ancestral respecto de otra y, de tal suerte, renunciamos de hecho al sentido mismo de la teoría de la evolución.

Quizá sea el momento de decidir hasta qué punto es necesario ajustarse a las exigencias estrictas de las herramientas que se utilizan para identificar los procesos filogenéticos, habida cuenta de que dichas herramientas nos están obligando a perder de vista el propósito inicial. De lo que se trata a la hora de analizar la evolución de un linaje es de contar con una hipótesis sobre cómo se fueron sucediendo los episodios cladísticos (con ramificación) y filéticos (sin ella) por medio de los cuales se produce la filogénesis. En el caso del linaje humano, lo que buscamos es un esquema de los procesos evolutivos que han llevado desde la separación del linaje conjunto que mantuvimos en su día con los chimpancés hasta nuestra propia especie. Intentamos, pues, retratar a grandes rasgos el proceso de evolución a partir de los indicios con que contamos. Y tenemos que conformarnos con entender que, de acuerdo con las evidencias empíricas disponibles, cabe pensar que se produjeron determinados episodios cladísticos y filéticos, aunque no dispongamos pruebas estrictas que nos permitan indicar cuándo y dónde tuvieron lugar dichos acontecimientos evolutivos.

Siguiendo esa estrategia, el esquema más compatible con los indicios empíricos de que se dispone lleva a sostener que se produjeron tres episodios cladísticos de gran trascendencia para el linaje humano (figura 6):

1. La separación de los linajes chimpancé y humano
2. La separación de los linajes de homininos *robustos* y *gráciles*
3. La separación de los linajes de neandertales y humanos modernos.

Figura 6. Principales episodios cladísticos del linaje humano. Nodo 1: separación de Panini (tribu que engloba a los chimpancés) y Hominini (tribu que engloba a los humanos). Nodo 2: separación de los géneros *Paranthropus* (humanos «robustos») y *Homo* (humanos «gráciles»). Nodo 3: separación de las especies *Homo neanderthalensis* y *Homo sapiens*.

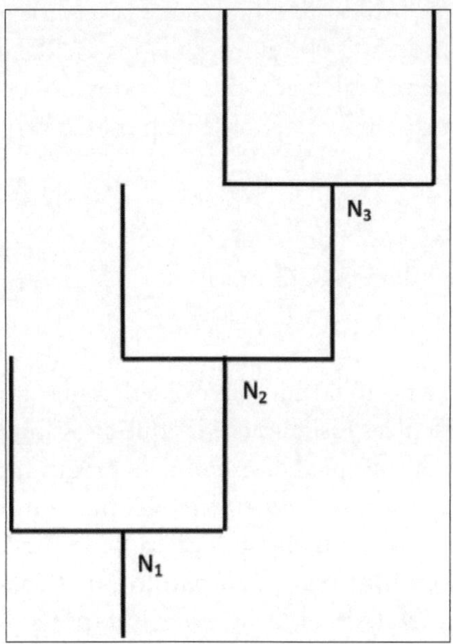

Cabe advertir que en los nodos de la figura 6 no estamos refiriéndonos en todos casos a la diversificación cladística de especies, que es la idea original de Hennig. Abusando de la flexibilidad de los conceptos de clado y nodo, estamos metiendo en el mismo cladograma episodios que implican distintas categorías taxonómicas: tribus en la separación del linaje de chimpancés y humanos; géneros en el caso de *Paranthropus* vs. *Homo*; especies en la divergencia *Homo neanderthalensis* vs. *Homo sapiens*.

Si quisiéramos ajustarnos a un procedimiento más estricto, tendríamos que considerar tres cladogramas de los que sólo el último (el de N3) reflejaría una divergencia entre especies. Pero incluso permitiéndonos la licencia de mezclar en el cladograma de la figura 6 nodos correspondientes a la separación de distintas categorías —tribu, género y especie—, seguiremos ignorando los cambios filéticos del linaje humano, unos pasos evolutivos de gran importancia para la filogénesis humana. Los abordaremos en los epígrafes siguientes.

PRIMER EPISODIO CLADÍSTICO: N1

La primera cladogénesis en el esquema de la figura 6 se refiere a la divergencia de las tribus de chimpancés y humanos.

La existencia del nodo N1 resulta necesaria: por cercanos que estemos los chimpancés y los humanos actuales tanto en términos morfológicos como genéticos, en algún momento tuvieron que separarse nuestros respectivos linajes. Por desgracia, ningún yacimiento proporciona evidencias de dicha cladogénesis; de hecho, carecemos por completo de fósiles de chimpancés, con la excepción de tres dientes de una antigüedad de unos 500.000 años hallados en Kenia.[28] Pero la edad de la aparición del clado humano, calculada por métodos moleculares, resulta ser de 6 m.a., con un abanico entre 5 y 7 m.a.[29] Y se dispone de varios fósiles de homininos con alrededor de 6 m.a.:

- *Sahelanthropus tchadensis*,[30] de 6,8-7,2 m.a.[31]
- *Orrorin tugenensis*,[32] de 5,7-6,02 m.a.[33]
- *Ardipithecus ramidus*, de 5,2-5,8 m.a.[34]

Por más que esté fuera de toda duda la existencia de una divergencia cladística como la indicada, las evidencias fósiles referidas que apoyan la presencia del nodo N1 en el entorno de los 6 m.a. no quedan exentas de preguntas difíciles de responder.

Tras cada propuesta de esas *primeras especies* del linaje humano basadas en restos fósiles se sucedieron numerosas discusiones aceca de la pertinencia de atribuir tales ejemplares a la tribu Hominini pero, aun dando por bueno su carácter humano, nos encontramos con dificultades a la hora de interpretar lo sucedido en los primeros momentos de la separación de los linajes de chimpancés y humanos. Sucede que *Sahelanthropus* fue hallado en Toros-Menalla (Chad), *Orrorin* en Tugen Hills (Kenia) y *Orrorin* en Asa Koma (Etiopía), localidades muy alejas entre sí. Así que contamos con dos hipótesis contrapuestas:

1. La separación de los clados chimpancé y humano tuvo lugar a través de tres episodios independientes.

2. *Sahelanthropus*, *Orrorin*, y *Ardipithecus* forman de manera conjunta el grupo hermano del linaje chimpancé (cuyas formas fósiles en N1 son desconocidas).

Ambas hipótesis tropiezan con problemas. La primera, porque resulta una coincidencia más que dudosa el que se produjese tres veces la separación de los linajes de chimpancés y humanos en un intervalo de tiempo en cierto modo coincidente. La segunda, porque si los tres «primeras especies» del linaje humano están emparentadas entre sí hay que postular que se produjo en un lapso no demasiado extenso el desplazamiento de poblaciones entre localidades muy separadas. Por añadidura, resulta difícil entender a qué se deben las diferencias morfológicas que existen entre *Sahelanthropus*, *Orrorin*, y *Ardipithecus*, si bien resulta difícil comparar esas especies a causa de lo fragmentario y diverso de sus restos fósiles. Sólo contamos con fósiles lo bastante informativos de *Ardipithecus*.

Sin embargo, habida cuenta que estamos hablando de referencias africanas (incluyendo el caso de los chimpancés), N1 debió tener lugar en África y en la fecha indicada de ≈6 m.a. como mínimo. Si la separación de los linajes se produjo en

África oriental o en la subsahariana es algo que con los datos disponibles no puede resolverse. Lo que sí parece claro, de aceptar la segunda de las hipótesis sobre las especies de homininos del Mioceno, es que resulta preferible agrupar los tres géneros en uno solo.[34] Y siguiendo las reglas de la taxonomía, éste debe ser *Ardipithecus*, el primero propuesto. El hallazgo en Aramis (Etiopía) de un ejemplar casi completo de *Ardipithecus ramidus*, ARA-VP-6/500,[35] ha permitido contar con una descripción morfológica muy completa de ese taxón.

En cualquier caso, parece indudable que entre la separación en N1 de las tribus Panini (chimpancés) y Hominini (humanos) y la separación en N2 de los homininos gráciles y robustos se produjeron otros procesos evolutivos que no quedan reflejados en el cladograma de la figura 6 a causa de que estamos hablando de cambios sin divergencia cladística. Así, contamos con fósiles que indican un episodio de evolución filética desde el primer género de nuestra tribu, *Ardipithecus*, a *Australopithecus*, el género madre de los dos géneros hijos *Paranthropus* y *Homo* en N2. Al tratarse de un cambio filético no se puede representar, como sabemos, en un cladograma como el de la figura 6.

Australopithecus es un género de gran importancia para la filogénesis humana tanto desde el punto de vista de los ejemplares fósiles disponibles como de la propia evolución de nuestro linaje. A *Australopithecus* pertenece uno de los ejemplares antiguos más completos de nuestro linaje, A.L. 288-1, de nombre coloquial Lucy, clasificado como *Australopithecus afarensis*.[36]

Las relaciones evolutivas que existen entre *Ardipithecus* y *Australopithecus* no son fáciles de analizar. Pese a tales dificultades, Tim White, Berhane Asfaw y colaboradores[35] han enfocado de manera directa las diferentes hipótesis que se pueden establecer en el tránsito entre esos dos géneros de evolución filética. Los autores propusieron una *gavilla* formada por *cuerdas* de demes —poblaciones con intercambio de alelos—que permite establecer tres hipótesis (figura 7).

La primera hipótesis plantea que una sola especie evoluciona a través de un proceso filético: *Ar. ramidus* y *A. afarensis* suponen cronoespecies. La hipótesis 2 indica una evolución similar desde *Ardipithecus* a *Australopithecus* pero precisando que tuvo lugar en el entorno de los 4,5/4,2 m.a. dentro de un grupo regional reducido de poblaciones, las propias de los yacimientos de Afar (Etiopía) y/o Turkana (Kenia). La hipótesis 3 supondría un proceso de generación cladística de *Australopithecus* con mantenimiento del clado-madre. *Australopithecus* sería, en esa tercera hipótesis, el resultado de una especiación aparecida a partir de una población periférica aislada.

Figura 7. Hipótesis alternativas de la evolución que lleva de *Ardipithecus* a *Australopithecus* (White et al, 35; vid. texto)

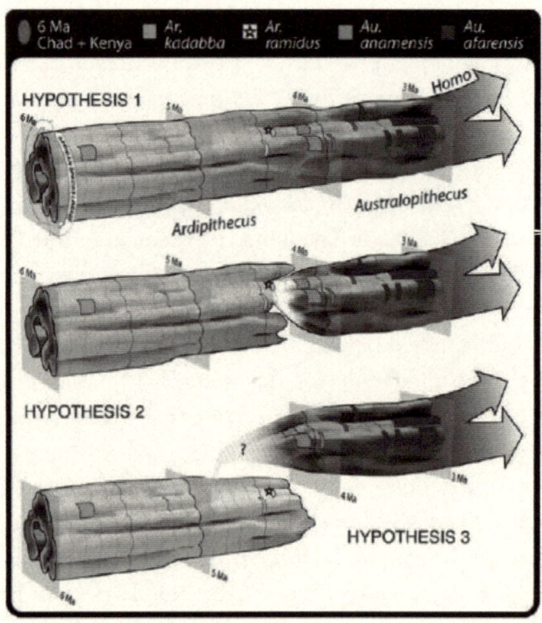

Ninguna de las hipótesis de White y colaboradores[35] resulta más plausible que otra a partir de los datos de que se dispone hoy, entre otras cosas por la ausencia de evidencias empíricas que las apoyen. En realidad, tampoco puede considerarse que se trate de alternativas con diferencias demasiado radicales entre sí. Pero la tercera de ella es un ejemplo excelente de las razones que llevaron a proponer la cladística reformada. Sin ese mecanismo de interpretación, se englobaría en cualquiera de las dos hipótesis anteriores.

SEGUNDO EPISODIO CLADÍSTICO: N2

El nodo N2, dentro del esquema indicado en la figura 6, se refiere a la separación entre las ramas *robusta* y *grácil* de los homininos. Si bien esa distinción se propuso en la década de los años 30 del siglo pasado para clasificar los ejemplares fósiles sudafricanos,[37] ha terminado por utilizarse a la hora de caracterizar el episodio cladístico de N2. La mejor referencia al respecto, es decir, la más respetuosa con las exigencias de la cladística, es la del yacimiento de Olduvai (Tanzania) dado que en él aparecen, en el mismo lecho sedimentario, los dos linajes hijos. Louis Leakey y colaboradores identificaron en el Lecho I de Olduvai ejemplares *robustos* de *Paranthropus boisei* (*Zinjanthropus boisei* en la propuesta de la nueva especie hecha por

Leakey[38]) y, en terrenos con una edad algo mayor pero dentro, como decimos, del Lecho I, ejemplares *gráciles* que fueron asignados a la nueva especie *Homo habilis*.[39]

Los hallazgos de Olduvai parecen apoyar de manera firme un episodio cladístico de separación entre los géneros *Paranthropus* y *Homo* de N2 en el entorno de los 1,8 m.a. de antigüedad. Pero el problema de dar por buena esa idea aparece al constatar que existen ejemplares más antiguos tanto de *Paranthropus* —el de mayor edad alcanzaría los 2,98 m.a.[40] — como de *Homo* —que podría remontarse a 2,8 m.a.[41] —. De nuevo, un rango muy amplio de distribución geográfica, con ejemplares del Plioceno de ambos géneros, *Paranthropus* y *Homo*, desde el Rift a Sudáfrica, convierte en difícil la narración de su historia evolutiva.

Sea como fuere, y por referirnos sólo al género *Homo* surgido en N2 (dejando de lado, pues, *Paranthropus*), nos encontramos —como sucede casi siempre en el terreno de la paleoantropología— con que se han nombrado en dicho género innumerables especies de las que muchas han caído en el olvido, en parte por tratarse de formas de transición incluidas hoy en *Homo sapiens*. El cuadro 3 indica las tomadas en cuenta por el trabajo de sistematización de Bernard Wood y Jennifer Baker,[42] autores que siguen un criterio parsimonioso para impedir la multiplicación innecesaria de taxa. A las especies utilizadas por Wood y Baker hemos añadido *H. gautengensis* (propuesto en 2010) y *H. naledi* (propuesto en 2015).

Cuadro 3. Especies pertenecientes al género *Homo*. Wood y Baker[42] (modificado)

Taxón	Ejemplar más antiguo (en millones de años)
Homo habilis	2,5
H. rudolfensis	2,5
H. gautengensis	2,0
H. naledi	s.f.
H. ergaster	1,9
H. erectus	c. 1,7
H. antecessor	0,8
H. heidelbergensis	0,7/0,4
H. floresiensis	c. 0,18
H. neanderthalensis	0,5
H. sapiens	0,3

Resulta complicado indicar cuáles son las relaciones evolutivas que existen entre las especies referidas en el cuadro 3; Wood y Baker se limitaron a proporcionar un esquema en forma de lapsos de existencia y proximidad entre cada una de ellas (figura 8), sin sugerir siquiera un verdadero árbol evolutivo capaz de relacionarlas.

Figura 8. Sucesión temporal y proximidad de las especies de «Homo» consideradas
por Wood y Baker[42] (modificado)

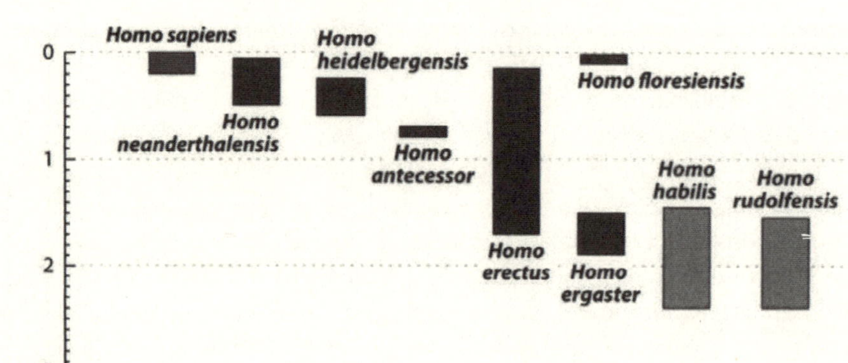

La dificultad para entender la manera como han evolucionado las especies de
Homo descansa en varios aspectos. Por una parte, estamos hablando en muchos
casos de cronoespecies cuya separación de las que les preceden y les suceden resulta opaca por la ausencia de episodios cladísticos que puedan aclarar el panorama.
Por añadidura, la consistencia de algunas de las especies dadas por válidas en un
determinado momento no se mantiene con el paso del tiempo. Por ejemplo, la
especie *H. heidelbergensis* considerada por Wood y Baker[42] quedó incluida en *H.
neanderthalensis* cuando se dispuso de evidencias moleculares (vid. más adelante).

Una dificultad añadida dentro de la evolución del género *Homo* viene impuesta
por la salida de África de los homininos: al producirse una separación geográfica
importante entre las poblaciones asiáticas y africanas, unas y otras tienen poco
contacto, con lo que la acumulación de variaciones en los grupos alejados conduce
a la aparición de diferencias morfológicas entre ellos que llevan a poner en duda
hasta qué punto cabe hablar de poblaciones o especies.

Tras la salida de África, durante el Pleistoceno Medio existen en África y Asia
homininos cuyas formas fósiles se parecen mucho entre sí. Pese a ello, se han
propuesto taxa diferentes para distinguir los ejemplares asiáticos (*H. erectus*) de
los africanos (*H.* ergaster). Para decidir si está justificada o no la separación en
dos especies se han llevado a cabo análisis detallados y complejos, pero sin alcanzar resultados concluyentes. Por poner un ejemplo, Claire Terhune, William
Kimbel y Charles Lockwood[43] estudiaron la morfología del hueso temporal en
distintas poblaciones mediante un análisis procusteano generalizado, poniendo

de manifiesto que la variación de formas en la muestra completa de *H. erectus* es mayor que en las especies actuales. Los autores concluyeron que un taxón *H. erectus* en el que se agrupasen todas las formas de Eurasia se compondría de múltiples especies de diferenciación compleja. Ese resultado apoya la distinción entre *H. erectus* y *Homo ergaster*. Pero la misma técnica de análisis fue utilizada por Karen Baab,[44] sosteniendo la autora en sus conclusiones que es preferible utilizar una sola especie *H. erectus*.

En la discusión de los resultados de su análisis, Baab[44] nos dio una clave interesante para poder resolver el problema taxonómico: dicha autora sostuvo que, si se utiliza un concepto evolutivo de especie (cronoespecie), sería posible distinguir entre dos taxa como son lo que componen *H. erectus* y *H. ergaster*, cronoespecies que cuentan con estricta separación geográfica y tradiciones culturales más avanzadas en los ejemplares africanos.

Comentar otros problemas de las especies de *Homo* como son la viabilidad de las alternativas entre *H. habilis* y *H. rudolfensis*, el papel de *H. antecessor* o las sorprendentes características morfológicas de *H. floresiensis*, obligaría a alargar demasiado este capítulo. Los interesados pueden consultar lo dicho en el libro de C.J. Cela Conde y F. J. Ayala.[45] Por lo que hace al sentido de *H. heidelbergensis* lo abordaremos en la siguiente sección.

TERCER EPISODIO CLADÍSTICO: N3

El nodo N3 (figura 6) se refiere, como decíamos antes, a una verdadera divergencia entre especies de la forma en que exige la cladística de Hennig. Es corriente en el mundo de la antropología considerar al chimpancé nuestra especie hermana, pero eso sólo es cierto si hablamos de especies actuales. Al incluir las fósiles, son los neandertales quienes ocupan ese lugar en el proceso de divergencia cladística que separa *H. neanderthalensis* y *H. sapiens*.

Una vez más, hay que advertir de que carecemos por completo de evidencias empíricas directas de tal cladogénesis. Ningún yacimiento contiene restos de neandertales y humanos modernos —de la época que sea— en el mismo estrato. Pero tanto desde el punto de vista morfológico como molecular se confirma que estamos hablando de especies hermanas.

Tuvo, pues, que producirse un proceso de divergencia cladística. Pero cómo y dónde sucedió queda en el terreno de las hipótesis. Las más plausibles, que se refieren a distintos aspectos de *H. neanderthalensis* y *H. sapiens*, son como siguen:

1. La separación de las poblaciones que llevarían a la larga a neandertales y humanos modernos tuvo lugar en África. Los estudios de genética molecular indican que se produjo hace más de 550.000 años.[46] El análisis de las tasas de evolución dental lleva esa cifra hasta los 800.000 años.[47]

2. El taxón *H. neanderthalensis* es europeo. Pero la población de la que procede, separada hace al menos desde hace medio millón de años de la población que daría lugar a *H. sapiens*, tuvo que salir de África. Puede que ese proceso migratorio implicase una estancia asiática antes de la llegada a Europa; sea como fuere, los neandertales más antiguos se encuentran en el continente europeo y corresponderían a ejemplares de la Sima de los Huesos (Atapuerca), antes considerados como *H. heidelbergensis* (taxón que aparece en la figura 8) pero reclasificados como *H. neanderthalensis* tras obtenerse su secuencia genética.[48]

3. El taxón *H. sapiens* evolucionó en África a partir de la población separada que se indica en la hipótesis 1. Con ≈300.000 años se han hallado fósiles atribuidos a nuestra especie en Jebel Irhoud (Marruecos) (Hublin et al., 2017). Los autores que publicaron el hallazgo de Jebel Irhoud sostienen que, con esa edad, es probable que *H. sapiens* (un *H. sapiens* considerado todavía *arcaico* por algunos investigadores, es decir, anterior a los humanos modernos y distinto de ellos) se encontrase extendido por toda África.

4. *H. sapiens* protagonizó varias salidas del continente africano desde la primera que tuvo lugar hace ≈194.000 años.[49] La huella más antigua de la entrada de los cromañones (humanos modernos ya) en Europa se ha encontrado en Mandrin, Francia, con distintos fragmentos de dientes de una edad de 56.800-51.700 años.[50]

Con la salida de África de los humanos modernos se plantea la cuestión de sus posibles encuentros con los neandertales. El que pudo producirse en la zona de salida del continente africano hacia Eurasia, incluye un aspecto interesante. La primera secuenciación del genoma de los neandertales permitió compararlo con el de nuestra propia especie, y el resultado llevó a concluir que tuvo que darse una hibridación entre *H. neanderthalensis* y *H. sapiens* en una fecha cercana a los 80.000 años, siendo el lugar más probable para ese intercambio genético el llamado corredor levantino (Oriente Próximo).[52]

Es obvio que neandertales y humanos modernos tuvieron que coincidir para poder hibridarse. Pero en los yacimientos del Oriente Próximo los restos fósiles que pueden atribuirse a *H. neanderthalensis* y los correspondientes a *H. sapiens* quedan separados. Tabun y Kebara (Monte Carmelo, Israel), y Amud (Israel) contienen neandertales, mientras Skhul (Monte Carmelo, Israel) y Qafzeh (cerca de Nazaret, Israel) cuentan con humanos modernos.

Las edades atribuibles a los fósiles encontrados están también alejadas entre sí. Tabun (con neandertales) tiene 60-130.000 años. Qafzeh (humanos modernos) alcanza 92-115.000 años. Skhul (humanos modernos) tiene 80-110.000 años. A Kebara (neandertales) se le atribuyen 50-60.000 años. Y por fin Amud (neandertales) tiene ≈60.000 años.[52] Parece que *Homo neanderthalensis* y *Homo sapiens* fueron ocupando de forma alternativa los yacimientos de Oriente Próximo con el paso del tiempo. El hecho de la hibridación entre ambas especies obliga a que coincidieran en el entorno de los 80.000 años, como hemos dicho, pero no existen evidencias fósiles de ese encuentro.

Vayamos, como colofón de este último episodio cladístico, con el enigma de los *denisovanos*.

La cueva de Denisova, situada en las montañas Altai (Siberia, Rusia), ha suministrado el primer fósil procedente del Pleistoceno Superior que es ajeno a los taxa de los neandertales y los humanos modernos (al margen del hominino de Flores al que nos referiremos en el próximo epígrafe). Se trata de un espécimen muy incompleto, limitado a la falange distal parcial del quinto dedo de la mano de un hominino. De la misma cueva procede un tercer molar juvenil muy grande y robusto, fuera del rango de *Homo* posterior a *H. habilis*, que no se puede atribuir con consecuencia ni a los neandertales ni a los humanos modernos.[54]

La secuenciación del genoma de los ejemplares de Denisova (parcial, Reich et al,[54]; completa, Meyer et al.[55]) condujo a una situación en verdad paradójica: una especie de la que se conoce de forma muy detallada su genoma, pero sin ejemplar alguno capaz de ofrecernos sus rasgos morfológicos. En consecuencia, la especie no se puede nombrar; las reglas de la taxonomía linneana obligan a indicar al menos un rasgo fisiológico propio, una apomorfia, de la nueva especie que se propone. No tenemos ninguno. De manera informal, los miembros de esa especie a la vez muy conocida y desconocida por completo se han denominado *denisovanos*[54].

Una vez que se dispuso de los respectivos genomas, fue posible estimar las fechas de divergencia entre las poblaciones de humanos modernos, neandertales y denisovanos. La primera separación se produjo entre los humanos actuales y una población hominina ancestral que emigró de África hacia Europa y Asia hace unos 350.000 años de acuerdo con las comparaciones moleculares de Reich y colaboradores[53] aunque el estudio genético posterior de Prüfer y colaboradores, 2014, sitúa en 550.000 años la separación de las poblaciones ancestrales de neandertales y humanos modernos. En la medida en que los genomas manifiestan que neandertales y denisovanos están relacionados de forma más estrecha entre sí que cada uno de ellos con los humanos modernos, la interpretación más razonable apunta a que tanto los neandertales como los denisovanos se originaron a partir de esa primera población salida de África. Si es así, en la divergencia cladística de N3, de acuerdo con los análisis moleculares, el grupo hermano de *H. sapiens* sería en términos estrictos el conjunto *H. neanderthalensis* + denisovanos. Sin embargo, y siguiendo la costumbre establecida, seguiremos considerando a los neandertales y los humanos modernos especies hermanas.

Una sola especie

Homo sapiens es la única especie de homininos que ha llegado a nuestros días. *H. floresiensis* (hallado en Ling Bua, isla de Flores, Indonesia)[55] se extinguió hace

≈18.000 años, manteniendo una probable interacción con nuestra especie y desapareciendo quizá a consecuencia de ese encuentro. Pero el caso de mayor interés al hablar de interacciones de homininos es el de los *H. sapiens* con su especie hermana, *H. neanderthalensis*.

Ya hemos visto sus coincidencias en Oriente Próximo, que dieron lugar a una hibridación al menos. Tras la entrada de los humanos modernos en Europa, que como sabemos pudo producirse hace poco más de 50.000 años, el contacto tuvo que ser mayor. La desaparición de los neandertales se acepta que habría tenido lugar hace ≈30.000 años. La presencia más tardía de neandertales que se conoce es la de cueva Gorham de Gibraltar con ≈28.000 años, aunque basada sólo en la presencia de herramientas musterienses,[56].

Se ha especulado mucho acerca de la causa de la extinción de los neandertales, apuntando al enfrentamiento con nuestra especie como una de las principales causas de su desaparición. La competencia por los recursos habría sido posible en términos temporales, dado que *H. neanderthalensis* y *H. sapiens* coexistieron en Europa durante un tiempo considerable, cerca de 20.000 años. Sin embargo, ¿hubo una interacción intensa y directa entre las dos especies en un mismo lugar? ¿Durante cuánto tiempo?

Una vez más, los autores discrepan entre dos posturas extremas: (i) apenas hubo interacción porque los humanos modernos iban ocupando territorios ya abandonados por los neandertales; y (ii) la interacción se produjo de forma extendida, e incluso se refleja en préstamos culturales como son los adornos personales.

Quizá la consideración de mayor interés a tal respecto sea la realizada por Paul Mellars[57] quien, por medio de datación con técnicas avanzadas de Carbono 14, concluye que hubo un período de superposición cronológica y demográfica mucho más corto de lo supuesto antes: unos 6.000 años en las zonas centrales y septentrionales de Europa, con períodos dentro de regiones específicas como es el oeste de Francia en los que la superposición habría tenido lugar quizás solo durante 1.000-2.000 años.[56]

Mellars sostiene que cada vez hay más indicios de que, en muchas zonas de Europa, la desaparición final de las poblaciones neandertales pudo haber coincidido con la llegada repentina de condiciones climáticas mucho más frías y secas. El autor puntualiza que, dado que las poblaciones de humanos modernos estaban mejor equipadas tecnológica y culturalmente para lidiar con las condiciones glaciales severas, la competencia en términos económicos y demográficos entre los grupos modernos entrantes y los neandertales podría haber dado el golpe de gracia a estos últimos.

REFERENCIAS

1. Paley, W. *Natural Theology: Or, Evidences of the Existence and Attributes of The Deity, Collected from the Appearances of Nature.* (R. Paulder, 1802).

2. Dawkins, R. *The Blind Watchmaker*. (W.W. Norton & Co., 1986).

3. Darwin, C. R. *On the Origin of Species by Means of Natural Selection, or the Preservation of Favoured Races in the Struggle for Life*. (John Murray, 1859).

4. Mendel, G. Versuche über Plflanzenhybriden. Verhandlungen des naturforschenden Vereines in Brünn. *Abhandlungen* **3**, (1866).

5. Watson, J. D. & Crick, F. H. C. Genetical implications of the structure of deoxyribonucleic acid. *Nature* **171**, (1953).

6. Nirenberg, M. W., & Matthaei, J. H. (1961). The dependence of cell-free protein synthesis in E. coli upon naturally occurring or synthetic polyribonucleotides. *Proc. Natl. Acad. Sci. USA*(**47**), 1588–1602.

7. Khorana, H. G. *et al.* Polynucleotide synthesis and the genetic code. *Cold Spring Harb Symp Quant Biol* **31**, (1966).

8. Kaushik, S. *et al.* Potential of extremophiles for bioremediation. *Microbial Rejuvenation of Polluted Environment: **Volume 1*** 293–328 (2021).

9. Van Kranendonk, M. J. Volcanic degassing, hydrothermal circulation and the flourishing of early life on Earth: A review of the evidence from c. 3490-3240 Ma rocks of the Pilbara Supergroup, Pilbara Craton, Western Australia. *Earth Sci Rev* **74**, (2006).

10. Szathmáry, E. & Smith, J. M. The major evolutionary transitions. *Nature* **374**, (1995).

11. Chomsky, N. *Aspects of a theory of syntax*. (Cambridge, Mass.: MIT).

12. Enard, W. *et al.* Molecular evolution of FOXP2, a gene involved in speech and language. *Nature* **418**, (2002).

13. Cela-Conde, C.J., Nadal, M., Munar. E., Gomila, A. & Eguiluz, V.M., Taking Wittgenstein Seriously: Indicators of the Evolution of Language. in D. M. A. Smith, K. Smith, & R. Ferrer i Cancho (Eds.), *The evolution of language : proceedings of the 7th International Conference (EVOLANG7)* (pp. 407-408). (Barcelona: World Scientific).

14. Darwin, C. R. *The descent of man and selection in relation to sex*. (John Murray, 1871).

15. Dobzhansky, T. *Genetics and the Origin of Species*. (Columbia University Press, 1937).

16. Dobzhansky, Th. A Critique of the Species Concept in Biology. *Philos Sci* **2**, (1935).

17. Mayr, E. *Populations, species, and evolution: an abridgment of animal species and evolution*. vol. 19 (Harvard University Press, 1970).

18. Mayr, E. *Animal species and evolution*. (Harvard University Press, 1963).

19. Mayr, E. *Systematics and the Origin of Species from the Viewpoint of a Zoologist,* . (Columbia University Press., 1942).

20. Hennig, W. Phylogenetic Systematics - Annual Review of Entomology, **10**(1):97. *Annu Rev Entomol* (1965).

21. Platnick, N. I. Philosophy and the transformation of cladistics. *Syst Zool* **28**, 537–546 (1979).

22. Schaeffer, B., Hecht, M. K. & Eldredge, N. Phylogeny and paleontology. *Evolutionary Biology: **Volume 6*** 31–46 (1972).

23. Delson, E., Eldredge, N. & Tattersall, I. Reconstruction of hominid phylogeny: A testable framework based on cladistic analysis. *J Hum Evol* **6**, (1977).

24. Nelson, G. Classification as an expression of phylogenetic relationships. *Syst Zool* **22**, (1973).

25. Cracraft, J. Phylogenetic models and classification. *Syst Biol* **23**, (1974).

26. Siddall, M. The follies of ancestor worship. *Nature Debates* **November** (1998).

27. Wolpoff, M. H. The Systematics of *Homo* . Science *(1979)* **284**, (1999).

28. McBrearty, S. & Jablonski, N. G. First fossil chimpanzee. *Nature* **437**, (2005).

29. Glazko, G. V. & Nei, M. Estimation of divergence times for major lineages of primate species. *Mol Biol Evol* **20**, (2003).

30. Brunet, M. *et al.* A new hominid from the upper Miocene of Chad, Central Africa. *Nature* **418** (2002).

31. Lebatard, A. E. *et al.* Cosmogenic nuclide dating of *Sahelanthropus tchadensis* and *Australopithecus bahrelghazali*: Mio-Pliocene hominids from Chad. *Proc Natl Acad Sci U S A* **105**, (2008).

32. Senut, B. *et al.* First hominid from the Miocene (Lukeino Formation, Kenya). *Comptes Rendus de l'Académie des Sciences - Series IIA - Earth and Planetary Science* **332**, (2001).

33. Sawada, Y. *et al.* The age of Orrorin tugenensis, a late Miocene hominid, from the Tugen Hills, Kenya (2001'Kanawaza). In *Annual Meeting of the Geological Society of Japan The 108th Annual Meeting* (ed. Japan, T. S.) (The Geological Society of Japan, 2001).

34. Haile-Selassie, Y., Asfaw, B. & White, T. D. Hominid Cranial Remains from Upper Pleistocene Deposits at Aduma, Middle Awash, Ethiopia. *Am J Phys Anthropol* **123**, (2004).

35. White, T. D. *et al. Ardipithecus ramidus* and the paleobiology of early hominids. *Science (1979)* **326**, (2009).

36. Johanson, D., White, T. & Coppens, Y. A new species of the genus *Australopithecus* (Primates: Hominidae) from the Pliocene of Eastern Africa. *Kirtlandia* **28**, 1–14 (1978).

37. Broom, R. The pleistocene anthropoid apes of South Africa. *Nature* **142**, (1938).

38. Leakey, L. S. B. A new fossil skull from Olduvai. *Nature* **184**, (1959).

39. Leakey, L. S. B., Tobias, P. V. & Napier, J. R. A new species of the genus *Homo* from olduvai gorge. *Nature* **202**, (1964).

40. Plummer, T. W. *et al.* Expanded geographic distribution and dietary strategies of the earliest Oldowan hominins and Paranthropus. *Science (1979)* **379**, (2023).

41. Villmoare, B. *et al.* Early *Homo* at 2.8 Ma from Ledi-Geraru, Afar, Ethiopia. *Science (1979)* **347**, 1352–1355 (2015).

42. Wood, B. & Baker, J. Evolution in the genus *Homo*. *Annu Rev Ecol Evol Syst* **42**, 47–69 (2011).

43. Terhune, C. E., Kimbel, W. H. & Lockwood, C. A. Variation and diversity in *Homo erectus*: a 3D geometric morphometric analysis of the temporal bone. *J Hum Evol* **53**, (2007).

44. Baab, K. L. The taxonomic implications of cranial shape variation in *Homo erectus*. *J Hum Evol* **54**, (2008).

45. Cela Conde, C. J. & Ayala, F. J. *Evolución Humana. El camino hacia nuestra especie. Alianza Editorial* (Alianza Editorial, 2013).

46. Prüfer, K. *et al.* The complete genome sequence of a Neanderthal from the Altai Mountains. *Nature* **505**, (2014).

47. Gómez-Robles, A. Dental evolutionary rates and its implications for the Neanderthal–modern human divergence. *Sci Adv* **5**, (2019).

48. Stringer, C. & Crété, L. Mapping Interactions of *H. neanderthalensis* and *H. sapiens* from the Fossil and Genetic Records. *PaleoAnthropology* **2**, 401–412 (2022).

49. Stringer, C. The origin and evolution of *Homo sapiens*. *Philosophical Transactions of the Royal Society B: Biological Sciences* **371**, 20150237 (2016).

50. Slimak, L. *et al.* Modern human incursion into Neanderthal territories 54,000 years ago at Mandrin, France. *Sci Adv* **8**, (2022).

51. Green, R. E. *et al.* A draft sequence of the neandertal genome. *Science (1979)* **328**, (2010).

52. Lieberman, D. E. & Shea, J. J. Behavioral Differences between Archaic and Modern Humans in the Levantine Mousterian. *Am Anthropol* **96**, (1994).

53. Reich, D. *et al.* Genetic history of an archaic hominin group from Denisova cave in Siberia. *Nature* **468**, (2010).

54. Meyer, M. *et al.* A high-coverage genome sequence from an archaic Denisovan individual. *Science (1979)* **338**, (2012).

55. Brown, P. *et al.* A new small-bodied hominin from the Late Pleistocene of Flores, Indonesia. *Nature* **431** (2004).

56. Mellars, P. A new radiocarbon revolution and the dispersal of modern humans in Eurasia. *Nature* **439,** (2006).

Darwin y Mendel: la senda hacia la teoría sintética de la evolución

Antonio Quesada Ramos[1]

Introducción

La teoría sintética o neodarwinismo constituye el paradigma actual de los modelos evolutivos y en ella confluyen la evolución darwiniana y la genética mendeliana. Se suele creer que ambas teorías discurrieron por caminos paralelos, sin puntos de encuentro, hasta que se complementaron en torno a los años cuarenta del siglo pasado. Sin embargo, desde las primeras páginas de *El origen de las especies mediante selección natural* (de aquí en adelante *El origen*), Charles Darwin[1] destacó la necesidad de una teoría de la herencia que permitiese comprender cómo se transmiten las pequeñas diferencias sobre las que actuaría la selección natural a lo largo de las generaciones. A Mendel, por el contrario, se le reconoce como el descubridor de las leyes de la herencia; aunque lo que realmente se planteó fue conseguir nuevas variedades o especies mediante el cruce o hibridación de otras preexistentes, algo más próximo a la evolución que a la genética. Las reglas que explican cómo se transmiten los caracteres a lo largo de las generaciones quedaron escondidas en sus *Experimentos sobre la hibridación de plantas*[2] hasta que Hugo de Vries, Erich von Tschermak y Carl Correns, de manera independiente, reconocieron en 1900 que sus conclusiones habían sido expuestas años antes por el monje austriaco. Darwin también había hecho sus aportaciones, aunque poco afortunadas, al estudio de la herencia en lo que llamó la *Hipótesis provisional de la pangénesis*.

Mendel conoció los trabajos de Darwin; no hay evidencias, por ahora, de lo contrario. A pesar de ello se ha debatido sobre la posibilidad de que así hubiese sido y, lo que es más, de si la teoría sintética de la evolución habría surgido antes en el caso de que dos de las mentes más brillantes en la historia de la Biología hubiesen compartido sus conocimientos.

---

1. Profesor de Biología y Geología en el IES Zaidín-Vergeles de Granada.

El camino hacia la evolución: Lamarck, Darwin y Wallace

En el siglo XVIII, y a medida que las distintas hipótesis iban aumentando cada vez más la antigüedad de la Tierra, se fueron abandonando modelos fijistas, que consideraban a las especies como algo inmutable, en favor del transformismo.

Darwin, en la nota histórica que precede a la introducción a *El origen*, menciona a diversos autores que acogieron ideas acerca de la transmutación de las especies antes que él. Geoffroy Saint-Hilaire, propuso que las condiciones ambientales eran desencadenantes de cambios en los animales; Erasmus Darwin, su propio abuelo, planteó en su obra Zoonomía[3] un origen común para los animales de sangre caliente; o William Charles Wells, médico escocés a quien Darwin reconoció haber propuesto el principio de la selección natural antes que él, aunque únicamente aplicado a humanos. Pero ninguno de ellos llegó a elaborar una teoría fundamentada y coherente de la evolución como lo hizo Jean Baptiste de Lamarck.

Lamarck, oponiéndose al fijismo de Cuvier, defendía que las especies se están creando continuamente por generación espontánea y que no se extinguen, sino que se transforman hasta ser completamente diferentes de aquellas de las que proceden. La evolución sería lineal, siempre respondiendo a un impulso interno de los organismos hacia la perfección. Su aspecto más conocido es la herencia de los caracteres adquiridos, el error por el que más se le recuerda y que, en realidad, era una creencia común en la época. Independientemente de que sus argumentos fuesen correctos o no, sirvieron para cuestionar las ideas inmovilistas; en ese tiempo, los partidarios de la transmutación de las especies lo fueron gracias a Lamarck.[4]

Es en este entorno en el que surge Charles Darwin (Figura 1). Nacido en Shrewsbury el 12 de febrero de 1809, mostró un gran interés por la naturaleza desde muy joven. Con dieciséis años fue enviado a Edimburgo a estudiar medicina, aunque abandonó y se trasladó a Cambridge donde realizó un grado en humanidades necesario para abordar los estudios de Teología, que no terminó.

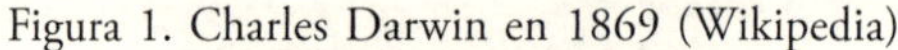

Figura 1. Charles Darwin en 1869 (Wikipedia)

Un hecho trascendental fue su relación con John Stevens Henslow, clérigo y botánico, quien le recomendaría como naturalista al capitán Fitz-Roy para embarcarse en el Beagle, en el viaje que le inspiraría la teoría de la evolución. Sería también Fitz-Roy quien regalase a Darwin un libro crucial para la concepción de su teoría, el primer volumen de los *Principios de Geología* de Charles Lyell.[5] En esta obra proponía la teoría del gradualismo, que convenció a Darwin de que pequeños cambios a lo largo del tiempo se podrían sumar para dar lugar a grandes modificaciones, así como que la selección natural actuaría de modo gradual. Lyell, al hacer una estima más real de la edad de la Tierra, también le proporcionó a Darwin una escala de tiempo apropiada para que los cambios evolutivos tuvieran lugar. Ambos naturalistas se conocieron personalmente cuando Darwin regresó, estableciéndose entre ellos una profunda amistad. Paradójicamente, aunque Lyell se mostraba contrario a la transmutación de las especies, fue providencial para la presentación de la teoría de Darwin.

Los primeros apuntes de Darwin sobre la evolución aparecen en el *Cuaderno rojo*, en el que tomó notas sobre Geología o la formación de los arrecifes coralinos. Lo completó entre los últimos meses de 1836 y los primeros de 1837. De aquí en adelante comenzó a denominarlos con letras mayúsculas consecutivas. Continuaría en 1837, en el llamado *Cuaderno B*, el primero sobre la transmutación de las especies. Es en este documento donde aparece el icónico árbol filogenético, conocido como *I think* (Figura 2).

Figura 2. «I think», primer árbol filogenético dibujado por Charles Darwin en su Cuaderno B en 1837, sobre la transmutación de las especies (Wikipedia)

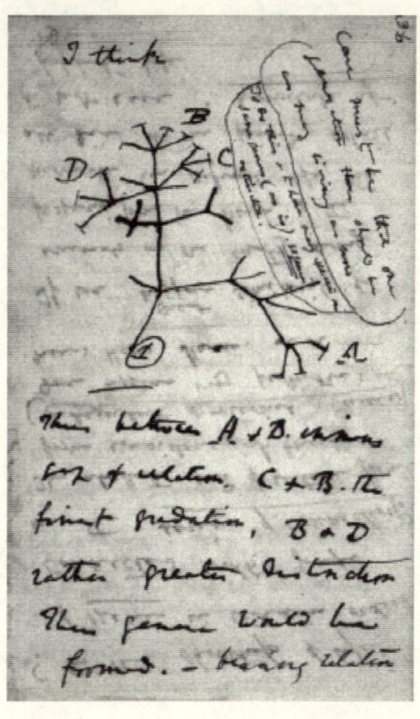

Por entonces, Darwin desconocía el mecanismo que posibilitaba la aparición de nuevas especies. Fue en octubre de 1838, leyendo la obra de Thomas Malthus *Ensayo sobre el principio de la población*[6], cuando comprendió la idea de la lucha por la existencia.

A pesar de tener casi todos los elementos de su teoría al alcance, postergó la difusión de sus ideas, dando solo dos adelantos antes de 1859, fecha de publicación de la primera edición de *El origen*. Fueron el *Boceto* (*Sketch*), un texto de 35 páginas publicado en 1842, y el *Ensayo* (*Essay*), versión ampliada de 230 páginas, de 1844.[7]

A finales de 1853 o a principios de 1854, Darwin tuvo un encuentro en el Museo Británico, entonces intrascendente, con un joven naturalista y explorador que se ganaba la vida recolectando especímenes en lugares exóticos y que luego vendía a museos y coleccionistas. Darwin recurrió a él en alguna ocasión para ese fin. Era Alfred Russel Wallace (Figura 3).

Figura 3. Alfred Russel Wallace, en torno a 1895 (Wikipedia)

A Wallace se le había despertado el espíritu científico con la lectura en 1842 del libro *Tratado sobre Geografía y la clasificación de los animales*.[8] En 1844, igualmente leyó el ensayo sobre la población de Malthus, y en 1845 el libro sobre el viaje del Beagle de Darwin. Confesó hacerse evolucionista tras la lectura de *Vestiges of the Natural History of Creation*, publicado anónimamente por Robert Chalmers en 1844. Y por entonces, y al igual que Darwin, leyó los *Principios de Geología* de Lyell. Emprendió viajes por el Amazonas y por el Archipiélago malayo, donde permaneció desde 1854 a 1862. Estableció su base en Sarawak.[4]

En 1855, publicó un artículo titulado *Sobre la ley que ha regulado la introducción de nuevas especies*,[9] en el que se refería al cambio evolutivo; se conoce como el manuscrito de Sarawak. Darwin no le prestó ninguna atención; al contrario que Lyell, quien fue consciente de la trascendencia de las ideas de Wallace en relación con el trabajo que aquél realizaba.

En esa tesitura, a comienzos de 1856, Lyell le aconsejó que, partiendo del ensayo de 1844, redactara un texto ampliado, y así empezó a hacerlo cuando en 1858 recibió un escrito de Wallace, titulado *Sobre la tendencia de las variedades a apartarse indefinidamente del tipo original*, el llamado «manuscrito de Ternate» (por el lugar desde donde lo envío), con una teoría, en palabras del propio Darwin, exactamente igual a la suya.

Darwin se desmoralizó y se puso en manos de Lyell y Joseph Hooker, un botánico amigo suyo que había estudiado plantas recolectadas en el viaje del Beagle; ambos decidieron presentar conjuntamente los resultados de Darwin y Wallace, junto a una carta del primero a Asa Gray fechada dos años antes. La finalidad era demostrar la primacía de Darwin en el descubrimiento. El acto fue el 1 de julio de 1858, sin la presencia de ninguno de los naturalistas. Charles Waring, hijo de Darwin, había muerto dos días antes; Wallace estaba en Nueva Guinea.

El 29 de noviembre de 1859 salió a la luz la primera edición de *El origen*; se agotó ese mismo día. En él proponía que los organismos proceden de antepasados comunes y cambian de modo continuo y gradual; existe, por tanto, un origen común para todos los seres vivos. Por último, y es la idea más importante de Darwin, los individuos compiten por los recursos, de modo que los que mejor se adaptan a su entorno son los que logran reproducirse transmitiendo sus caracteres a la descendencia. Es la selección natural.

Wallace publicó en 1860 *On the Zoological Geography of the Malay Archipelago*, en los *Proceedings* de la Sociedad Linneana,[10] donde describe un concepto biogeográfico, la línea de Wallace, que separa los continentes de Asia y Oceanía de modo que la fauna y la flora son distintas a cada lado, a pesar de la proximidad geográfica. Volvió a Inglaterra el 1 de abril de 1862. En 1864 vio la luz un trabajo aplicando la selección natural al origen del hombre, anticipándose a Darwin. En 1889 en el libro titulado *Darwinismo: una exposición de la teoría de la selección natural con algunas de sus aplicaciones*[9] acuña este término en un claro reconocimiento a la autoridad de Darwin en el conocimiento de la evolución.

MENDEL: EL CAMINO HACIA LAS LEYES DE LA HERENCIA

Johann Mendel (Figura 4) nació el 20 de julio de 1822 en Heizendorf (actual Hynčice) en el seno de una familia humilde de granjeros. Ya en la escuela mostró sus dotes intelectuales y fue enviado a estudiar al *Gymnasium* de Troppau. Entre 1840 y 1843 realizó sus estudios universitarios en la Universidad de Olmütz, donde destacó en física y matemáticas. En 1843, con 21 años, ingresó en el monasterio agustino de Santo Tomás, en Brno, donde adoptó el nombre de Gregor con el que es conocido. En 1848 fue enviado como profesor al liceo de Znaim y en 1850 se examinó para obtener la cualificación necesaria para ejercer como profesor, aunque no superó las pruebas. A propuesta de los examinadores fue enviado a la universidad de Viena, donde asistió a las clases de relevantes científicos, como Christian Doppler, A. Ritter von Ettingshausen —matemático especialista en teoría combinatoria y estadística cuyas enseñanzas resultarían cruciales para dotar de sentido a sus observaciones con los guisantes— y Franz Unger, botánico y uno de los primeros contribuyentes al desarrollo de la teoría celular. En 1856 inició sus experimentos con los guisantes (*Pisum sativum*), hasta 1863.[11]

Figura 4. Gregor Mendel (Wikipedia)

Mendel, en lo científico, suele ser considerado una figura aislada que cosechó sus logros trabajando tranquilamente en el entorno aislado de su monasterio. Nada más lejos de la realidad. Brno, y en particular el monasterio de Santo Tomás, eran relevantes centros ganaderos donde se trabajaba en la cría de ovejas. En la región, surgieron figuras como Christian Carl André, quien estudió la transmisión de los caracteres implicados en la producción de lana, Jan Karel Nestler, profesor de historia natural y agricultura en la universidad de Olmütz —donde estudió Mendel— quien trabajó en la mejora de las ovejas o, en Brno, Franz Diebl, quien investigó el efecto de la hibridación sobre la obtención de nuevas variedades y de quien Mendel aprendió las técnicas de polinización artificial.

En el propio monasterio, el abad Cyrill Napp creó un ambiente casi universitario incentivando la investigación científica aplicada a la agricultura y la ganadería. Napp estaba interesado en las cuestiones básicas de la herencia; suya es la frase «¿Qué se hereda? ¿Cómo se hereda? ¿Cuál es el papel del azar?».[12] Otro monje, František Klácel, botánico y filósofo, a cargo del huerto experimental antes que Mendel, también estuvo interesado en el estudio de la evolución y los fenómenos de la herencia.[13]

Mendel tuvo éxito en sus investigaciones gracias a conjugar los métodos de dos escuelas interesadas en la mejora de los organismos: la de los horticultores y la de los hibridadores. Los primeros, criadores de animales y cultivadores de plantas, tenían como objetivo seleccionar caracteres de interés mediante cruces dirigidos. Mediante otros endogámicos aseguraban posteriormente líneas puras para esos rasgos. Los segundos, con un mayor conocimiento de fisiología vegetal y considerando los mecanismos propios de la reproducción sexual, se planteaban si era posible obtener nuevas especies mediante el cruzamiento o hibridación de otras existentes. Mendel, aplicando los métodos de los horticultores —estudiar caracteres individuales—, dirigió su atención a un problema vinculado a los hibridadores: la posibilidad de que pudieran surgir nuevas especies o variedades a partir de la hibridación de otras.[14] Este fue, de hecho, uno de los grandes aciertos de Mendel. El otro, la aplicación de las matemáticas al análisis de sus resultados.

Mendel seleccionó para su estudio el guisante de jardín, *Pisum sativum*. Esta planta había sido ampliamente utilizada por horticultores de la época como Thomas Knight, Joseph Kolreuter o František Klàcel. Adquirió 34 variedades, de las que seleccionó siete que presentaban caracteres claramente diferenciados, como el color y la forma de la semilla, el color de la flor, la forma y color de la vaina, el porte de la planta y la posición de las flores. En 1863 concluyó los experimentos y dos años más tarde presentó sus resultados en las sesiones del 8 de febrero y 8 de marzo de 1865 de la Sociedad de Historia Natural de Brno, bajo el título *Versuche über Pflanzen-Hybriden* (*Experimentos en la hibridación de las plantas*). Fueron publicados un año más tarde en las actas de dicha sociedad.[2] En esa obra se enuncian lo que posteriormente se interpretaron como las leyes de la genética clásica: la ley de homogeneidad de los híbridos, implícita en el apartado de su artículo titulado *La forma de los híbridos*; la segregación de alelos —en los apartados titulados *La primera generación de los híbridos* y *Las siguientes generaciones de alelos*— y la transmisión independiente de los caracteres —en *La progenie de los híbridos en los que se combinan varios caracteres diferenciales*—.

En cuanto a la difusión de su trabajo, la Sociedad de Historia Natural de Brno tenía intercambio con más de 100 instituciones científicas. Aparte, Mendel encargó 40 separatas de su artículo que envió personalmente a reconocidos científicos de la época entre los que estaban Carl Nägeli, Anton von Marilaun o Franz Unger. Si se la envió o no a Darwin, es aún cuestión de debate, como se verá más adelante.

Tras los experimentos con *Pisum*, Mendel se planteó confirmar sus resultados con otras plantas. Eligió *Hieracium*, un taxón fenotípicamente muy variado que estaba bajo estudio en ese tiempo.[15] Fue animado por Nägeli, especialista en esta especie con el que mantuvo correspondencia entre 1866 y 1873.[16]

Los resultados de Mendel fueron totalmente inesperados. Al cruzar parentales pertenecientes a variedades puras, los híbridos resultantes eran muy variables, lejos de la homogeneidad descrita en la primera generación filial en *Pisum*. Y al cruzar los híbridos, la descendencia era toda uniforme.[17] Lo que Mendel no sabía era que muchas de estas plantas eran apomícticas y que la mayoría de las semillas se originaban sin la fusión de gametos, siendo clones del parental femenino. Los embriones se formaban a partir de oosferas que no habían experimentado la meiosis o a partir de células somáticas. Por todo ello, Mendel llegó a proponer dos tipos de herencia, concepto que se mantuvo incluso algún tiempo después del redescubrimiento de las leyes de la herencia.[18]

Mendel fue elegido abad del monasterio en 1868; subestimó las responsabilidades administrativas que el cargo conllevaba y gradualmente fue abandonando su actividad científica.

Mendel y la evolución

El título del artículo de Mendel —*Experimentos sobre hibridación de plantas*— no induce a pensar que su propósito fuese el estudio de la herencia de los caracteres. Antes bien, su objetivo fue encontrar unas leyes que explicasen cómo podían surgir nuevas variedades —o nuevas especies— a través de la hibridación entre organismos, algo más cercano a la evolución que a la genética.

Mendel tuvo conocimientos sobre evolución con anterioridad a la realización de sus experimentos. En un examen de Geología que realizó en 1850 para obtener su capacitación como profesor, dejaba constancia de su familiaridad con las ideas de Lyell y afirmaba que la vida animal y vegetal se desarrollaba de modo que la desaparición de formas antiguas daba lugar a la aparición de otras más perfectas.[19]

En su estancia en la Universidad de Viena, tuvo asignaturas cuyo contenido se relacionaba con la evolución, como paleontología, botánica o zoología. Pudo interesarse expresamente en cuestiones evolutivas bajo la influencia de Franz Unger, su profesor de botánica y defensor de la idea de que las especies nuevas habían surgido de otras previas. Unger popularizó la evolución, por un lado, a través de una serie de artículos de contenido botánico y, por otro, desde la paleontología, utilizando el registro fósil como evidencia.[20]

Probablemente fueron estas influencias las que llevaron a Mendel a rechazar la estabilidad de las especies y a plantearse el estudio de la hibridación de las plantas como la vía para conocer el origen y la variedad de las mismas. Su objetivo inicial no fue, por tanto, estudiar la herencia biológica, sino establecer un conjunto de leyes numéricas que explicasen el origen y el desarrollo de los híbridos, «la única vía» —en sus palabras— «para solucionar una cuestión de tanta importancia en la evolución» —o en la historia del desarrollo/historia evolutiva, según la traducción del original alemán *Entwicklungs-Geschichte*— «de las formas orgánicas».

En esta línea, consideraba dos tipos de híbridos: los constantes y los variables. Los primeros son aquellos que se mantienen semejantes a los progenitores y no varían. Los variables se comportan como *Pisum*, dando lugar a individuos de fenotipo diferente cuando se reproducen. Mendel de nuevo muestra el enfoque evolutivo cuando establece en las observaciones finales de su artículo[2] que esta diferencia es especialmente importante para la historia evolutiva de las plantas porque los híbridos constantes adquieren el estatus de nuevas especies. Y en el mismo sentido se puede interpretar el texto en su ensayo sobre *Hieracium*[17] en el que manifiesta que el origen de las formas intermedias constantes en esta planta tiene interés puesto que aquellas deben ser contempladas surgiendo de la transmutación o transformación de especies perdidas o aún existentes. Mendel estaba, indudablemente, interesado en la evolución, en comprender los mecanismos que rigen la aparición de nuevas especies.[21]

¿Hubo influencias de Darwin en los trabajos de Mendel?

Darwin publica *El origen* el 24 de noviembre de 1859; Mendel hace públicos sus resultados en 1865. Dada la perspectiva evolutiva de los trabajos de Mendel, surge la cuestión de en qué medida Mendel conocía la obra de Darwin y si, de alguna manera, éste pudo influir en el desarrollo de sus investigaciones.

Se sabe con certeza que Mendel adquirió en 1863, justo cuando acababa la fase experimental de sus trabajos, un ejemplar de la segunda edición en alemán de *El origen* (traducción de la tercera edición inglesa, publicada en 1861). Con anterioridad, pudo tener conocimiento de las ideas de Darwin en el caso de que hubiese asistido a una conferencia impartida en Brno el 25 de septiembre de 1861 en la que se comentó esa obra. Un año antes, se había publicado en una revista alemana una traducción del capítulo 11 del libro, *Sobre la sucesión geológica de los seres orgánicos*, en el que Darwin formula su teoría de la descendencia con modificación por medio de la selección natural.

También es posible que Mendel pudiera haber leído *El origen* durante los últimos meses de 1862 o los primeros de 1863, cuando la Sociedad de Historia Natural de Brno adquirió un ejemplar de la traducción al alemán de la primera edición inglesa.[21] En enero de 1865, un mes antes de que Mendel expusiera sus resultados, se presentó en dicha institución una reseña de *El origen* por parte de Alexander Makowsky, compañero de colegio de Mendel y uno de sus amigos más cercanos, de quien también pudo haber recibido información con anterioridad.

Por simple cuestión de fechas, Mendel no pudo plantear ni desarrollar sus experimentos inspirado por las doctrinas de Darwin —los había empezado tres años antes de la publicación de *El origen*—. Cosa distinta es que su estudio pudiera haber influido en la interpretación y discusión de los resultados y en la redacción de su texto.

Mendel acostumbraba a hacer anotaciones en sus lecturas. Solía hacerlo con líneas sencillas o dobles en los márgenes de los párrafos de su interés o con notas de texto. En su ejemplar de *El origen* aparecen dieciocho marcas con líneas en sendas páginas; de ellas destacan cinco en el capítulo 2 (*La variación en la naturaleza*) y ocho en el capítulo 8 (*Hibridismo*). Hay también dos anotaciones de texto: una serie de números escritos en la cubierta interior del libro y otra en la primera página, en la que figura «pág. 302». Para Fairbanks y Rytting[21] no está claro que los números sean referencias a páginas; Kritsky[22] por el contrario, cree que señalaban aspectos de interés para Mendel y así, algunos de estos números indicaban páginas que hablaban de la creación, la evolución o el aspecto de la flor y la polinización en la familia de los guisantes.

Respecto a la anotación de la página 302 —capítulo 8, *Hibridismo*— hay un pasaje marcado con doble línea en el que llama la atención sobre el ligero grado de variación en los híbridos del primer cruce o primera generación, en contraste con la extrema variabilidad en las generaciones siguientes. Mendel debió ver la coincidencia con sus propios resultados: la homogeneidad de la descendencia en los cruces entre individuos de variedades puras o la reaparición de los caracteres de los parentales al cruzar los híbridos en respuesta a la segregación de alelos.

Abbott y Fairbanks[23] hicieron una nueva traducción del texto de Mendel comparando sus expresiones con la traducción de *El origen* al alemán que él había leído, identificando las correspondientes palabras o frases en el original inglés de Darwin. De este análisis concluyeron una importante influencia de Darwin en el escrito de Mendel, especialmente en los dos últimos apartados del artículo, los titulados *Experimentos con híbridos de otras especies de plantas* y las *Observaciones finales*, donde la mayoría de los términos darwinianos que aparecen se pueden relacionar con los pasajes que Mendel había destacado en *El origen*. En qué medida Mendel aceptó las ideas de Darwin sigue siendo una cuestión abierta, lo que es innegable para estos autores es que las ideas de Darwin se reflejan en el texto de Mendel.

Aunque así hubiera sido, Mendel no citó a Darwin en el *Vertsuche*. Portin[24] propone que la situación política en Moravia, muy conservadora, podría haber llevado a la censura del artículo en el caso de que hubiese contenido alguna referencia al naturalista inglés. O que no solía citar científicos vivos; un claro ejemplo es que se refirió a Nägeli, con quien mantuvo correspondencia durante años, como «un famoso especialista en *Hieracium*» en la publicación de los resultados de sus estudios sobre esta planta. Aunque quizá la causa más probable fuese la distinta percepción que ambos tenían del fenómeno de la hibridación. Para Mendel, un mecanismo capaz de generar nuevas variedades; para Darwin, un fenómeno cuya consecuencia es una reducción de la eficacia biológica en la descendencia de cruces entre especies o variedades diferentes y que contribuía poco a la evolución puesto que no aportaba ninguna fuente de variación.

Años después, Mendel citaría explícitamente a Darwin. Hay una referencia en el artículo sobre *Hieracium*, en el que relaciona las enseñanzas del naturalista inglés con el origen de las formas intermedias de esa planta, todo ello en relación con la transformación de las especies.[17] Otras tres están en sus cartas a Nägeli, criticando en algunos casos sus aseveraciones. En la última misiva que le dirigió, el 18 de noviembre de 1873, Mendel refiere el concepto de lucha por la existencia, aunque sin nombrar expresamente a Darwin.[16]

Mendel tuvo ocasión de conocer personalmente a Darwin. En 1862, un año antes que concluyera sus experimentos con *Pisum* y de que adquiriese *El origen*, viajó a Londres a visitar la Exposición Universal, permaneciendo allí entre los días 7 y 12 de agosto.[25] Estuvo a muy pocos kilómetros de Down House, la residencia de Darwin. A pesar de la cercanía, no hay constancia de que ambos se encontrasen. Darwin se encontraba en su domicilio en esas fechas, como atestiguan las tres cartas que envió desde allí entre el 8 y el 12 de agosto a H.C. Watson, Asa Gray y W. B. Tegetmeier, a los que les comunicaba que su hijo estaba enfermo de escarlatina desde hacía semanas y que partirían hacia Bournemouth el día 13. Escribió de nuevo a Asa Gray el 21 de agosto, en esta ocasión desde Southampton, comentándole que también su mujer había enfermado (*Darwin Correspondence Project*).[26] No existe ninguna referencia en esas cartas a la posible visita de Mendel; tampoco la situación familiar era favorable a ello. Aunque, si se considera que Mendel no habría estudiado aún *El origen* en profundidad, tampoco hubiera tenido ningún motivo especial para visitar al naturalista inglés.

DARWIN Y LA HERENCIA: LA HIPÓTESIS PROVISIONAL DE LA PANGÉNESIS

Cuando Darwin redacta *El origen*, escribe que las leyes de la herencia eran absolutamente desconocidas. La expresión se mantiene durante las cuatro primeras ediciones hasta que, diez años después, en la quinta, modifica la expresión diciendo que dichas leyes eran, «en su mayoría», desconocidas.[23] Quizá con esta pequeña diferencia de matiz, hacía referencia a la *Hipótesis provisional de la pangénesis*, el modelo de la herencia que proponía en su obra *La variación de los animales y las plantas bajo domesticación* —en adelante *La variación*—, publicada un año antes.[27]

Darwin describe en *La Variación* experimentos cuyos resultados recuerdan a los de Mendel. Dedica parte del capítulo 9 de esta obra —*Plantas cultivadas: cereales y plantas culinarias*— a los guisantes. Hace referencia a descripciones del carácter liso o rugoso de la semilla, el color de la flor o incluso los resultados de un cruce dihíbrido. Comenta que los guisantes no mostraban un fenotipo intermedio, sino que se parecían a uno u otro de los progenitores, claro reflejo de los resultados de Mendel respecto a la homogeneidad de la primera generación filial. Darwin también menciona cruces que hacen referencia a las diferencias en la forma de las vainas; incluye en *La variación* un dibujo en el que se observan las diferentes formas de la vaina y de las semillas (Figura 5).

Figura 5. Vainas y semillas de guisantes. Ilustración procedente de «La variación de animales y plantas bajo domesticación», de Charles Darwin (Wikipedia)

Fig. 41.—Pods and Peas.   I. Queen of Dwarfs.   II. American Dwarf.   III. Thurston's Reliance. IV. Pois Géant sans parchemin.   a. Dan O'Rourke Pea.   b. Queen of Dwarfs Pea. c. Knight's Tall White Marrow.   d. Lewis's Negro Pea.

Howard[28] cita otros ejemplos de ello. Darwin llevó a cabo ensayos con *Antirrhinum maius*, la dragonaria o boca de dragón. La mayoría de las flores de esta planta son zigomorfas, con simetría bilateral, aunque hay una variedad, la pelórica, que muestra simetría radial. Darwin cruzó variedades puras de plantas salvajes con pelóricas y obtuvo una descendencia uniforme, mostrándose el fenotipo salvaje como el dominante; en la segunda generación filial obtuvo una proporción de 88 salvajes frente a 33 pelóricas; estos resultados se ajustan estadísticamente a las proporciones 3:1 de Mendel. En su tratado sobre la forma de las flores,[29] describe el resultado de los cruces con *Primula*, planta en la que estudió la heterostilia, un carácter con herencia mendeliana y con fenotipos claramente diferenciados. En la descendencia de un experimento con *P. auricula* refleja una descendencia con 25 plantas con estambres largos y 75 con estambres cortos. No fue más allá. La mayoría de los datos que reporta son variaciones en el número de cápsulas, número de semillas por cápsula, peso medio, etc. Se trata de caracteres continuos, con herencia multigénica, lejos de los caracteres cualitativos estudiados por Mendel.

En este entorno surge su explicación de la herencia, lo que Darwin denominó la *Hipótesis provisional de la pangénesis*, aunque parece que el origen de la misma se remonta a los cuadernos de 1841, cuando formulaba sus teorías evolutivas. No era una idea original: conceptos similares habían sido anticipados por Hipócrates en la antigua Grecia, e incluso por su propio abuelo Erasmus.

La pangénesis se basaba en la idea de que todas las células del cuerpo producían unidades minúsculas con información fidedigna de todos los caracteres, a las que Darwin denominó gémulas. Éstas tendrían capacidad de autorreplicación y se producirían durante todas las etapas del desarrollo del individuo. Cada órgano vendría representado por sus gémulas, las cuales se reunirían en los gametos y se transmitirían a la descendencia. Su desarrollo en la generación siguiente, daría lugar a un nuevo individuo. Darwin proponía que incluso tendrían la capacidad de transmitirse en estado latente a generaciones posteriores y desarrollarse entonces. La cantidad de gémulas era importante para determinar el aspecto de un individuo; una deficiencia en gémulas llevaba a la esterilidad y un exceso a la partenogénesis.[30] Otro aspecto importante era que Darwin pensaba que se podían modificar en función de los cambios que hubiese en el ambiente.[31]

Dado que la mayoría de los caracteres que interesaban a Darwin para su modelo de la evolución eran cuantitativos, la variación que pudieran mostrar obedecería a estar representados por un mayor o menor número de gémulas. Por otro lado, el concepto de herencia mezclada también tendría justificación, puesto que las gémulas se mezclarían cuando se originasen nuevos individuos. Algunas podían ser prepotentes, otorgando alguna ventaja al nuevo individuo; otras podrían no manifestarse en el caso de que hubiesen perdido vigor o fuesen latentes; estas últimas, incluso, podrían expresarse después de generaciones explicando la reaparición de caracteres. De esta manera explicaba Darwin la variabilidad de resultados que se podían obtener en la descendencia de los distintos cruces.[32]

Aunque Darwin no aceptaba muchos de los principios de Lamarck, su modelo era coherente con la herencia de los caracteres adquiridos. Los cambios en el ambiente producían cambios adaptativos en los órganos, eran recogidos por las gémulas y llevados a las células germinales. Cambios debidos al uso y desuso de los órganos serían heredables, y este sería el mecanismo que proporcionaría la variabilidad genética que Darwin necesitaba.

Mendel en absoluto compartía estos principios. En el ejemplar de la traducción al alemán de *La variación* que adquirió en 1869 y, gracias a su hábito de marcar los párrafos que consideraba importantes, se han podido conocer sus puntos de vista. La mayoría de las anotaciones se encuentran en el capítulo de la pangénesis. A un párrafo en el que Darwin describe como cada parte del cuerpo produce sus gémulas de tamaño minúsculo y cómo estas se organizan en espermatozoides y óvulos, Mendel hace la siguiente anotación: «Dejarse llevar por una impresión sin reflexión». En la carta a Nägeli del 3 de julio de 1870, escribía que las afirmaciones de Darwin mencionadas en *La variación* referentes a los híbridos de determinados géneros, debían ser corregidas en muchos aspectos.

Francis Galton, primo de Darwin, también aportó argumentos en contra de la pangénesis. Llevó a cabo un experimento en el que transfundió sangre de conejos con unos determinados rasgos a otros sin ellos, demostrando que en ningún caso los caracteres de los primeros se manifestaban en los segundos. Darwin replicó aseverando que él nunca había dicho que la transmisión de las gémulas fuese por vía sanguínea, recalcando la existencia de animales sencillos sin sistema circulatorio o las propias plantas, con fluidos distintos a los de la sangre.

La refutación definitiva a esta teoría llegaría por parte de August Weismann, al proponer la separación completa de la línea germinal (germoplasma) de la línea somática (somatoplasma) durante el desarrollo embrionario, con lo que negaba completamente la posibilidad de la herencia de los caracteres adquiridos. Es conocido su experimento en el que mutilaba la cola a ratones durante cinco generaciones sin que en las siguientes naciesen sin este apéndice o lo tuviesen más reducido.

Wallace, que inicialmente consideró la hipótesis sublime, cambio totalmente de parecer tras conocer los resultados anteriores, considerándola insostenible.[33]

¿Conoció Darwin la obra de Mendel?

Darwin nunca citó a Mendel en sus escritos, ni existen otras referencias a la obra del monje austriaco en su abundante correspondencia. Tampoco parece que Nägeli, que también mantenía correspondencia con Darwin, le hablase del monje. Pero aun considerando esta falta de evidencias, ¿pudo Darwin haber tenido conocimiento de Mendel o de sus trabajos?

Dejando atrás aquel posible encuentro que nunca llegó a suceder, Darwin también hubiera podido tener conocimiento de Mendel a través de sus escritos. Se han encontrado copias en la Royal Society, en la Sociedad Linneana y el observatorio de Greenwich.[34] Darwin era entonces el científico de más prestigio en Europa, luego hubiera sido plausible que Mendel le hubiese enviado una separata, máxime habiendo estudiado su obra.

En alguna ocasión se ha dicho —erróneamente— que el artículo de Mendel estaba en la biblioteca de Darwin. Sin embargo, éste no aparece en el catálogo de aquella, como tampoco consta que se hubiesen recibido las actas de la Sociedad de Historia Natural de Brno. Otra cuestión es que Darwin hubiera podido consultarlo a través de alguna institución científica y, así, pudo tener acceso al mismo en la *Royal Society*, de la que era miembro; sin embargo, en el inventario de publicaciones de la misma, impreso en 1879, solo tres años antes de la muerte de Darwin, tampoco había referencias al texto de Mendel.[35]

Una tercera alternativa es que hubiese tenido conocimiento a través de otras publicaciones. En la biblioteca de Darwin había dos libros sobre hibridación en los que se mencionaban los trabajos de Mendel.[34] En el primero de ellos, titulado *Investigaciones sobre la determinación del valor de las especies y variedades. Una contribución a la crítica de la hipótesis darwiniana*,[36] se cita a Mendel en la página 52. Debió de ser una obra que interesara a Darwin pues, como se aprecia en el título, contenía una crítica a sus teorías. Darwin realizó anotaciones en diversas páginas del libro, las inmediatamente anteriores y posteriores a la mencionada, pero no en aquella. Darwin incluso citó esta obra en *Los efectos del cruce y la autofertilización en el reino vegetal*.[37]

El segundo, *Las plantas híbridas, una contribución a la Biología vegetal*,[38] adquirido por Darwin algo más de un año antes de su muerte, era un compendio de las investigaciones que hasta entonces se habían hecho sobre hibridación. Se menciona a Mendel en varias ocasiones en relación con los experimentos con *Pisum*, *Phaseolus* e *Hieracium* destacando que había encontrado proporciones numéricas constantes en la descendencia de los híbridos. Un joven naturalista amigo de Darwin, George Romanes, quien acuñaría el término neodarwinismo, le pidió una relación de autores y referencias para la elaboración de un artículo sobre hibridación para la IX edición de la *Encyclopedia Britannica*. Darwin le envío su ejemplar del libro de Focke. Este precisamente tenía sin cortar las hojas comprendidas entre las páginas 108 y 110,[34] en las que se hacía referencia a los experimentos de Mendel, por lo que no pudieron ser leídas por Darwin. Aunque no eran las únicas en las que aparecía el nombre de Mendel, en alguna de ellas junto al de Darwin. En cualquier caso, la referencia final al monje austriaco en el artículo de la enciclopedia únicamente se limitaría a su nombre.

La senda hacia la síntesis

Se ha debatido si la teoría sintética habría surgido antes en el caso de que Darwin y Mendel hubiesen compartido sus conocimientos. Bateson, defensor y divulgador de las ideas de Mendel, opinaba, ya en los primeros años del siglo XX, que el desarrollo de la filosofía de la evolución hubiera sido muy distinto en ese caso. Lejos de ello, sus modelos eran tan irreconciliables que difícilmente hubiesen hallado puntos de encuentro.[14,30]

Darwin necesitaba una teoría de la herencia para explicar la evolución de las especies, pero su *Hipótesis provisional de la pangénesis* era tan diferente a la de Mendel que nunca habría aceptado sus principios. Darwin requería la variación continua como el material bruto de la evolución, diferencias infinitesimales sobre las que actuase la selección natural, mientras que la herencia de Mendel era particulada. Darwin lo expresaba muy bien en la frase «*Natura non facit saltum*» (la naturaleza no da saltos). Era una visión influenciada por el uniformitarismo de Lyell; de la misma manera que la historia de la Tierra se escribe en forma de una sucesión de pequeños cambios, lo mismo debería suceder con los seres vivos. Y en estas variaciones cuantitativas es en las que menos se puede apreciar la herencia mendeliana, ya que están determinadas por múltiples sistemas alélicos con pequeños efectos aditivos.

Tampoco se habrían puesto de acuerdo en lo referente a la hibridación. Mientras que para Mendel era un mecanismo que podría dar lugar a la aparición de nuevas especies, para Darwin, sus consecuencias eran la esterilidad y la pérdida de viabilidad. Otro elemento, circunstancial, fue el aparato matemático empleado por Mendel. De la misma manera que las matemáticas llevaron a Mendel a las leyes de la herencia, el poco interés de Darwin en ellas habría impedido que apreciase el auténtico valor del trabajo de Mendel. Darwin llegó a escribir en su *Autobiografía* que su capacidad para el pensamiento prolongado y puramente abstracto era muy limitada y que nunca habría tenido éxito en el terreno de la metafísica o de las matemáticas.

Pero tampoco el entorno científico de la época estuvo preparado para comprender las implicaciones genéticas de los trabajos de Mendel. Solo se han encontrado doce publicaciones con referencias al trabajo de Mendel entre 1866 y 1900[39] y todas ellas desde la perspectiva del hibridismo. Es especialmente notorio el caso de Nägeli, quien no hizo referencia a Mendel en el libro *Una teoría mecánico fisiológica de la evolución orgánica*[40] en el que proponía una teoría de la herencia.

Respecto a las ideas de Darwin, aunque se aceptaba el hecho de la evolución por ascendencia común, no sucedía igual con el mecanismo de la selección natural.[41] De hecho, la consideración de ésta como motor de la evolución fue perdiendo importancia tras la muerte de Darwin y durante los primeros años del siglo XX. Galton sería uno de sus defensores; fue pionero en la Biometría, disciplina en la que se miden las pequeñas y continuas variaciones en los organismos, en la línea de que éstas —como decía Darwin— eran el material sobre el que trabajaba la selección natural. Aplicó la estadística en el contexto de la herencia de caracteres cuantitativos como la estatura o la inteligencia.[28] Sentaría las bases de la Genética cuantitativa. Seguirían su estela Karl Pearson y Walter Raphael Weldon.

Las teorías de Darwin no aportaban mecanismos que explicasen el origen de la variabilidad necesaria para que actuase la selección natural. Como se ha dicho, se acercó a la herencia de los caracteres adquiridos de Lamarck en su modelo de la pangénesis. Aunque tampoco lo hacía el modelo de Mendel, que no explicaba cómo se formaban nuevos alelos.

August Weismann, defensor de la evolución mediante selección natural, propuso que el proceso de mutación al azar en las células germinales, cuando se producían los gametos, aportaba la única fuente de cambio transmisible sobre el que la selección natural actuaría.[33] En este sentido también se manifestaría William Bateson, proponiendo que la variación que llevaba a la formación de nuevas especies era discontinua. Tras el redescubrimiento de las leyes de Mendel sería un firme defensor de la herencia mendeliana publicando en 1905 una traducción del artículo de Mendel al inglés. A él se debe el término *genética*.

La variación discontinua llegó a su máximo exponente con la teoría de la mutación de Hugo de Vries. En 1886 descubrió nuevas formas de *Oenothera lamarckiana* que daban lugar a nuevas variedades, algunas tan diferentes a los progenitores que parecían ser especies distintas. En su libro *La teoría de la mutación*[42] propuso que todos los cambios evolutivos se debían a la aparición de mutaciones. Estas pasaron a considerarse la fuerza dominante de la evolución en detrimento de la selección natural, que como mucho eliminaría formas deletéreas. En realidad *O. lamarckiana* era una planta con tendencia a sufrir disrupciones en la meiosis que daban lugar a organismos poliploides, mutaciones que no se observaban en otras especies. La teoría se fue abandonando con el tiempo. De Vries acuñó el término *pangenes* para las partículas de la herencia, que Wilhelm Johansson acortó a genes.

En 1900 se redescubren los trabajos de Mendel y se aprecia su verdadero significado desde la perspectiva de la herencia. El Mendel hibridador dio paso al Mendel genetista. Investigadores como Thomas H. Morgan abrieron el camino a una nueva interpretación de la herencia, que sentó las bases de la genética clásica. Este nuevo enfoque, más experimental, seguía enfrentado a la Biometría. Sus partidarios argumentaban que las leyes de Mendel se aplicaban solo a caracteres cualitativos, pero no a los cuantitativos asociados a la eficacia darwiniana. Los genetistas mantenían la opinión de que todos los caracteres estaban regulados por genes mendelianos y restarían importancia a la selección natural considerando a la mutación como el proceso evolutivo clave.[43] La controversia comenzó a solucionarse cuando, en torno a 1910, Nils H. Nilsson-Ehle y Edward M. East demostraron que la intensidad del color de los granos de cereales —un carácter con variación continua— estaba regulada por muchos genes con efecto aditivo, cada uno de los cuales se transmitía a la descendencia siguiendo los patrones mendelianos. Fisher demostró matemáticamente en 1918 que una distribución continua puede derivar de las variaciones discontinuas subyacentes a múltiples *loci* moduladas por los cambios ambientales. Es el escenario en el que surge definitivamente la genética cuantitativa.

Durante la década de 1920, Ronald Fisher, John B. S. Haldane y Sewall Wright establecieron los principios de la genética de poblaciones, la vertiente matemática de la teoría, enfatizando que la genética mendeliana facilitaba la actuación de la selección natural. Los genes se replican con exactitud y se transmiten a la descendencia a través de la meiosis, de modo que la variación se preserva, en lugar de mezclarse. Sobre esa variación, la selección natural es efectiva con el tiempo suficiente. Así, está pasó a considerarse un mecanismo más fuerte para la evolución que la mutación. La reproducción sexual junta alelos favorables y favorece la eliminación de mutaciones deletéreas. Bajo la nueva síntesis entre las ideas de Mendel y Darwin, la selección se vio actuando a través de la acumulación ininterrumpida de los cambios ligeramente favorables, con la reproducción sexual y la recombinación proporcionando la fuente inmediata de variación.[43] Las especies pasaron a definirse como conjuntos de poblaciones reproductivamente aisladas entre sí sobre las que actuaban los mecanismos anteriores.

El neodarwinismo o teoría sintética de la evolución se fraguaría con la publicación de la obra de Theodosius Dobzhansky *Genética y origen de las especies*.[44] La genética de Mendel y la selección natural de Darwin se habían encontrado, al fin de una manera permanente, para constituir la síntesis que, por ahora, sigue siendo el paradigma científico dominante en el conocimiento de la evolución.

Figura 6. Cronología comparada de Charles Darwin y Gregor Mendel

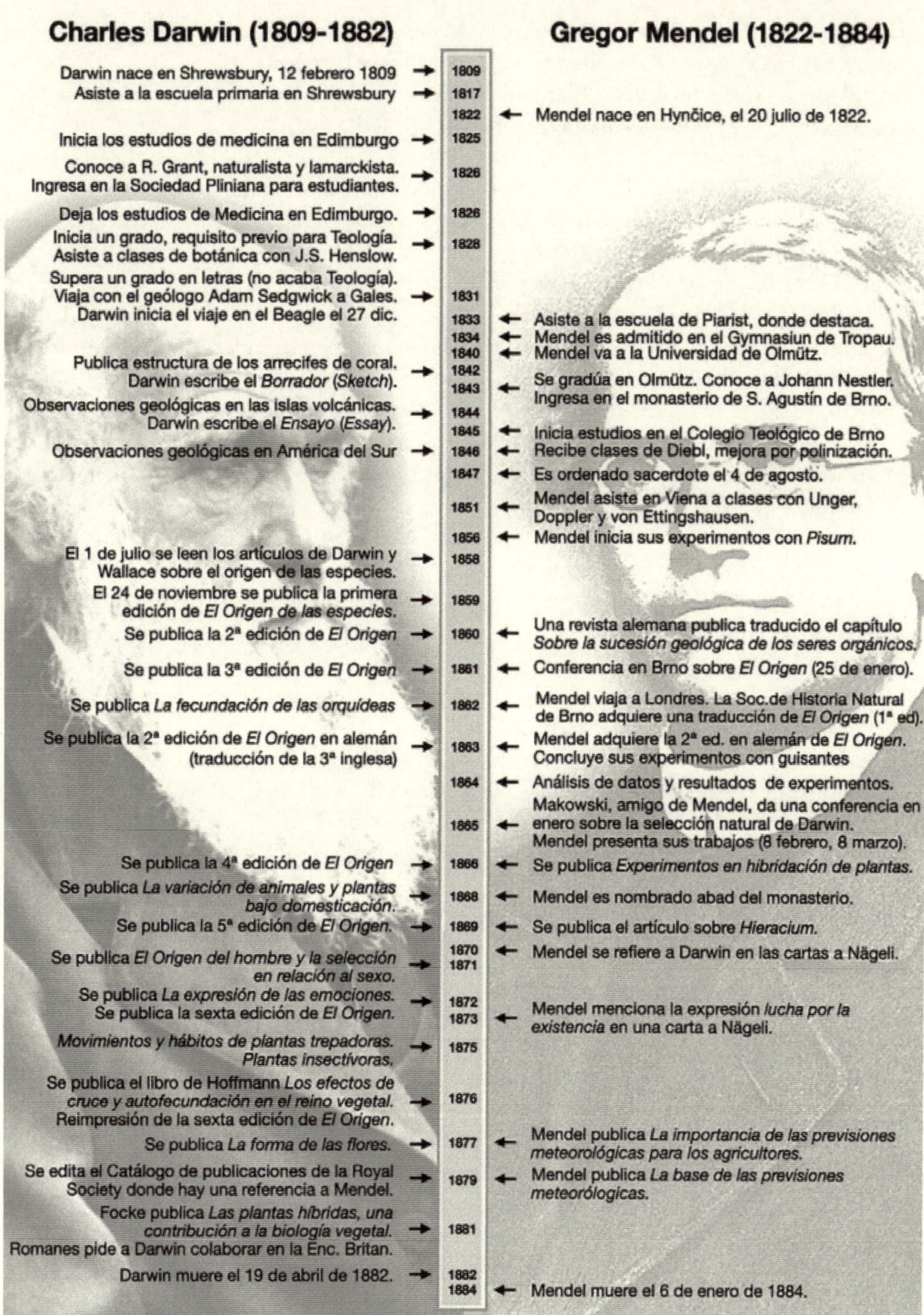

Bibliografía

1. Darwin, C. R. *On the Origin of Species by Means of Natural Selection, or the Preservation of Favoured Races in the Struggle for Life.* (John Murray, 1859).
2. Mendel, G. Versuche über Plflanzenhybriden. Verhandlungen des naturforschenden Vereines in Brünn. *Abhandlungen* **4**, 3–47 (1866).
3. Darwin, E. *Zoonomia or the laws of organic life.* (J. Johnson., 1803).
4. Pardos, F. Introducción a La teoría de la evolución de las especies. . in *La teoría de la evolución de las especies. Edición de Fernando Pardos,* (eds. Darwin, C. R. & Wallace, A. R.) (Editorial Crítica., 2006).
5. Lyell, C. *Principles of Geology: Being an Attempt to Explain the Former Changes of the Earth's Surface, by Reference to Causes Now in Operation.* vol. I (John Murray, 1830).
6. Malthus, T. *An Essay on the Principle of Population. The Future of Nature* (J. Johnson, 1798). doi:10.12987/9780300188479-004.
7. Darwin, C. R. & Wallace, A. R. *La teoría de la evolución de las especies. Edición de Fernando Pardos.* (Editorial Crítica., 2009).
8. Swainson, W. *Treatise on Geography and Classification of Animals.* (The Cabinet Cyclopaedia., 1835).
9. Wallace, A. R. *Darwinism: An Exposition of the Theory of Natural Selection with Some of Its Applications.* (McMillan and Company, 1889).
10. Wallace, A. R. On the Zoological Geography of the Malay Archipelago. Communicated by Charles Darwin. (Read 3 November 1859). *Journal of the Proceedings of the Linnean Society: Zoology* **4**, 172–184 (1860).
11. Hartl, D. L. Gregor Johann Mendel: From peasant to priest, pedagogue, and prelate. *Proc Natl Acad Sci U S A* **119**, (2022).
12. Soudek, D. Gregor Mendel and the people around him (commemorative of the centennial of Mendel's death). *Am J Hum Genet* **36**, 495–498 (1984).
13. Peaslee, M. H. & Orel, V. The evolutionary ideas of F. M. (Ladimir) Klacel, teacher of Gregor Mendel. *Biomed Pap Med Fac Univ Palacky Olomouc Czech Repub* **151**, 151–155 (2007).
14. Lorenzano, P. What would have happened if Darwin had known Mendel (or Mendel's work)? *Hist Philos Life Sci* **33**, 3–48 (2011).
15. Bicknell, R., Catanach, A., Hand, M. & Koltunow, A. Seeds of doubt: Mendel's choice of Hieracium to study inheritance, a case of right plant, wrong trait. *Theoretical and Applied Genetics* **129**, 2253–2266 (2016).
16. Mendel, G. Gregor Mendel's letters to Carl Nägeli, 1866-1873. *Genetics* **35**, 1–29 (1950).
17. Mendel, G. Über einige aus künstlicher Befruchtung gewonnenen Hieracium-Bastarde: mitgetheilt in der Sitzung vom 9. Juni 1869. *Verhandlungen des naturforschenden Verenines Brünn (Abhanlungen)* **8**, 26–31 (1870).
18. Ruiz-Rejón, M. Hieracium: El segundo tipo de herencia de Mendel. Open-Mind. https://www.bbvaopenmind.com/ciencia/biociencias/tipo-hieracium-herencia-mendel/. *https://www.bbvaopenmind.com/ciencia/biociencias/tipo-hieracium-herencia-mendel/* (2022).
19. Orel, V. *Mendel.* . (Oxford University Press. , 1984).
20. Fairbanks, D. J. Mendel and Darwin: untangling a persistent enigma. *Heredity (Edinb)* **124,** (2020).

21. Fairbanks, D. J. & Rytting, B. Mendelian controversies: A botanical and historical review. *Am J Bot* **88**, (2001).

22. Kritsky, G. Gregor Johann Mendel, the monk who is credited for unlocking the secrets of. *Proc Indiana Acad Sci* **90**, 330–334 (1981).

23. Fairbanks, D. J. & Abbott, S. Darwin's influence on Mendel: evidence from a new translation of Mendel's paper. *Genetics* **204**, 401–405 (2016).

24. Portin, P. The Significance of Mendel's Work for the Theory of Evolution; Specifically Birth and Development of the Mendelian Paradigm of Genetics: a Review. in *Annales Botanici Fennici* vol. 56 285–293 (BioOne, 2019).

25. Van Dijk, P. J. & Ellis, T. H. Mendel's journey to Paris and London: context and significance for the origin of genetics. (2020).

26. Univ. de Cambridge. Darwin Correspondence Project. *https://www.darwinproject.ac.uk*.

27. Darwin, C. *The variation of animals and plants under domestication (1st edition, vols. I and II).* (J. murray, 1868).

28. Howard, J. C. Why didn't Darwin discover Mendel's laws? *J Biol* **8**, 1–8 (2009).

29. Darwin, C. R. *The different form of flowers on plants of the same species.* . (John Murray., 1876).

30. Deichmann, U. Gemmules and elements: On Darwin's and Mendel's concepts and methods in heredity. *Journal for General Philosophy of Science* **41**, (2010).

31. van Dijk, P. J. & Ellis, T. H. N. Mendel's reaction to Darwin's provisional hypothesis of pangenesis and the experiment that could not wait. *Heredity (Edinb)* **129**, 12–16 (2022).

32. Bizzo, N. & El-Hani, C. N. Darwin and Mendel: Evolution and genetics. *J Biol Educ* **43,** 108–114 (2009).

33. Berry, A. & Browne, J. Mendel and Darwin. *Proceedings of the National Academy of Sciences* **119**, e2122144119 (2022).

34. Galton, D. Did Darwin read Mendel? *QJM: An International Journal of Medicine* **102**, 587–589 (2009).

35. Sclater, A. The extent of Charles Darwin's knowledge of Mendel. *J Biosci* **31**, 191–193 (2006).

36. Hoffmann, H. *Untersuchungen zur Bestimmung des Werthes von Species und Varietät. Ein Beitrag zur Kritik der Darwinschen Hypothese.* (BJ Ricker, 1869).

37. Darwin, C. R. *The effects of cross and self fertilization in the vegetable kingdom.* (John Murray., 1876).

38. Focke W. O. *Die Pflanzen-Mischlinge. Ein Beitrag zur Biologie der Ge-wächse.* (Gebrüder Bornträger., 1881).

39. Keynes, M. Mendel—Both Ignored and Forgotten. *J R Soc Med* **95**, (2002).

40. Nägeli, K. W. *Mechanisch-physiologische Theorie der Abstammungsleh-re.* . (R. Oldenbourg., 1882).

41. Moreno, J. Historia de las teorías evolutivas. in *Evolución. La base de la biología.* (ed. Manuel Soler) (Proyecto Sur de Ediciones., 2002).

42. De Vries, H. *Die Mutationstheorie. Versuche und Beobachtungen über die Entstehung von Arten im Pflanzenreich (1901-1903).* (Veit & Co., 1901).

43. Barton, N. H. The "new synthesis". *Proceedings of the National Academy of Sciences* **119**, e2122147119 (2022).

44. Dobzhansky, T. *Genetics and the Origin of Species.* (Columbia University Press, 1937).

La teoría de Darwin en España

Miguel C. Botella López[1]

La teoría de la evolución es un paradigma fundamental con el que ha construido la sociedad occidental e industrializada de hoy su particular manera de entender el mundo y su entorno.

Está en el núcleo de la ideología de esa comunidad a la que pertenecemos, y por eso no nos es posible rechazarla sin más. Debemos comprender que nuestras bases, sean de pensamiento, sociales o económicas, están ahora impregnadas de evolucionismo, y con ese modelo interpretamos lo que nos rodea y a nosotros mismos.

La de Darwin no fue la primera que se enunció al respecto, pues ya Lamarck y otros precursores hablaron de cambios continuos y aportaron sus explicaciones en relación con las variaciones en los seres vivos. Pero Darwin, cuya contribución original fue la de la selección natural, causó una revolución de los conceptos en el mundo de la vida orgánica que completó a la que había provocado Copérnico al establecer que la Tierra giraba alrededor del Sol, en este caso al indicar que todo en la naturaleza se puede entender como el resultado de procesos naturales y que los humanos no somos el centro ni la cúspide, sino unos organismos más de entre los seres vivos. Ya lo indicó Ayala[1]:

> El mayor logro de Darwin fue mostrar que la organización directiva de los seres vivos puede entender como resultado de un proceso natural, la selección natural, sin ninguna necesidad de recurrir a un Creador o un agente externo. El origen y adaptación de los organismos y sus variaciones profusas y maravillosas fueron trasladados al dominio de la ciencia. (...)
> Esto no es sino una visión fundamental que ha cambiado para siempre la forma en que los humanos nos percibimos a nosotros mismos y nuestro lugar en el universo.

EL ENTORNO POLÍTICO Y SOCIAL

Es preciso analizar, aunque sea de manera demasiado breve y con un inevitable esbozo en extremo simple, la compleja sucesión de acontecimientos que sacudieron

---

1. Profesor emérito de la Universidad de Granada

Europa durante el siglo XIX. Todos los países se vieron arrastrados a cambiar las estructuras sociales, unos con mayor fortuna y alcance que otros; se quebraron para siempre muchos viejos conceptos y se crearon otros, no sin reticencias e innumerables conflictos en los más diversos órdenes, políticos, sociales, religiosos o de distribución de territorios, ya que fue un período de efervescencia, idóneo para las controversias y enfrentamientos de todo tipo. Y Darwin vivió y expuso su teoría en ese tiempo.

La caída del Antiguo Régimen como consecuencia de la Revolución francesa, trajo consigo una diversificación de las maneras de explicar el mundo que nos rodea y a nosotros mismos a la luz de la razón. Surgieron nuevos sistemas filosóficos como el materialismo, el racionalismo, el positivismo o la propia teoría de la evolución de Darwin, ante los cuales la Iglesia católica no tenía una respuesta unánime porque no existían cuando se celebró el unificador Concilio de Trento. Por eso, ya se hacía necesario abordar el problema en sus diversas vertientes, una de las cuales, y desde luego no la de menor importancia, era la conformidad entre la razón y la fe.

Empezó el siglo con el ascenso al poder de Napoleón y las guerras en casi todo el territorio europeo, que acabaron en 1815 con la derrota francesa y el consiguiente aumento del poderío de los países coaligados que formaron el Concierto europeo en contra del I Imperio, y sobre todo de Gran Bretaña, que entonces experimentó un auge extraordinario, en gran parte debido a la estabilidad social durante la época victoriana y a la incorporación de los avances tecnológicos a la producción. Eso le permitió consolidar su Imperio en ultramar, así como incrementar su influencia a través de la invasión, la colonización y el comercio. Se creó una forma de entender el mundo y justificar esas conquistas, en cuyo modelado tuvieron mucho que ver los científicos y pensadores británicos en diferentes terrenos, entre los que a la postre también se encontraría Darwin.

La cruenta guerra de Crimea, que acabó en 1856, colocó de nuevo al II Imperio francés como potencia europea de primer nivel, lo que llevó aparejada una gran influencia en los terrenos militar, político, científico y cultural. La ciencia francesa experimentó un auge sin precedentes y echó mano de sus modelos propios. En nuestro caso, las obras de Buffon, Cuvier o Lamarck quedaron ya incluidas como sistemas explicativos dentro de las ciencias de la naturaleza, y ahí, de un modo u otro, siguen presentes a día de hoy.

Entretanto, Prusia había comenzado una etapa expansiva con la unificación de distintos territorios que formaron la Confederación germánica, creada sobre todo para defenderse del agresivo comercio británico que perjudicaba su producción propia. Era inevitable el choque con la Francia en auge, y por fin estalló en 1870 la guerra franco-prusiana, que acabó con el completo descalabro galo en Sedan y la captura del propio emperador. Eso llevó a la proclamación de la III República y al inicio de un período revolucionario, que, una vez firmado el armisticio en 1871, continuó con la llamada Comuna de París.

Entonces emergió el Imperio alemán, el Reich, que continuaría como tal hasta el fin de la I Guerra mundial. Su papel como estado más poderoso del continente llevó aparejado el giro de la economía hacia Alemania, que ahora se convirtió en el más importante foco europeo de la ciencia hasta la Segunda Guerra mundial. A partir de ese momento tomó el relevo el mundo anglosajón, cuyo predominio hasta hoy es indiscutible.

La influencia de la iglesia católica

La resistencia de la Iglesia católica a los cambios, por otra parte inevitables, condujo a que cayese en un fuerte inmovilismo, el cual a la larga sería la causa de muchos problemas dentro y fuera de España, aunque aquí se manifestaron con gran intensidad por encontrarse tan vinculada la religión a todos los ámbitos de la vida cotidiana.

Las tensiones entre la Iglesia y el Estado español partían de lejos y serían uno de los elementos que configurarían los grandes vaivenes en el transcurso del siglo XIX. Cuando murió Fernando VII la estabilidad del trono quedó comprometida, ya que había anulado la Ley Sálica y nombró sucesora de hecho a su hija Isabel, con la frontal oposición de una parte de los españoles. Eso desató las guerras carlistas entre los partidarios de Isabel II y los de su tío don Carlos María Isidro, pretendiente al trono. Los carlistas eran opuestos al liberalismo, ultraabsolutistas, que defendían entre otras cosas la primacía de la Iglesia, mientras que el más progresista bando isabelino agrupaba a los liberales, comprometidos con la Constitución y el parlamentarismo.

Como era de esperar, los carlistas recibieron el apoyo de la jerarquía eclesiástica romana, así como de estados totalitarios como Prusia, mientras que los isabelinos contaban con las simpatías de los parlamentaristas europeos. La primera guerra carlista, que causó unos 200.000 muertos, terminó en 1836 con el abrazo de Vergara, aunque lo fue en teoría, porque se extendió durante varios episodios más como recaídas de una misma enfermedad.

No cesaron las turbulencias políticas con la regencia de María Cristina; también se sucedieron los enfrentamientos entre los partidarios de mantener los privilegios de la Iglesia y los que pretendían que se sujetase al poder político.

Las tensiones se dispararon. El intolerante Papa Gregorio XVI rompió de manera unilateral las relaciones diplomáticas con España y no reconoció a Isabel II como la legítima heredera del trono.

La desamortización de Mendizábal en 1836 fue otro importante punto de desencuentro porque se despojó a la Iglesia de sus inmensas propiedades, que pasaron a otras manos mediante subastas no siempre acertadas o limpias, con lo cual se obtuvo un éxito menor de lo esperado en el aspecto social, pero sí consiguió agravar el choque. La de Madoz de 1855 ahondó en el problema.

En 1845, en la denominada Década moderada y con Narváez en el poder, se aprobó la Constitución, que ratificaba la tradicional confesionalidad católica del Estado con exclusión de cualquier otro culto, si bien por medio de la llamada Ley Pidal de ese año se pretendió secularizar la enseñanza; se entregaba el poder al Estado, aunque era confesional, de manera que los planes de estudios y las directrices dependerían de éste y no por completo de la Iglesia.

Se defendió la creación de la enseñanza secundaria como propia de las clases medias y de ahí surgieron los Institutos de segunda enseñanza. Pero la ley no tuvo éxito y contó con la oposición de conservadores y liberales, que por una vez se pusieron de acuerdo en algo.

La Iglesia española intensificó sus vínculos de obediencia sin condiciones al Papa como referente y parapeto ante las nuevas ideas que avanzaban con fuerza, lo que trajo consigo una mayor hostilidad hacia las ideas liberales y al proyecto de secularización que conllevaba. El positivismo, el krausismo, el marxismo, la masonería y, por supuesto el darwinismo, fueron rechazados y atacados desde el clero ultramontano por suponer un grave peligro para la doctrina tradicional católica. El espejo en el que se miraba la Iglesia española y los conservadores no era, desde luego, favorable a la moderación en estos asuntos.

La necesidad de apoyo del Vaticano a la reina Isabel II, cuya legitimidad estaba en cuestión, y el desencuentro social con la muy reaccionaria estructura eclesiástica española, hicieron ineludible un acuerdo que pusiese fin a la situación, pues el papado necesitaba también la ayuda española en el conflicto por los estados pontificios en Italia. No se restablecieron de manera plena las relaciones diplomáticas hasta 1848, cuando se reconoció a Isabel II como reina.

En 1851 se firmó un concordato con la Santa Sede, que ya se discutía en las Cortes desde años antes y contaba con la oposición de los liberales. Era vinculante para las dos partes y, aunque se pretendió lograr un equilibrio, en realidad fue la Iglesia la que consiguió la mayor parte de sus pretensiones.

Se mantuvo el reconocimiento de la religión católica como la única del Estado, así como el carácter católico de la enseñanza a todos los niveles, desde la primaria hasta la universitaria; además, quedaba sujeta a la inspección y control de las autoridades eclesiásticas, tanto en los centros públicos como privados, estos regidos en su gran mayoría por religiosos.

Esa es una de las razones por la que la ciencia en España no admitiese en su conjunto comparación con la de otros países europeos durante ese período.

En cambio, no se aceptaron las aspiraciones a que la jerarquía eclesiástica interviniese en los nombramientos de profesores y maestros, ni que tuviese que autorizar los contenidos de los libros de texto.

La religión

El firme pensamiento cristiano, medieval y posterior, muy influido por la filosofía tomista, asumió la idea de un creador, supremo hacedor, que quedó plasmado en numerosos escritos de naturalistas del siglo XIX y hasta el momento actual.

Santo Tomás recogió el concepto de motor inmóvil que había expresado Aristóteles, lo que es principio de todo y que a su vez no puede tener principio, para aportar pruebas metafísicas con las que demostrar la existencia de un Ser superior desde la razón. De ello se desprendería que la razón y la fe no solo no se contraponen, sino que se pueden unir de manera armónica. Son las conocidas cinco vías.

En la primera, estima que todo lo que se mueve es movido por otro, y este otro por un tercero y así en una cadena, hasta llegar a un primer motor que diese origen al movimiento pero que no fuese movido por nadie. Ese sería Dios.

En la segunda, expresa que nada es causa de sí mismo y no hay nada que sea causa por sí solo, de modo que tiene que haber una causa primera, que es Dios.

La tercera, dice que las cosas son contingentes, pueden existir o no, no es posible una serie infinita de seres que existen y no son necesarios, debe existir un Ser del todo necesario.

La cuarta, indica que tiene que haber un Ser supremo, porque tanto en el bien como en el mal (falta de bien) hay una gradación, de modo que al final se llega a un máximo perfecto que sería Dios.

La quinta, considera que el mundo se rige por una serie de leyes y no puede haber leyes sin un legislador; por tanto, tiene que haber un Ser que ha ordenado el mundo y que dirige la naturaleza.

Es indiscutible la cercanía e influencia de las cinco vías tomistas con los enunciados de los filósofos y pensadores cristianos, que consideran que razón y fe pueden caminar juntos sin problema en el concepto de evolución. Asimismo, la teoría denominada del diseño inteligente, de la que tanto se ha hablado en tiempos recientes como una novedad rompedora, aunque parece que ya ha venida a menos, se basa en los mismos principios de fondo.

Ante los retos que suponía para la doctrina de la fe la llegada del krausismo, el materialismo, el positivismo o el liberalismo, los nuevos ismos que tenían como base el predominio de la razón, el Papa Pío IX convocó en 1869 un Concilio, el Vaticano I, en el lugar y el momento menos oportunos. La guerra en Europa estaba en su apogeo y el proceso de reunificación italiana se encontraba muy avanzado en detrimento de los estados pontificios, que tuvieron que ceder sus territorios y por fin quedaron reducidos al Vaticano. A partir de entonces, el Papa se consideró prisionero y no aceptó la pérdida de su poder temporal; de liberal al inicio, derivó hacia posturas intolerantes e inflexibles que sin duda alimentaron la intransigencia del clero español.

Con la victoria de Prusia sobre los franceses, que conllevó la inminente entrada de Garibaldi en Roma, Pío IX dio fin en 1870 a ese raro Concilio, por lo que su duración fue tan sólo de siete meses y estuvo dividido en cuatro sesiones.

Desde su inicio se produjeron críticas y discrepancias, sobre todo por los conciliares alemanes, porque se optó por la vía de la rigidez y el conservadurismo y ellos pretendían una mayor apertura. Se consiguió imponer como dogma la infalibilidad del Papa cuando habla *ex cathedra*, no sin una fuerte oposición, y en la tercera sesión, ya en 1870, se aprobó la trascendental Constitución Dogmática *Dei Filius* sobre la fe católica, que marcaría el rumbo para el futuro.[2]

Se declaró la superioridad de la fe sobre la razón, aunque se consideró que en realidad no podía existir conflicto entre una y otra, porque Dios es quien revela los misterios de la fe y es quien introduce la razón en el espíritu humano.

En los cánones se censuraron las ideas que primaban la razón sobre la fe, incluso a las que ponían ambas esferas en plano de igualdad. En consecuencia, quedó prohibido a los cristianos defender opiniones contrarias a la doctrina de la fe.

> Basten dos ejemplos:
> En el Canon I.5:
> Si alguien no declarase que el mundo y todas las cosas que están contenidas en él, sean espirituales, sean materiales, según su entera sustancia, fueron producidas por Dios de la nada; o dijese que Dios no creó por voluntad libre de toda necesidad, sino tan necesariamente como necesariamente se ama a sí mismo; o negase que el mundo fue creado por Dios: sea anatema.
> Y en el Canon IV.2:
> Si alguien dijere que las disciplinas humanas deben ser tratadas con tal libertad que sus afirmaciones, aunque sean contrarias a la doctrina revelada, puedan ser consideradas verdaderas y no puedan ser condenadas por la Iglesia; sea anatema.

Los decretos conciliares, una vez confirmados por el Papa, obligan a toda la comunidad católica, sacerdotes y fieles. Por eso, la Iglesia en su conjunto se opuso con ardor al darwinismo, y la española aún más, lo que todavía perdura hasta hoy en algunos sectores, si bien se advierten importantes esfuerzos por armonizar la fe con la teoría evolucionista, que no son sino esferas distintas que no deberían entrar en conflicto. Es el eterno debate entre razón y fe.

Hasta la revolución de 1868, La Gloriosa, y el Sexenio democrático, el panorama de las ciencias estuvo condicionado por la fuerte represión ideológica de los sucesivos gobiernos, anclados en un Antiguo Régimen caduco. Entonces se hizo patente el dominio intelectual de los liberales, si bien en no pocas ocasiones contaron con una cerrada y dura oposición por parte de los conservadores, muy limitados en su pensamiento por la Iglesia católica a través de sus preceptos. Pero la batalla resultó positiva a la postre porque puso en primer plano las novedosas corrientes de pensamiento a través de las polémicas, y por consiguiente a la teoría de la evolución de Darwin.

A partir de 1874, cuando se produjo el levantamiento de Martínez Campos en Sagunto y regresó la monarquía con Alfonso XII, se atenuó la efervescencia de los años anteriores; la Iglesia incrementó en mucho su patrimonio a través de donaciones y legados de sus fieles, así como de exenciones tributarias.

Esos considerables ingresos aumentaron aún más, gracias a negocios e inversiones que propiciaron la creación de centros de enseñanza primaria y media, sobre todo para clases pudientes, con los que se pudo adoctrinar y establecer un control sobre las futuras élites, todo ello bajo el amparo de la ley y con una oferta de mayor calidad. Y es que no cabe duda de que quien controla la enseñanza domina la sociedad.

Así, en la Constitución de 1876, lejos ya de las leyes más liberales, quedó sellada una vez más la simbiosis de la religión católica con el Estado. En su artículo 11 decía:

> La religión católica, apostólica, romana, es la del Estado. La Nación se obliga á mantener el culto y sus ministros.
>
> Nadie será molestado en el territorio español por sus opiniones religiosas ni por el ejercicio de su respectivo culto, salvo el respeto debido a la moral cristiana.
>
> No se permitirán, sin embargo, otras ceremonias ni manifestaciones públicas que las de la religión del Estado.

La especial relación de la Iglesia católica con el Estado español fue la causa más directa de la violenta oposición de los sectores conservadores de la sociedad a la aceptación de la teoría de Darwin y, en general, de las nuevas ideas que venían de otros países.

José de Acosta, El Precursor

Uno de los precursores del evolucionismo fue el español José de Acosta (1540-1600). Nació en Medina del Campo y casi toda su vida estuvo ligada a la Compañía de Jesús, pues realizó sus primeros estudios en un colegio de esta orden y ya formó parte de ella hasta su muerte.

Pasó a América poco tiempo después de que se admitiese la participación de los jesuitas en las misiones en las Indias. Allí se dedicó a tareas pastorales, dada su fama de buen predicador y teólogo, aunque también participó en los enfrentamientos entre el poder de la monarquía de Felipe II y los ignacianos, así como en diferentes polémicas que le afectaban de manera directa, como acusaciones de plagio o deslealtad.

Su gran obra, *Historia natural y moral de las Indias*, se publicó y tradujo en varios países, si bien quedó casi olvidada en España hasta hace poco, a pesar de haberse impreso en Sevilla su primera edición en 1590.[3]

En ella planteó el gran problema del origen de los pueblos americanos e intuyó que habían pasado desde el Viejo Continente a través de un espacio situado al norte, donde adivinó que se aproximaban las tierras. Describió la corriente de Humboldt mucho antes que el sabio prusiano, quien llegó a conocer muy bien la obra de Acosta y la utilizó con profusión en sus estudios, y deslizó una hipótesis en la que esbozaba una idea de variabilidad entre especies al tratar de explicar las diferencias morfológicas con los indígenas americanos y el resto.[4,5]

Es cierto que trató el asunto con mucha timidez y que solo lo presentó como una posibilidad que él mismo desechó, pero es preciso reconocer el valor de su hipótesis, expuesta en el contexto de la época, donde imperaba el más estricto creacionismo.

En el libro IV, Capítulo XXXVI, indicó:
También es de considerar que los tales animales difieren específica y esencialmente de todos los otros, o si es su diferencia accidental, que pudo ser causada de diversos accidentes, como el linaje de los hombres ser unos blancos y otros negros; unos gigantes y otros enanos. Así *verbi gratia*, ser unos sin cola y otros con cola, y en el linaje de los carneros, ser unos rasos y otros lanudos, unos grandes y recios de cuello largo como los del Pirú; otros pequeños y de pocas fuerzas y de cuello corto, como los de Castilla.

ÉPOCA DE ENFRENTAMIENTOS

El aldabonazo que marca la apertura en España a las nuevas ideas para la confrontación dialéctica entre la ciencia y el espíritu, o entre razón y fe, vino de la mano del filósofo y profesor Julián Sanz del Río en su discurso de apertura del curso en la Universidad de Madrid en 1857. Era krausista y masón.

Menos de un mes después de que se promulgase la Ley de Instrucción Pública del ministro Moyano, una ley liberal que pretendía modernizar la enseñanza, Sanz del Río expuso los principios del krausismo y con ello removió los cimientos del vetusto sistema educativo universitario. [6]

Consideraba la razón como el arranque del progreso humano, que tiende a la perfección moral, de manera que la ciencia y el espíritu no pueden estar disociados porque ambos caben en un único organismo y son de hecho indivisibles.

Afirmó que el Hombre se encuentra entre la Naturaleza y el Espíritu, pero con su libertad puede usar de ellos para bien o para mal.

El discurso provocó una confrontación muy áspera, que condujo a la conocida expulsión de muchos profesores de sus cátedras, cuando cambió el gobierno y se promulgó el famoso Decreto Orovio y su Circular en 1875.

Eso acarreó a la postre la fundación de la Institución Libre de Enseñanza, el hito más importante del krausismo español, que durante sesenta años mantuvo las ideas de progreso y renovación en la sociedad. En el marco de la Institución se creó en 1907 la Junta para la Ampliación de Estudios, que dirigió Santiago Ramón y Cajal desde su fundación hasta su muerte en 1934. En 1939 se desmontó para crear el CSIC.

Esos nuevos paradigmas, enfrentados en muchos casos a la ideología de momentos anteriores, que tenía una fuerte dependencia de los preceptos religiosos, fueron obra de krauso-positivistas y masones, que no son lo mismo, aunque en la realidad estuvieron unidos de manera muy cercana.

No puede resultar extraño que ese binomio, o uno solo de los elementos, los masones, fuesen los que introdujeron la teoría de la evolución darwinista en España; eran los más conspicuos defensores de la razón, de la libertad y de la independencia de pensamiento en aquel entonces, junto con un fuerte anticlericalismo. Sin excepción, los primeros defensores de la teoría de Darwin en España fueron masones.

En 1865 se fundó la Sociedad Antropológica Española en el domicilio del doctor Pedro González de Velasco, a imagen de la creada seis años antes *Societé d'Anthropologie* de París. Fue a través de la Sociedad como se introdujo la teoría de Darwin en España y comenzó la discusión sobre el evolucionismo.

La mayor parte de sus miembros eran médicos, por lo que la Sociedad estuvo marcada por el positivismo de la profesión en esa época. Además de González de Velasco, personaje de apasionante biografía, fueron socios fundadores, entre otros, el oftalmólogo venezolano Francisco Delgado Jugo, el médico, naturalista y prehistoriador Juan Vilanova y Piera, o el médico y naturalista Sandalio de Pereda y Martínez.

Si bien no todos se consideraban evolucionistas, la mayoría sí lo era, y los debates se mantuvieron siempre dentro de un ambiente de plena libertad para el intercambio de ideas, en un tono moderado y respetuoso, sin graves enfrentamientos.

Se discutió, y después se publicaron diversos artículos en su órgano, la *Revista de Antropología*, sobre el tema tan polémico y tan de moda, donde se exponían, tanto las ideas lamarckistas como la de Darwin o el creacionismo. La Revista y la Sociedad acabaron a la muerte de su impulsor González de Velasco.

La Sociedad Antropológica fue producto de una época apasionante de la Historia de España y resultó ser como una isla de pensamiento libre, sin estridencias, dentro de un mar de intolerancia, con frecuentes tormentas y períodos de calma a tenor de los vaivenes políticos y la consiguiente influencia religiosa de cada momento.

Con ese ambiente no debe sorprender que la obra fundamental de Darwin, *El origen de las especies*, se publicase más tarde que en otros países. La primera traducción se hizo en 1872 a partir de la versión francesa de Clémence Roger, pero no llegó a editarse más que una pequeña parte. En 1877 se realizó la primera directa del inglés, la de Godínez, con permiso expreso del autor, y más tarde la de Zulueta. Estas dos han sido las más repetidas y plagiadas, a veces incluso con otro nombre ajeno al trabajo o sin nombrar a los traductores.

Mucho más tarde llegaron las de Barrachina, Froufe o Ros, hasta llegar a la reciente de Otero-Piñeiro. Son más de cien las impresiones de *El origen de las especies* publicadas por editoriales españolas, todas de su sexta edición.

Antonio Machado y Núñez (1815-1896) es considerado como el introductor del darwinismo en España, no por haber sido el primero, sino porque expuso y defendió el darwinismo con pasión en los foros en que pudo expresarse.

Gaditano de nacimiento, pero sevillano de sentimiento y de una buena familia, tuvo un amplio abanico de inquietudes enmarcadas en sus ideas krausistas: médico de éxito, viajero infatigable, naturalista, geólogo…y antropólogo.

Tomó parte activa en la política durante el Sexenio Revolucionario; llegó a ser alcalde de Sevilla, diputado, gobernador civil, catedrático de Historia Natural y rector de su universidad. Fundó y dirigió durante más de treinta años el Gabinete de Historia Natural de Sevilla.

Pronto asimiló la teoría de Darwin y se aplicó de manera enérgica a explicarla y difundirla, desde su cátedra y desde la *Revista Mensual de Filosofía, Literatura y Ciencias de Sevilla*, que fundó junto con el también catedrático y masón Federico de Castro.

Comenzó con unos *Apuntes sobre la teoría de Darwin*[7], *Teoría de Darwin. Combate por la existencia,*[8] *Teoría de Darwin*[9] o *Darwinismo,*[10] y continuó con la publicación en la misma revista de otros artículos, sobre Darwin y sobre Haeckel, que demuestran el profundo conocimiento que tenía sobre la obra de estos naturalistas.

Renunció en 1875 a la cátedra en apoyo a los profesores purgados, aunque ocho años después consiguió la plaza en la universidad de Madrid, donde ya vivió hasta su muerte.

Al contrario que Machado, Augusto González de Linares (1845-1904) procedía de una familia numerosa y con pocos recursos de un pequeño pueblo asturiano. Desde niño quiso ser naturalista y, con el apoyo económico de su tío, pudo estudiar en Valladolid y acabó la licenciatura en Ciencias Naturales y su posterior doctorado en Madrid. Allí comenzó a impartir clases, primero como profesor interino y después ya como catedrático en el Instituto de Albacete, en las que el darwinismo estuvo presente con total libertad como guía de sus explicaciones, siempre regidas por su pensamiento krausista y su pertenencia a la masonería.

En 1872 accedió a la cátedra de Santiago de Compostela y, desde su primera conferencia pronunciada en la Academia Escolar de Medicina de Santiago, levantó una considerable polémica al defender con fundamento y ardor la teoría de la evolución. Pero pudo expresarse sin otro obstáculo que la irritación de algunos sectores de la burguesía provinciana.

La cosa cambió tres años después, cuando el ministro de Fomento, marqués de Orovio, firmó el ya citado Decreto que eliminaba de hecho la libertad de cátedra y obligaba a controlar los textos con los que se enseñaba, para censurar aquello que pudiera considerarse inadecuado. Se acompañó de una circular a los rectores, en la que se les ordenaba actuar con energía en los casos en que se expusiesen ideas en contra de la monarquía constitucional o del dogma católico, que era el único que se aceptaba en España.

González de Linares fue uno de los primeros catedráticos purgados y quedó destituido de su cátedra. Pero, como fueron muchos los profesores apartados o los que de manera voluntaria renunciaron en solidaridad con los demás, el asunto derivó en la creación de la Institución Libre de Enseñanza, que aglutinaba a buena parte de esos docentes y les proporcionaba los medios de subsistencia que habían perdido. González de Linares fue uno de sus fundadores y profesor, y resultó que la Institución fue el más brillante foco de libertad en la enseñanza española hasta 1936.

Su darwinismo no estaba de acuerdo en todo con lo propuesto por el sabio inglés y se planteaba el problema de la herencia como un aspecto fundamental. De hecho, estuvo más cerca de Haeckel, como muchos de sus coetáneos; la influencia germánica en la ciencia se hacía sentir.

Publicó un artículo en varias partes que reunía las bases de su pensamiento evolucionista, y sus numerosas conferencias y clases siempre estuvieron teñidas por el transformismo.[11-13]

Con el gobierno liberal, en 1881 recuperó su cargo universitario, pero al estar ocupada la cátedra de Santiago, optó por la de Valladolid, donde, después de viajar por diversos países, ya dedicó sus esfuerzos y mejores contribuciones a la biología marina, de la que se considera un referente para su época.

A estos primeros evolucionistas darwinistas se deben sumar otros como Manuel Sales y Ferré, José María Tubino Montesinos, Odón de Buen y del Cos, o Gregorio Chil y Naranjo.

Como consecuencia de la promulgación del Plan Pidal de 1845, que implantaba los Institutos de Enseñanza Media a imagen de los liceos franceses, se crearon al menos uno en cada provincia, que debían estar adscritos a las universidades allá donde las hubiera. Al igual que ellas, desde su inicio sufrieron una gran escasez de recursos y a menudo ocuparon espacios poco adecuados para su función.

El Instituto de Granada, vinculado a su universidad, se ubicó en el edificio del Colegio Mayor de San Bartolomé y Santiago, el más antiguo de España que aún continúa con ese uso, y allí recaló en 1851 el profesor Rafael García Álvarez (1828-1894) como el primer catedrático de Historia Natural y Fisiología, que llegó a ser director varias veces, cesado y repuesto a tenor de los cambios de signo político de la época.

Parece que conoció a Machado Núñez y en gran medida siguió en paralelo sus pasos con similar orientación ideológica, siempre de corte liberal. Fundó un excelente Gabinete de Ciencias Naturales que se ha mantenido hasta hoy; al mismo tiempo fue nombrado concejal por designación directa de Sagasta, presidente del Consejo de ministros y asimismo masón, y depuesto de manera inmediata tan pronto cambió el gobierno.

Publicó un libro de texto *Nociones de Historia Natural para el uso de los alumnos de Segunda Enseñanza*,[14] que se utilizó, tanto en el Instituto como en el Colegio del Sacromonte, regido por autoridades eclesiásticas. El creacionismo y Linneo estaban muy presentes en sus contenidos; se reeditó revisado en 1867, ya con algunas, muy tímidas en verdad, alusiones al evolucionismo, pero no al darwinismo.[15]

Durante el Sexenio Revolucionario, originó un auténtico revuelo en la ciudad con su discurso de apertura del curso 1872-73 en el Instituto; expuso sin ambages sus ideas acerca de la evolución con unos conocimientos en verdad notables, que mostraban una comprensión profunda de la obra del autor inglés.[16] Ya había ingresado en la masonería, donde alcanzó el grado elevado de Venerable, con el nombre Buda.

El auditorio, que en parte representaba a la burguesía más rancia de la ciudad, quedó escandalizado y las quejas llegaron hasta el arzobispo de Granada, Bienvenido Monzón, quien convocó con urgencia un sínodo que, como era previsible, consideró el discurso herético, injurioso y escandaloso, y provocó su censura y condena, además de la prohibición de su publicación y lectura, unidos a la amonestación al autor.

Esa intolerancia de la jerarquía eclesiástica estaba en plena coincidencia con lo expresado antes en relación a los mandatos emanados del Concilio Vaticano I y el control sobre la enseñanza, que tenía atribuido la Iglesia por el concordato en vigor.

No obstante, solo se condenó el discurso; ninguno de sus libros fue reprobado, y uno de ellos, las *Nociones...*, continuó como texto, en el Instituto y en el Colegio del Sacromonte.

En la liberal y krausista *Revista de Andalucía* publicó varios artículos, entre los que destaca uno extenso de 1876 dividido en varias entregas, sobre *Darwin y la teoría de la descendencia*.[17] En esa revista también escribieron personajes de la talla de Nicolás Salmerón, Miguel Morayta, Francisco M. Tubino, Rafael M. de Labra, Augusto Jerez Perchet y Abdón de Paz, entre otros, todos ellos masones.

Fue premiado en un concurso del Ateneo de Almería con su obra *Estudio sobre el Trasformismo* (sic),[18] que es una obra muy bien fundada en la teoría darwiniana en la que trató de desmontar las críticas y la censura, con un tono en verdad moderado para evitar nuevos problemas. Como prologuista de lujo contó con el muy famoso José Echegaray, personaje polifacético, masón como él y correligionario político, quien presidió el jurado que le adjudicó el premio y es posible que influyese en su concesión.

En el Instituto granadino heredero de aquel, hoy denominado Padre Suárez, se conserva un interesante borrador de su propia mano, la *Memoria* del *Catálogo del Gabinete de Historia Natural del Instituto de 2ª Enseñanza de la Provincia de Granada*, realizado en 1886, que después se pasó a limpio por un amanuense desconocido en un volumen que también se conserva en el mismo Centro, y al fin se imprimió en 1887.[19]

Resulta un texto muy ilustrativo, porque allí expuso con total libertad y sin precauciones sus ideas evolucionistas regidas por la selección natural, que aplicó a su concepción del mundo, a la sociedad y a la taxonomía, con alusiones encomiásticas a Darwin, aunque con un decidido sesgo haeckeliano, como era propio de la época, todo inmerso en el racionalismo, anticlericalismo y librepensamiento propios de sus ideales masónicos.

Hizo una tercera edición reformada del libro de texto en 1891, que ahora se publicó con el nombre de *Elementos de Historia Natural*.[20] Ya estaba del todo impregnado del evolucionismo darwiniano en plena madurez, puesto que su trayectoria extraacadémica había sido intensa en ese sentido. Baste como ejemplo:

> La **selección natural** es el principio por el que en todos los organismos existe una tendencia constante á fijar los caracteres ó cualidades que les son útiles, y á desechar,

por el contrario, ó destruir las que le son inútiles ó perjudiciales. Las causas eficientes de la **selección natural**, cuyo principio constituye el verdadero darwinismo, son la **variabilidad y la lucha por la existencia.**

Esa obra es una de las primeras, si no la primera, en la que un autor español llevó el evolucionismo a la formación de jóvenes antes de que llegasen a los estudios universitarios, de los que la mayor parte de ellos pertenecían a las clases medias y la burguesía, y estructura los conocimientos de las ciencias naturales en torno a la teoría de Darwin, sin dejar espacio para el creacionismo.

A pesar de las grandes agitaciones ideológicas y políticas de la época, el estamento católico nunca cedió terreno y condenó por cuantos medios tuvo en sus manos el darwinismo; era muy fuerte su convencimiento y también su poder e influencia sobre la sociedad.

Entre sus propios compañeros en Granada apareció muy pronto la contestación. Así, Manuel de Góngora y Martínez se mostró en contra; era catedrático de Historia Universal y decano de la Facultad de Filosofía y Letras, muy conocido por ser el autor del primer libro de Prehistoria publicado en España en 1868. Su catolicismo no le permitía dudar lo más mínimo de la creación, que trasmitía a sus alumnos de manera inapelable:

> Afirmemos, pues, con entera seguridad que venimos del Paraíso, no de los cuadru-
> manos; procedentes de un padre común; razón de la fraternidad universal; negación
> del derecho de la esclavitud sobre seres que no pueden ser tenidos como bestias;
> innegable fundamento de la verdad del pecado original y de la consoladora esperanza
> del dogma de la Redención.[21]

Desde la jerarquía católica era lógico esperar una enfurecida condena. Ya lo había hecho el arzobispo de Granada, pero el obispo de Córdoba fue más lejos aún y publicó un libelo en contra de sus ideas, que trató de poner en ridículo.[22]

La oposición fue un sentir general entre los religiosos, incluso en los de reco-nocida valía científica.[23]

Manuel Sánchez-Navarro Neumann (1867-1941) fue un médico que en 1889 escribió un librito, *Apuntes sobre el origen y antigüedad del hombre*[24]. Afirmaba que nuestra estancia sobre la tierra no es anterior a 8000 años porque, a pesar de que ya se conocían multitud de evidencias en numerosos lugares, no eran para él lo bastante concluyentes.

En el capítulo Transformismo y selección puso de manifiesto lo equivocado de sus informaciones, pues:

> La teoría de la selección natural, debida a Lamarck, (...), ligeramente modificada
> con el nombre de transformismo por C. Darwin, consiste en suponer que un ser
> cualquiera, al cabo de millares de años, puede transformarse en otro completamente
> distinto, siempre que el medio en que se halla colocado sea favorable a dicho cambio.

En 1900 ingresó en la Compañía de Jesús y llegó a ser un sismólogo muy reconocido, con más de trescientos artículos publicados.

El también jesuita Jaime Pujiula Dilmé (1869-1958) podría personalizar la continuidad de la intolerancia religiosa en época más moderna por parte de científicos católicos, ya en la primera mitad del siglo XX. Aparte de Teología estudió Biología y se convirtió en un embriólogo de primer nivel desde el Instituto Biológico de Sarriá, fundado por él y que dirigió hasta su muerte.

En el epílogo de uno de sus libros de divulgación acababa con este párrafo:

> Así y solo así será la Naturaleza maestra del hombre, como libro escrito por el dedo de Dios para que lleguemos por su medio al conocimiento de su Autor.[25]

No es de extrañar que los jesuitas fuesen en esa época de los más críticos con el darwinismo, además de con otros *ismos* de la época, pues estaban obligados por su voto de obediencia sin fisuras al Papa y fueron la punta de lanza contra los liberales y contra teorías como la de Darwin.

Sincretismos imposibles y desinformación

Desde el final del siglo XIX y hasta la Guerra civil, las polémicas quedaron un tanto aparcadas y se templaron en buena medida, pues ahora eran otros problemas los acuciantes. La universidad española, hasta 1931, no era el espacio adecuado para la discusión del darwinismo.

Como estaba amparada por el Concordato y por la Constitución, la Iglesia aumentó su intransigencia, y muchos profesores y científicos, dentro de que la gran mayoría eran ya evolucionistas, por ser conservadores o por temor a una separación de las aulas como ya había sucedido, trataron de reunir y armonizar diferentes teorías evolutivas, entre sí y con el creacionismo, así como a encajar Lamarck con Darwin y con Haeckel.

El resultado fue un prodigioso revoltijo de ideas; se mezclaron conceptos y algunos trataron de mostrar unos supuestos conocimientos que solo se basaban en palabras huecas sustentadas por una falsa erudición, eso sí, a veces con la adición de nuevos avances mal digeridos, que no eran más que intentos de enmascarar la pobreza conceptual de esos pretendidos conocedores, amparados por el principio de autoridad, que en realidad poco sabían de lo que hablaban.

Otros, sin embargo, dejaron un tanto de lado el tema, de modo que no se plantearon esos asuntos ni llegaron a discutirlos en profundidad, y se limitaron a exponer la evolución de manera demasiado breve y de puntillas para no molestar. Esas posturas se pueden rastrear durante esa época en muchos campos de la ciencia, y de la Biología en particular.

Solo la Institución Libre de Enseñanza mantuvo el pensamiento darwinista, y, aun así, lo hizo desde posiciones en general menos beligerantes que en sus inicios.

Por fuerza, la Antropología Física, implicada del todo en lo humano, tenía que ser sensible de modo especial a la teoría de Darwin, y puede ser tomada como una muestra de lo que sucedió.

Cuando se creó en 1892 la primera cátedra de Antropología en España en la Universidad Central de Madrid, accedió al puesto Manuel Antón Ferrándiz mientras tenía el poder el gobierno conservador del que él era diputado; había realizado una estancia de estudios antropológicos en París con Quatrefages, Verneau y algunas de las figuras más relevantes del momento.[26]

Eliminó por completo la cooperación con los médicos que entonces se dedicaban a la Antropología; los dejó de lado y desde entonces la materia quedó confinada en exclusiva a las Facultades de Ciencias hasta hace bien poco.

Era evolucionista y, sin embargo, el bagaje de sus conocimientos y conceptos al respecto resultaba del todo confuso; además, los expresó con un lenguaje rebuscado, barroco y pretencioso que consiguió oscurecerlos aún más. En su libro de texto *Antropología o Historia Natural del Hombre*[27] mezclaba a Lamarck, Darwin, Buffon, Linneo y muchos otros, con predilección innegable hacia Haeckel, pero sin entender en realidad a ninguno de ellos.

La influencia sobre sus discípulos Hoyos Sainz y Aranzadi, que fueron continuadores de su trayectoria académica, resultó decisiva para que Hoyos, cristiano y evolucionista, no asumiese el darwinismo, mientras que Aranzadi, que era católico decidido y conservador, no llegó a abordar el tema.

No obstante, no desde la universidad, sino desde la Escuela Superior de Magisterio de Madrid, creada con los principios de la Institución Libre de Enseñanza y gracias a profesores entre los que se encontraba Hoyos, fue posible formar científicos y antropólogos en particular con una visión más abierta, como Juan Comas o Adelaida González, pero ambos salieron de España por distintas razones y formaron a especialistas en otros países.

La II República y sobre todo la Guerra Civil, trastocaron de nuevo el panorama. Durante la República se discutió el evolucionismo darwinista desde los foros culturales más progresistas y en la universidad se abrió un ligero claro entre lo nublado. Se editaron obras sobre el tema y se pudo percibir un leve rebrote al amparo de la libertad de expresión y del anticlericalismo. Pero con la caída de la República y el primer franquismo sucedió lo contrario. De nuevo se condenó el evolucionismo en general, y sobre todo el darwinismo; se prohibió la importación de *El origen de las especies* y otra vez se dejó sentir con mucha fuerza la intolerancia.

Aranzadi no transmitió a su discípulo Santiago Alcobé el interés por el evolucionismo darwiniano porque él mismo no lo tuvo, ni éste lo hizo a su vez a los suyos en Barcelona. En Madrid sucedió lo mismo.

En las aulas, la teoría de Darwin se daba por sabida, aunque no se aceptaba de manera unánime ni mucho menos y, por supuesto, continuaron la indefinición y las numerosas contradicciones, causadas en gran parte por la fuerte influencia de la autoridad religiosa, la escasez de medios y la hostil ideología impuesta.

La consecuencia fue que el darwinismo se llegó a considerar en ciertos ambientes intelectuales casi como una herejía; incluso en algunas facultades de ciencias, en el terreno de la Biología en concreto, era común que, o no se trataba en clase ni en los libros de texto, o se la combatía y solo se explicaba de pasada y de manera deficiente.

La teoría sintética y la asunción del paradigma

El descubrimiento de la molécula de ADN en 1869 y el reencuentro con las leyes de Mendel en 1900, que continuó con el descubrimiento de la estructura en doble hélice del ADN, dieron un fantástico impulso a los estudios sobre los mecanismos de la herencia y la variabilidad, y fructificaron en la teoría sintética de la evolución, o neodarwinismo en términos actuales.

Theodosius Dobzhansky publicó en 1937 el libro que se considera la exposición inicial de la teoría sintética, aunque no se tradujo al español hasta 1955.[28] De igual manera, Julian Huxley publicó en 1942 su libro *Evolution. The Modern Synthesis* que se editó en 1946 en español, pero fuera de España.

La teoría sintética considera que los factores intrínsecos a la reproducción, como las mutaciones o la recombinación del ADN tienden a causar una infinita variabilidad, pues cada vez que nace un ser vivo surge un ser único, diferente a los que le antecedieron y a los que le sucederán, y que su interacción con mecanismos extrínsecos entre los que está la selección natural como primer factor, reducen esa variabilidad, fijan caracteres y dan lugar a los cambios en las especies.

De hecho, ya no se habla hoy sino de la teoría sintética, pues en el momento en que Darwin expuso la suya no se conocían los mecanismos de la herencia y él mismo los echó en falta, hasta se equivocó de manera estrepitosa al proponer la pangénesis. Ahora, a pesar de las numerosas incógnitas que todavía existen en torno a la evolución, la idea de que la vida surgió y se ha desarrollado a lo largo del tiempo mediante cambios permanentes y graduales que son seleccionados por la Naturaleza, se nos muestra como un paradigma que cambió para siempre la visión de la ciencia y del mundo.

Ya en los setenta del siglo XX comenzaron a surgir matices acerca de la teoría sintética. J. Eldredge y S. Jay Gould propusieron la teoría del equilibrio puntuado, que mantiene que en la evolución se acumulan largos periodos de tiempo de relativa estabilidad, seguidos de otros de corta duración donde se aceleran los cambios, que se manifiestan de forma brusca.

En nuestro país, Faustino Cordón (1909-1999) defendió un nuevo enfoque de la evolución y consideró la alimentación como elemento básico del proceso evolutivo. Afirmaba que el hombre es la cima y compendio de la evolución biológica así como que:

> Conforme a su carácter de ser vivo superior en la Tierra, el hombre determina con
> más o menos acierto y previsión, la evolución de la fauna y flora y comienza a mo-
> dificar, a pesar suyo o voluntariamente, su ambiente físico. En particular el hombre
> se acerca inexorable y rápidamente a constituirse en la cima única de una pirámide
> alimenticia que incluya todos los seres vivos de la Tierra.[29]

En los últimos años, el evolucionismo y, en particular la teoría de Darwin, ha
sido motivo de un gran número de publicaciones que pretenden precisar y ser
aclaratorias; la más conocida podría ser la teoría del diseño inteligente, todo un
disparate con pretensiones de ser científico que, sin embargo, aún tiene seguidores
en determinados ambientes.

En pleno siglo XX algunos miembros de la Iglesia católica, ante todo jesuitas,
comenzaron un movimiento para tratar la reconciliación del mundo de la fe con el
de las ciencias naturales y con el pensamiento moderno en general. Es obvio que
Darwin tenía que jugar un importante papel en esto y que crearía fuertes tensiones
en el seno de la propia Iglesia.

Pierre Teilhard de Chardin destaca como personaje fundamental en este movimiento. Fue un filósofo, paleontólogo reconocido en todo el mundo y creyente a toda
prueba, que creó una mística particular con una cristología que muchos religiosos
consideraban casi herética, una propuesta unificadora de la materia y el espíritu.
Sufrió el desdén de la comunidad científica y a la par el rechazo de la comunidad
católica, también de su propia Compañía de Jesús, al tratar de armonizar razón y fe.

Con la prohibición de impartir docencia en centros católicos, quedó apartado
de la vida pública y se le destinó a Nueva York, donde fallecería en 1955.

En 1962, después de muerto, la Sagrada Congregación del Santo Oficio, el departamento de la curia romana para la lucha contra la herejía, publicó una advertencia
(*monitum*) que logró apartar sus obras de los seminarios y universidades católicas;
la advertencia se reiteró ante los intentos de rehabilitación de años después, y por
cierto no se ha levantado todavía, a pesar de los apoyos y matizaciones del propio
prepósito general de la Compañía de Jesús, Pedro Arrupe, o del actual Papa Francisco, asimismo jesuita, quien ha afirmado que:

> La evolución en la naturaleza no es incompatible con la noción de creación, ya que
> la evolución requiere de la creación de seres capaces de evolucionar.

A pesar de las esperanzas creadas y de las interpretaciones que se le quieran dar,
hay que admitir que lo que dijo el Papa poco tiene que ver con el profundo sentido
de la teoría de Darwin.

Tras algunos intentos fallidos desde el mismo seno de la Compañía de Jesús,
por fin se publicó en 1966 una obra de gran trascendencia, el libro *La Evolución*,
nada menos que por la Biblioteca de Autores Cristianos.[30] Fue la primera vez que
la Iglesia de manera oficial trataba este asunto desde el punto de vista científico,

aunque, con toda lógica, en la obra se pretendía esa armonización entre razón y fe tan perseguida, que a la postre podía terminar en el recuerdo de las vías tomistas para demostrar la existencia de Dios.

Sus autores principales fueron dos catedráticos católicos: Bermudo Meléndez y Miguel Crusafont, y un profesor jesuita, Emiliano Aguirre, pero también se incluyeron colaboraciones de autores de distinta ideología, comunistas, socialistas, etc.

Y a partir de ahí, una vez aceptada la teoría sintética en una amplia mayoría de círculos científicos españoles, aunque no en todos, renació ese ya viejo deseo de armonización entre lo material, lo científico y lo espiritual, para tratar de aunar la esencia de lo humano.

En 1973, el tan conocido trabajo de Dobzhansky *Nothing in Biology Makes Sense Except in the Light of Evolution*[31] proponía una evolución en la que Dios crea a través de las leyes de la Naturaleza, así como que el concepto de Dios es compatible con la ciencia y por tanto con la evolución.

En ese camino han seguido científicos, dentro de sus particulares visiones y trabajos, españoles de gran prestigio como Francisco J. Ayala,[32,33] Camilo J. Cela,[34,35] o Leandro Sequeiros.[36,37]

De todas formas, aún en la década de los 70, un obispo, monseñor Guerra Campos, lanzaba airadas acusaciones en contra de la evolución en la homilía nocturna de despedida de la programación de TVE. Y en ciertas aulas universitarias el paradigma darwiniano es todavía criticado con acritud, si bien hay que reconocer que los ejemplos ya son en realidad excepcionales.[38]

Pero tampoco hay que rasgarse las vestiduras con lo que ha sucedido en España, pues sabemos que en algunos estados de América del Norte se llegó a prohibir en época reciente la enseñanza de la evolución, y del darwinismo por consiguiente, e incluso en estos días se ha llegado a retirar la Biblia de las escuelas de un distrito de Utah por considerarla un texto vulgar y violento que roza la obscenidad. Y a menudo se olvida que en la actualidad hay numerosos países donde no se permite en absoluto la explicación de las teorías evolucionistas en ningún nivel de la enseñanza.

En España lo más corriente, sin embargo, y con señaladas excepciones, es que a día de hoy en las disciplinas de ciencias de la vida se explique la evolución de una u otra especie o clase determinada, pero pocas veces se trata la propia teoría de la evolución con la dedicación y profundidad que merece, como base y sustento que es de toda la Biología.

En un reciente estudio[39] se ha podido señalar la endeblez de los conocimientos de nuestros universitarios, que, por supuesto, saben que existe la teoría de la evolución, faltaría más, pero que muestran un nivel de conocimiento no suficiente, y aún menor de comprensión, incluso en aquellos estudiantes relacionados de manera más directa con ella, como los de Biología.

Es claro que el problema viene de antiguo y es el testimonio de un fallo estructural heredado. No son los estudiantes los que no aprenden en la universidad, sino que no se les enseña bien. El problema arranca desde la enseñanza primaria, pasa por la secundaria y afecta a la instrucción que recibieron los hoy profesores, que son los que tienen que transmitir el conocimiento científico.

A pesar de los obstáculos, más de siglo y medio después de su formulación, la teoría de Darwin completada en forma de neodarwinismo, se ha convertido en el foco iluminador, básico, de las ciencias de la vida, pero ha trascendido mucho más allá, hasta el punto de que no se puede entender el mundo occidental de hoy sin tan revolucionaria aportación, síntesis universal.

REFERENCIAS

1. Ayala, F. J. Copérnico y Darwin: dos revoluciones del pensamiento. *ArtefaCToS. Revista de estudios sobre la ciencia y la tecnología* **2**, 8–23 (2009).

2. Bellocchi, U. (Editor). *Todas las encíclicas y los principales documentos pontificios publicados desde 1740.* vol. IV. Pío IX (Roma. Librería Editrice Vaticana, 1995).

3. de Acosta, J. *Historia natural y moral de las indias. Edición de José Alcina Franch.* (Madrid. Historia 16. Crónicas de América. Vol. 34 ,2014).

4. Aguirre, E. Una hipótesis evolucionista en el siglo XVI. El P. José de Acosta S.I. y el origen de las especies americanas. *Arbor* **36**, 176–187 (1957).

5. Sequeiros, L. Tres precursores del paradigma darwinista: José de Acosta (1540-1600), Athanasius Kircher (1601-1680) y Félix de Azara (1742-1821). *PENSAMIENTO. Revista de Investigación e Información Filosófica* **65**, 1059–1076 (2009).

6. Sanz del Río, J. *Discurso pronunciado en la Universidad Central en la solemne inauguración del año académico de 1857 á 1858.* (Madrid. Imprenta Nacional, 1857).

7. Machado y Núñez, A. Apuntes sobre la teoría de Darwin. *Revista Mensual de Filosofía, Literatura y Ciencias de Sevilla* **3**, 461–470 (1871).

8. Machado y Núñez, A. Teoría de Darwin. Combate por la existencia. *Revista Mensual de Filosofía, Literatura y Ciencias de Sevilla* **IV**, 3–8 (1872).

9. Machado y Núñez, A. Teoría de Darwin. *Revista Mensual de Filosofía, Literatura y Ciencias de Sevilla* **IV**, 129–133 (1872).

10. Machado y Núñez, A. Darwinismo. *Revista Mensual de Filosofía, Literatura y Ciencias de Sevilla* **IV**, 523–528 (1873).

11. González de Linares, A. Ensayo de una introducción al estudio de la Historia natural. *Revista de la Universidad de Madrid* **Segunda Época**, 502–513 (1874).

12. González de Linares, A. Ensayo de una introducción al estudio de la historia natural (I). *Revista de la Universidad de Madrid* **Segunda época**, 662–675 (1873).

13. González de Linares, A. Sobre las fuentes de conocimiento y el método de enseñanza en los estudios superiores de historia natural. *Revista de la Universidad de Madrid* **Segunda época**, 271–285 (1875).

14. García Álvarez, R. *Nociones de Historia Natural: para el uso de los alumnos de Segunda Enseñanza.* (Granada. Imprenta de D. Francisco Ventura y Sabatel, 1859).

15. García Álvarez, R. *Nociones de Historia Natural: para uso de los alumnos de segunda enseñanza y de estudios para aplicación á la agricultura, de los institutos, colegios, seminarios conciliares y escuelas Normales.* (Granada. Imprenta de D. Francisco Ventura y Sabatel, 1867).

16. García Álvarez, R. Discurso leido en la solemne apertura del curso académico de 1872 a 73 en el Instituto Provincial de 2ª Enseñanza de la provincia de Granada. Granada. Imp. de D. Indalecio Ventura, (1872).

17. García Álvarez, R. Darwin y la teoría de la descendencia. *Revista de Andalucía* **Tomos 2 y 3**, (1876).

18. García y Álvarez, R. *Estudio sobre el Trasformismo.* Precedido de una carta-prólogo de Don José de Echegaray. (Granada. Imprenta de Ventura Sabatel, 1883) (Edición facsímil Instituto Padre Suarez. Granada, 2007).

19. García Alvarez, R. Memoria que precede al Catálogo del Gabinete de Historia Natural del Instituto de Segunda Enseñanza de la provincia. (Granada. Imprenta de La Lealtad, 1887).

20. García Álvarez, R. *Elementos de Historia Natural.* (Granada. Imprenta de Indalecio Ventura, 1891).

21. Góngora y Martínez, M. *Lecciones de Historia Universal (segunda edición).* (Madrid. Establecimiento tipográfico de Góngora y Compañía, 1882).

22. Aguilar, F. de A. El hombre, ¿es hijo del mono? in *El darwinismo en España. Núñez, D. editor, 1977* (ed. Núñez, D.) 203–208 (Madrid. Biblioteca del Pensamiento. Ed. Castalia, 1873).

23. Núñez, D. (Editor). *El darwinismo en España.* (Madrid. Biblioteca de Pensamiento. Editorial Castalia, 1977).

24. Sánchez-Navarro y Neumann, M. M. *Apuntes sobre el origen y antigüedad del hombre.* (Cádiz. Imprenta de la Revista Médica de D. Federico Joly, 1889).

25. Pujiula, J. *La naturaleza maestra del hombre.* (Barcelona. Tipografía Católica Casals, 1948).

26. Bonilla San Martín, A. Contestación al discurso de D. Manuel Antón y Ferrándiz en su ingreso en la Real Academia de la Historia. in *Los orígenes de la Hominación. Manuel Antón y Ferrándiz* 147–172 (Madrid. Sucesores de Rivadeneyra, 1917).

27. Antón, M. *Antropología o Historia Natural del hombre. Antropotecnia, Etnogenia y Etnología.* (Segunda tirada de la obra de 1903. Madrid. Sucesores de Rivadeneyra, 1927).

28. Dobzhansky, T. *Genética y el origen de las especies.* Traducción del inglés por F. Cordón. (Revista de Occidente, Instituto de Biología y Sueroterapia, 1955).

29. Cordón, F. *La alimentación, base de la biología evolucionista. Historia natural de la acción y experiencia.* vol. I (Madrid. Alfaguara, S.A., 1978).

30. Crusafont, M., Meléndez, B. & Aguirre, E. *La Evolución.* (Biblioteca de Autores Cristianos (BAC). Madrid. La Editorial Católica SA, 1966).

31. Dobzhansky, T. Nothing in Biology Makes Sense except in the Light of Evolution. *American Biology Teacher* **35**, (1973).

32. Ayala, F. J. *Teoría de la evolución.* (Madrid. Ediciones Temas de hoy, 1999).

33. Ayala, F. J. & Dobzhansky, T. *Estudios sobre la filosofía de la biología.* (Barcelona. Ariel, 1974).

34. Cela Conde, C. J. & Ayala, F. J. *Evolución Humana. El camino hacia nuestra especie.* (Madrid: Alianza Editorial, 2013).

35. Cela Conde, C. J. & Ayala, F. J. La piedra que se volvió palabra: Claves evolutivas de la humanidad. (Madrid. Alianza Ensayo, 2019).

36. Sequeiros, L. *La extinción de las especies biológicas ¿Mala suerte o malos genes? Vol. I. Los datos científicos. Vol. II. Planteamientos Históricos, 1ª parte. Vol. III. Planteamientos Históricos, 2ª parte. Vol. IV. Planteamientos evolucionistas.* (Bubok, 2008).

37. Sequeiros, L. *La extinción de las especies biológicas. Elaboración histórica de un paradigma científico*. (Bubok, 2010).

38. Sandín, M. *Pensando la evolución, pensando la vida: la biología más allá del darwinismo*. (Cauac editorial nativa, 2010).

39. Gefaell J., Prieto T., Abdelaziz M., Álvarez I., Antón, J., Arroyo J., Bella, J. L., Botella, M., Bugallo, A., Claramonte, V., Gijón, J., Lizarte, E., Maroto, R. M., Megías, M., Milá, B., Ramón, C., Vila, Rolán-Álvarez, E. Acceptance and knowledge of evolutionary theory among third-year university students in Spain. *PLoS ONE* 15 (9): e0238345 (2020).

Don Rafael García y Álvarez (Sevilla 1827 — Granada 1894): la permeabilidad y difusión de la evolución darwinista

Luis Castellón Serrano[1]

Antecedentes

No se pretende en este escrito desarrollar una Historia de las Ciencias Naturales en nuestro país. Sería pretencioso si se quisiera abordar con una mínima seriedad y, afortunadamente, existen numerosos estudios sobre historia de la ciencia al respecto, desde el Islam hasta nuestros días. Sí es bueno considerar algunos apuntes, aunque sean muy resumidos y no consecutivos temporalmente, para comprender en su contexto, siglo XIX, a la figura de don Rafael García y Álvarez:

—La quema de libros islámicos propiciada por el cardenal Cisneros supuso el entrar en un oscurantismo científico entre otros aspectos.

—La indiferencia o desafección posterior hacia lo científico por parte de la Iglesia y su condicionante en los dirigentes responsables, quienes se desinteresaron por acompañar a las iniciativas científicas europeas, aunque, puntualmente, Alfonso X, Fernando VI y Carlos III prestaran alguna atención.

—La inexistencia de estudios científicos formales hasta bien iniciado el siglo XIX; en el mejor de los casos, eran un complemento de los de Filosofía.

—La Enseñanza Secundaria no se estructura hasta 1845 por Gil de Zárate (la conocida como Ley Pidal, nombre del ministro firmante), incluyendo, como asignaturas y materias, Historia Natural, y Nociones de Física y Elementos de Química. Como el tiempo ha confirmado lo que ya dijo Marañón:[1] «la Enseñanza Media o Secundaria es la enseñanza medular de un país» (pág. V).

—La Ley anterior estipuló que las materias que nos ocupan fueran impartidas por catedráticos, quienes provenían de las universidades que contaban con escasos perfiles adecuados. De esa forma, se prolongó en el tiempo la dedicación en ambas esferas, la universitaria y la secundaria. Consecuentemente, fueron los responsables del poco o mucho avance en las Ciencias Naturales. El siglo XIX, con su constante inestabilidad en España, no ofrecía un marco favorable.

---

1. Presidente honorario de la Asociación Nacional de Institutos Históricos.

Había institutos de, en principio, tres categorías, salvaguardando la preeminencia de los dos centros madrileños —como inercia de la estructura de un Estado centralista— Dado que, según dichas categorías así serían los emolumentos, el tránsito de unos a otros era muy frecuente y eso no favorecía a la dedicación científica. Sin contar lo dudoso de su preparación en algunos casos.

Al pensar quiénes pueden ser considerados pilares en las ciencias naturales en el siglo XIX, surgen nombres que en sus centros fueron bastante estables y, más aún, si existían vínculos con la universidad correspondiente. En la época eran diez las cabezas de distrito universitario. Adelantemos que el caso de don Manuel María José de Galdo y López Neira es inmediato, en buena parte por su procedencia madrileña: aunque comenzó simultáneamente en los institutos San Isidro y Noviciado (Cardenal Cisneros), su asentamiento fue en este último del que, incluso, fue director. Ejemplo de lo negativo de la transitoriedad puede ser el caso del sevillano don Narciso Sentenach y Herrera, que pasó por los institutos de Soria, Jaén y Córdoba.

En algún caso es comprensible la irrelevancia, por ser de otras materias los encargados de las Ciencias Naturales, don Fernando Pérez de Arce era de Física y Química en el de Guadalajara e impartía las Ciencias Naturales, circunstancia bastante frecuente, como la de don Fructuoso Plans y Pujol en Lérida, etcétera.

Resaltaré dos nombres de final de siglo. Por el lado negativo, a don Luis Pérez Mínguez, que discurrió por Valladolid, Mallorca y Granada, imponiendo criterios de lo más anacrónicos y, por otro, al indiscutible don Salvador Calderón y Arana, ya en el tránsito XIX al XX, que se inició en el Instituto de Segovia para pasar luego a la Universidad de Sevilla y posteriormente a la de Madrid.

Características que opino que debieran concurrir en estos para su consideración de *pilares* son sus escritos científicos, sus libros de texto, la originalidad de sus aportaciones, sus actividades científicas y su difusión en lo social. Más allá, —aunque, sin duda, fuera muy importante— de la creación de los conocidos *Gabinetes de Historia Natural,* tanto en institutos como en universidades. Por eso creo que no debe considerarse prioritario, aunque a algunos sorprenda, el nombre de Manuel María José de Galdo y López Neira, cuya actividad fue mucho más positiva en lo político que en lo científico como refleja su biografía. Su libro de texto, bastante difundido por los institutos del centro de España, ofrece más traducción de otros franceses, que aportaciones concretas u originales.[2] No obstante, los Gabinetes por él creados son indiscutibles, en especial el del actual Cardenal Cisneros, que aún hoy es motivo de orgullo.

La figura de D. Rafael García y Álvarez

Centrándonos en nuestro personaje, don Rafael García y Álvarez (figuras 1 y 2), quizás su conocimiento esté reducido injustamente a entendidos en Historia de la Ciencia, pero avanzo que es consecuencia de la *muerte civil* que le supuso el estar al corriente de los avances científicos y de su inmediata defensa y difusión.

Figura 1. Claustro de 1888-89; Don Rafael García y Álvarez de pie con barbas y lentes

Figura 2. Don Rafael García y Álvarez

La Universidad había quedado con un prestigio discutible tras los años de reinado de Fernando VII; no fueron pocos los catedráticos de universidad que decidieron trasladarse a este nuevo segmento educativo creado por la ya citada *Ley Pidal*. Esta es la procedencia de D. Rafael, sevillano de nacimiento, enero de 1828. Ingresó pensionado en la Escuela Normal de Filosofía en 1846. Licenciado en Ciencias en 1849, fue nombrado por el Gobierno catedrático interino en el Instituto de Zamora y, al año siguiente, con apenas 22 años, obtuvo la cátedra de Ciencias Naturales del Instituto de Zaragoza en cuya Universidad desempeñó la cátedra de Taxidermia durante el curso 1850-51, complementando estas enseñanzas con las de Zoología. En mayo de ese último año, por permuta, se traslada al Instituto de Granada, hoy Instituto Padre Suárez, simultaneando con la Universidad la cátedra de Ampliación de Historia Natural y doctorándose en 1857. Individuo de la Sociedad Antropológica española y de la Geológica de Francia. Cursó en Granada la carrera de Medicina sin llegar a ejercerla. En 1868 fue nombrado vocal de la Junta de Instrucción Pública, siendo elegido presidente de la misma en 1873. En 1885, nombrado por el Gobierno, fue concejal y teniente de alcalde del Ayuntamiento granadino para encauzar las actuaciones frente a la epidemia de cólera. Previamente, en 1874, había publicado unas *Nociones de higiene popular* y en 1884 dio una *Conferencia pública sobre la Historia Natural de los microbios* en la apertura de curso 1884-85 de la sociedad Fomento de las Artes. Se evidencia su vasta intelectualidad alimentada además por sus conocimientos de medicina.

Hombre rectísimo y, posteriormente, próximo al krausismo, en su larga estancia en el Instituto fue varias veces director del mismo. No es coincidencia que cada vez que el gobierno era conservador cesaba en el cargo para ser repuesto en el mismo cuando el color político nacional era liberal. Curiosamente, siempre figuraba como miembro del equipo directivo: además de director, fue vicedirector y secretario, dado el respeto que se le profesaba como miembro del Instituto y a pesar del conservadurismo de otros claustrales.

D. RAFAEL Y EL DISCURSO SOBRE EL TRANSFORMISMO

En uno de sus momentos de director, en la apertura de curso 1872 a 1873, hizo una apología de las recientes tesis de Carlos Darwin, entonces conocidas como *El transformismo* (figura 3). Previamente, en sus libros, tanto en los de texto como en otras publicaciones, ya apuntaba —basándose en especial en las ideas de Haeckel—, la no inmutabilidad de las especies. Pero, aquel discurso le valió, ni más ni menos, que la Censura Sinodal, pasando por uno de los episodios más tristes de la historia de Granada. Por un lado, el periódico *La Idea,* órgano del partido republicano federal, al que pertenecía don Rafael lo tituló de *magnífico* en su número del 3 de octubre de 1872. Pero, por otro, el 23 de octubre de 1872, a los pocos días de la apertura de curso, el arzobispo de Granada, Bienvenido Monzón, le incoó una

Censura Sinodal en la que se le excomulgaba y sus libros pasaban al *Índice de libros prohibidos*, exhortando a los poseedores de los mismos a entregarlos al párroco o al confesor salvo pena de excomunión.

Muy presumiblemente la recolección de libros acabó en una pira, desapareciendo los mismos. Es una de las causas, la dificultad de acceso a su obra escrita, por las que su persona no es suficientemente conocida fuera de los círculos de la Historia de la Ciencia en los que tiene un prestigio indudable en lo referente a la España decimonónica: no sólo figura en numerosos estudios, sino que, entre otros pocos, fue objeto en los recientes años 70, de la tesis doctoral de Diego Núñez de la Universidad Complutense, reflejada en su libro *El darwinismo en España*,[3] al igual que se refleja por Thomas F. Glick, aunque con menor profundidad, en el libro *Darwin en España*.[4]

Figura 3. Discurso de la Apertura de Curso 1872-73, editado por la imprenta de Indalecio Ventura. Granada. 1872

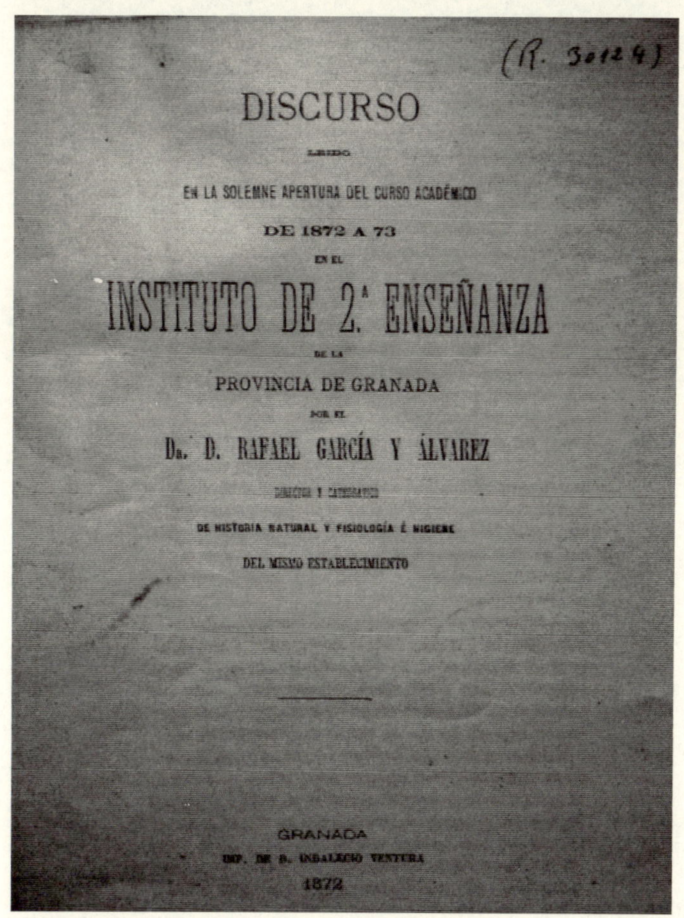

Es interesante fijar la atención en las fechas, el célebre discurso fue en 1872 y la primera edición «recortada y extractada» de *El origen de las especies* que llega a España es a Cataluña en 1876, no teniendo lugar la traducción hasta el año siguiente por Enrique Godínez. Se evidencia la inquietud científica de don Rafael con la inmediatez de la información y su proceso. Probablemente su información provenga más de Alemania, donde estaban bastante difundidas las ideas de Haeckel, y los vínculos de la cultura germana con el krausismo. Tampoco hay que desdeñar fuentes francesas y significativo es que don Rafael era miembro de la Sociedad Geológica de Francia.

El *Discurso* fue impreso en la imprenta de Indalecio Ventura, en Granada el mismo mes (figura 4).

Figura 4. Edición de El Transformismo, editado por la Imprenta de Ventura Sabatel. Granada 1883

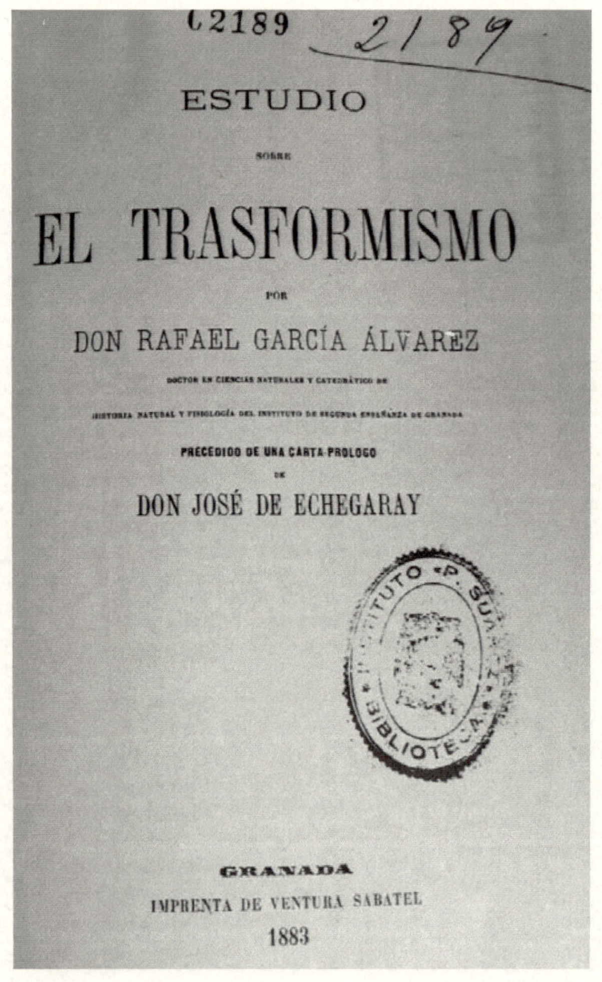

Amplió y perfeccionó lo referente al *transformismo*, elaborando un trabajo muy minucioso que presentó en el Ateneo de Almería siendo ovacionado y premiado y que, posteriormente, en 1883 publicó en Granada con prólogo de José Echegaray. Una joya en la que se manifiesta totalmente respetuoso y conciliador en lo referente a Ciencia y Fe, sin intentar transgredir dogmas católicos de ningún tipo, por lo que no me resisto a transcribir, de las conclusiones de este volumen los siguientes párrafos, imprescindibles para un somero conocimiento de este catedrático:[5]

> Por eso debemos ser cautos siempre en rechazar doctrinas científicas, aunque parezcan extrañas y en contradicción con las creencias tradicionales, por lo cual conviene recordar a los creyentes mismos las palabras de dos grandes lumbreras de la iglesia católica. «Si encontramos, dice San Agustín, algo que pueda interpretarse, en la Divinas Escrituras, de diversas maneras, sin injurias para la fe, es necesario guardarse bien de adherirse con temeridad por una afirmación positiva á una ú otra de estas opiniones, porque si más tarde la que hemos adoptado llega á reconocerse como falsa, nuestra fe se expone a sucumbir con ella: se vería entonces que nuestro celo tenia por objeto, no tanto defender la doctrina de la Escritura Santa, como la nuestra, en lugar de tomar la doctrina de la Escritura para con ella formar la nuestra». El doctor angélico, la luz de la escuela, Santo Tomás de Aquino, haciéndose cargo de la exégesis del obispo de Hippona dice:
> «En las cuestiones de este género, según enseña S. Agustín, hay dos cosas que observar. En primer lugar, la verdad de la Escritura debe ser inviolablemente sostenida. Segundo, cuando la Escritura admita diversas interpretaciones, no debemos adherirnos á ninguna con tal tenacidad, que si la que nosotros hemos supuesto ser la enseñada por la Escritura, llegase á demostrarse que era manifiestamente falsa, persistiéramos, sin embargo, en sostenerla por temor de exponer el texto sagrado á la irritación de los infieles y separarlos del camino de la salud».
> Y a los que pretenden que la ciencia profana es irreligiosa, les diremos con el gran pensador H. Spencer, que no es la ciencia sino la indiferencia por la ciencia la que es irreligiosa. (pág. 374)

Compruébese el talante conciliador en estos extractos del volumen citado. A pesar de todo, prevaleció lo que recoge Joseph Needham en cuanto a la resistencia de las religiones (generaliza) a admitir novedades científicas que supongan, según ellas, una rectificación en sus postulados, ya que lo interpretarían como una erosión en el poder.[6]

Ese libro, *Estudio sobre el Transformismo*, según su autor «populariza una doctrina científica que ha cambiado por completo la faz de las ciencias biológicas y que en nuestro país no es bien apreciada por muchos». En él se refleja un profundo conocimiento, insistiendo en que «ha tenido presente lo que hasta el día se ha publicado más notable sobre el transformismo». Dada la especial relevancia, por su contenido y su anticipación en España, es una obra indispensable para los estudiosos del darwinismo en España. En los últimos años, el instituto actual, el Padre Suárez, ha realizado una edición facsímil de este volumen, acompañada de una excelente y amplia presentación del catedrático de Paleontología, Leandro Sequeiros,[7] a modo de separata. Esta edición fue objeto de una más que elogiosa reseña por parte del catedrático Diego Núñez,[8] entre otras.

Otras obras de D. Rafael García y Álvarez

García y Álvarez fue, además, como se ha apuntado anteriormente, autor de otros libros, así como numerosos artículos científicos y sobre educación, publicados tanto en Granada como en Málaga, de difusión nacional. También facilitó la edición de obras de algunos coetáneos, como el sevillano don Antonio Machado y Núñez.

En sus libros de texto, de indudable valor, se aprecia la originalidad, la práctica ausencia de párrafos traducidos y las continuas referencias a localidades españolas, como ejemplos actualizados. Tanto en la edición de *Nociones de Historia Natural*[9] –2ª ed. de 1867) (figura 5) como en la de 1891, dedica una buena y documentada parte a la Geología, con demasiada frecuencia omitida en otros libros equivalentes en la época.

Figura 5. Libro de texto, «Nociones de Historia Natural» edición 1867, imprenta de Francisco Ventura y Sabatel, impresor de SS.MM. Bajo el nombre del autor figuran sus rangos académicos

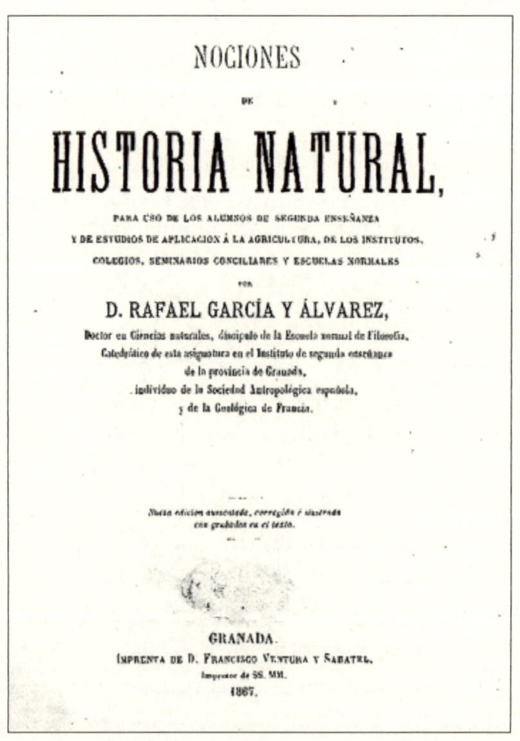

La actualización en esta última edición llega al punto de citar con todo elogio a Calderón y Arana. Les unía intelectualmente el krausismo, la Geología y, en otro aspecto, la masonería de ambos. Existe otra edición de 1891 (figura 6) —que no llegó a ver la luz por su estado de salud— de la que se conservan completas las pruebas de imprenta, titulada *Elementos de Historia Natural*, conseguidas estas pruebas por el que suscribe y depositadas en el Museo del Instituto Padre Suárez. Está precedida de una bellísima portada, pero todo parece indicar el intento de una edición «de lujo» respecto a la anterior.

Figura 6. Libro de texto, «Elementos de Historia Natural». Edición 1891, imprenta de Indalecio Ventura. Granada. Portada de las pruebas de imprenta de esa nueva y última edición

Bien es cierto que en sus libros de texto no hace alarde especial de tesis *transformistas* más que las que se desprenden del enfoque de ciertos temas. No obstante, algún párrafo de su texto de 1867, al hablar de *Concordancia entre las ciencias y el Génesis,* fue incorporado como incriminatorio a la Censura Sinodal citada. Bastante más explícito fue en el de la edición de 1891 cuando habla de *Geogenia* como parte de la Geología que se ocupa del origen más o menos probable de la Tierra (sic). Aquí, y de forma muy respetuosa, pone en duda, entre otros hechos, al propio Diluvio, conduciendo más adelante a razonamientos evolucionistas. Lo sucinto, pero no por ello menos comprometido de estas referencias, se explica porque probablemente considerara que eran objeto de escritos de superior nivel, como así evidenció, tanto en el citado *Estudio sobre el Transformismo,* como en su *Memoria al Catálogo del Gabinete de Historia Natural* del que se hará referencia más adelante.

Las respuestas al transformismo

Debemos, en este punto, incluir algunas apreciaciones sobre el marco histórico, mayoritariamente el siglo XIX, cuya complejidad tanto en España como en el resto de Europa, trae vaivenes de progresismo y de intolerancia. No sólo es agitado desde el punto de vista científico, sino que la propia sociedad participa de las polémicas desde diversas esferas: la Iglesia, literatos, políticos, intervienen activamente. En esta materia, la aparición formal del transformismo o de las teorías evolutivas en España, hace que, desde el ambiente de libertad de expresión del Sexenio Revolucionario, las discusiones al respecto salgan de los círculos científicos y sean comunes en ateneos y tertulias de café.

Toman posturas contrarias, entre otros literatos, Emilia Pardo Bazán y Gaspar Núñez de Arce, este último de forma harto virulenta, frente a las tolerantes que, por ejemplo, evidenciaba Pérez Galdós en su *Fortunata y Jacinta,* o Clarín en *La Regenta.*

Cánovas del Castillo no se queda al margen y toma partido, como es de suponer, de forma contraria a estas ideas, bien mediante alocuciones, bien por artículos en prensa.

Entre los científicos que apoyaban las tesis evolucionistas o transformistas, bien desde la óptica de Darwin, bien de la de Spencer o Haeckel, destaquemos a Antonio Machado y Núñez —abuelo de los poetas Antonio y Manuel—, a Rafael García y Álvarez —el primero de Cádiz afincado en Sevilla, y el segundo de Sevilla afincado en Granada— al valenciano Peregrín Casanova y al eminente naturalista Odón de Buen. En Santiago de Compostela tuvo lugar una extensión de la polémica, recogida en los apuntes de Rodríguez Carracido, entonces alumno, hacia los corrillos estudiantiles a partir del discurso de apertura de curso de Augusto González de Linares, derivando a insultos, entelequias políticas y discusiones entre lo divino y lo humano. Los libros de Darwin y Haeckel fueron prohibidos en la Universidad compostelana en todo el siglo XIX. La historia de González de Linares tiene varios aspectos comunes a los de García y Álvarez, si bien el primero se orienta más en el tiempo a la creación de la Institución Libre de Enseñanza.

Sirva como complemento de esta visión del entorno el episodio del que fuera Catedrático de Física del Instituto de Badajoz, Máximo Fuertes Acevedo, natural de Oviedo, y cuya defensa del darwinismo le costó el cese como director del Instituto. Una defensa que consistió, básicamente y de forma muy suave, en insistir en que un científico no debe condenar a las nuevas ideas sin antes conocerlas, y en que habían pasado los tiempos de los dogmas. En 1883, fue su propio claustro, sus compañeros, los que propiciaron el relevo con el barniz de razones políticas.

Su sucesor, totalmente adverso al darwinismo, le dedicó esta burla cruel:

El amibo o amiba,
Que del agua nació con alma viva
Cuando le dio la gana
En pez se transformó, si no fue en rana:
Ensanchando más tarde sus pellejos
Formó... varios bichejos.
De estas transformaciones como fruto
Resultó el Director de un Instituto
Si éste sigue la norma
Veremos en que bicho se transforma.

En Granada, en principio, la sociedad se daba por satisfecha con el paraguas sancionador de la Iglesia respecto a García y Álvarez, así como con su consiguiente cese como director a los pocos meses. Mientras, su Universidad no intervino intelectualmente hasta el *Solemne Discurso de Apertura de la Universidad de Granada* del año académico 1880-81 que, bajo el título *Consecuencias filosóficas de la síntesis orgánica*, emitió el almeriense y catedrático de Farmacéutica Vegetal, Miguel Rabanillo Robles en el que, desde un evolucionismo convencido, defendía que las emociones humanas eran cualitativamente semejantes a las de los animales, suscitando dentro del claustro universitario, una fuerte contestación cuya cabeza visible era el pediatra y también catedrático de Obstetricia, Enfermedades de la Mujer y de los Niños, Arturo Perales Gutiérrez. La controversia no tuvo la trascendencia social del anterior discurso de García y Álvarez. Pero, como se dice que «la venganza es un plato que se sirve frío», Perales esperó, de forma poco elegante, a la muerte de Rabanillo para denostarle desde la misma tribuna.

Miguel Rabanillo, tras su paso por las universidades de Santiago y Valencia, y al desaparecer la Facultad de Farmacia de Valencia, se traslada a la de Granada por la proximidad a su Almería natal. En nuestra ciudad, y evidenciando un espíritu social participativo, es nombrado por el Ayuntamiento —considerando sus conocimientos científicos— inspector facultativo de alumbrado de gas, falleciendo de cólera en 1885, curiosamente siendo García y Álvarez el teniente de alcalde empleado a controlar la epidemia.

Su contradictor Perales, el ya citado pediatra catedrático de Obstetricia y autor por otra parte de estudios sobre Santa Teresa, esperó su turno de Discurso de apertura y en el año 1896, bajo el epígrafe Índice de algunas consideraciones relativas a la herencia natural, rebate al anterior de Rabanillo ya difunto de forma harto confusa, ya que, si bien era evidente la intencionalidad antievolucionista, sin embargo, introduce numerosas alusiones a Galton y sus ideas eugenésicas no muy bien digeridas. Creo que el mismo Perales sólo buscaba evidenciar ante la comunidad universitaria su carácter conservador más que establecer un debate científico en profundidad. Ese discurso de Perales mereció una sucinta y casi crítica reseña en la prensa, según *El Defensor* (1-X-1890, edición d):

> Los escolares que siempre concurrieron a festividad tan brillante, también han escaseado este año.
> Es decir, que la apertura de curso que mañana empieza, ha carecido de la animación que todos los años le ha caracterizado; reduciéndose sencillamente a la lectura del discurso de rúbrica y a la distribución de premios.
> La solemnidad, ha terminado a la una.
> No ha habido silbas.

Es oportuno, antes de continuar, recordar que el Discurso de García y Álvarez, el que supuso el comienzo de la controversia granadina, fue en 1872.

Un revolucionario en la enseñanza de las ciencias

La calidad personal y científica de nuestro antecesor se reflejó en la prensa de la época en varias ocasiones y, en especial, en su muerte en mayo de 1894 siendo director del Instituto, los artículos de *El Defensor de Granada* y de *El Popular,* he aquí un extracto:

> Ha sido el maestro de casi toda esta generación, que le profesaba extraordinario cariño y que admiraba su claro talento y su vastísima ilustración. Más que catedrático era el Sr. García y Álvarez un cariñoso amigo de sus discípulos, que buscaban siempre su agradable compañía; la hora de la cátedra de Historia Natural era esperada con verdadero deseo por cuantos tenían necesidad de asistir, y los días en que se verificaban ejercicios prácticos constituían para todos fiesta por el placer y la enseñanza que en dichos paseos obtenían, siendo muy frecuente encontrar por los alrededores de la ciudad al sabio catedrático rodeado de algunos de sus alumnos y muchas personas ajenas a la enseñanza oficial, que asistían a aquellos agradables paseos para disfrutar de la compañía del maestro y aprender de sus explicaciones... (El Defensor, 15-V-1894, p.3).

Fue en los periodos en los que ostentó la dirección del Centro, cuando, según las memorias del Instituto, potenciaba su labor de dotarlo de material científico y bibliográfico. Defendía la idea de que no se puede amar lo que se desconoce y de ahí su preocupación por dotar al Instituto de todo tipo de material que, en el caso de las Ciencias Naturales, se veía estimulado por la corriente decimonónica del afán por el coleccionismo, muy influida por el afrancesamiento en este campo. Buena parte del material que se exhibe en la actualidad procede de casas francesas, tanto las colecciones como el de laboratorio, lo que se considera arqueología científica.

El estado de conservación en el tiempo ha sido fluctuante, desde sus inicios en la primera ubicación del Instituto ha sufrido mudanzas, humedades, expolio por dejación, en suma y, lamentablemente también, expolio por sustracción. Fue con ocasión de los actos programados para el 150 aniversario del Instituto, cuando este catedrático que suscribe, con el apoyo de la dirección del Instituto, así como de tres alumnos de sorprendente voluntarismo y contando, por fin, con unas dependencias estables, conformó la mayor parte del actual Museo de Ciencias. A pesar de las desapariciones de algunos elementos, las labores de restauración y últimas incorporaciones, ofrecen una sorprendente exposición cualitativa y cuantitativa. Véase al respecto el libro de este mismo autor *Historia y Actualidad de un Museo Científico, 1845-2009*.[10]

Surge el interrogante de la financiación en el siglo XIX que, para estas adquisiciones, dispuso García y Álvarez. Al respecto, consideraremos que la financiación de los Institutos de la época venía de tres fuentes, al menos en el de Granada: La Diputación, el Rectorado y el Arzobispado; si bien éste último lo hacía en especie, cediendo el local donde estaba instalado el Instituto, el hoy Colegio Mayor San Bartolomé y Santiago, y muy reticente, según consta, a cumplir con obligadas aportaciones monetarias.

Por otra parte, una somera visión de dicho material sugiere fuertes desembolsos. Algo influiría un dato hasta ahora sólo referido, la pertenencia a la masonería, a la francmasonería, de García y Álvarez, que, con el nombre de *Buda*, fue miembro de la Logia *Lux in excelsis*, llegando a conseguir el grado 33.[11] Si a su prestigio personal se añade esta condición, y que en la Europa de la época era muy frecuente entre la intelectualidad la pertenencia a la masonería, entre ellos era muy fluido el intercambio de este material. Sirva un ejemplo registrado al respecto: la colección de trescientos semilleros en ampollas de vidrio soplado que se adquirió al Real Jardín Botánico de Madrid en 1877 por la cantidad de sesenta y siete pesetas. Cabe pensar que era el precio de la época. Nada más lejano, ya que los gastos en enviar a un *mozo* a Madrid a recogerlos supusieron más de ochenta pesetas en el viaje. Lógicamente, la relación personal con el Jardín Botánico superaba los costes reales de lo ajeno a la masonería.

Pudieron ocasionalmente influir también otros factores como su militancia política, primero en el partido radical y, posteriormente, al republicano progresista, así como su condición de concejal y teniente alcalde del Ayuntamiento de Granada en

1885, y como se indicó con anterioridad, nombrado directamente por el Gobernador para soslayar el proceso epidémico en la ciudad. Añadiendo que, como se recoge en otro párrafo de la citada necrológica de *El Defensor*, su prestigio personal hacía que numerosos particulares añadieran de forma altruista importantes elementos a las colecciones. Valga como ejemplo el magnífico ejemplar de mandíbula y molar de mamut procedente de Caniles (Granada).

Hay que hacer constar que en la exposición de los elementos naturales incide en rasgos anatómicos de indudable interés: por ejemplo, todos los primates evidencian la posesión de extremidad prensil, los carnívoros su dentición, etcétera. Indudablemente aportaba sus conocimientos de taxidermia.

Se conserva en el Museo, amén del material, una memoria redactada por él en 1888 que precede al *Catálogo de Historia Natural* y en el que figuran más de diez mil elementos entre naturales (rocas, minerales, animales, plantas y fósiles), e instrumentos científicos y didácticos. En la actualidad, están exhibidos unos cuatro mil quinientos. La memoria, no sólo expone sus ideas sobre enseñanza, bellísimas, por cierto, sino que refleja la historia de la misma en la España de la época y, en concreto, lo referente al Instituto de Granada. En la misma se contempla, además, el marco científico, sorprendentemente actualizado, en el que se ha desenvuelto dicho catálogo. La calidad de esta memoria es tal que supuso su edición impresa separada del catálogo.[12] En la misma, comienza con reflexiones sobre la situación de las enseñanzas desde su ordenación en 1845, véase en el siguiente extracto:

> La Instrucción pública, sólida base de la educación de los pueblos, ha seguido necesariamente la marcha que le han marcado los siglos en el progreso científico, acomodándose a la naturaleza de las costumbres y á la forma de los gobiernos imperantes. Absorbida la sociedad civil por el omnímodo poder de la Iglesia, la enseñanza llegó á ser completamente suya, no solo en España, sino en la Europa entera; en la que ninguna Escuela ni Universidad podía crearse, que no fuese con la aprobación y bajo la tutela del Soberano Pontífice. Dominado el Estado, sujetaba al suyo el pensamiento humano y los medios de dirigirlo, haciéndolo servir exclusivamente á las miras é intereses de esta, quitándole, por consiguiente, hasta el más pequeño asomo de libertad... (pág. 4).

Dedica un apartado específico para la enseñanza de las Ciencias Naturales del que, entre observaciones muy inteligentes, se destaca el que la bondad de los libros de texto está en todo caso supeditada a la oralidad del profesor, insistiendo en la importancia de su guía verbal, que debe conducir al alumno y el texto sólo como complemento. Lo anterior lo hace extensivo al uso dirigido de las colecciones de los gabinetes e insiste en la realización de prácticas en el laboratorio y salidas al campo como imprescindibles para el buen desarrollo de la asignatura y fomentar el interés por la misma. De rabiosa actualidad.

Tras varios párrafos dedicados a la situación penosa del Instituto en Granada, en especial al compartir edificio con la Iglesia la parte correspondiente a Colegio Mayor, y que ésta no cesa en impedimentos de todo tipo añadidos a los recelos hacia las enseñanzas de las Ciencias Naturales, continúa con un recorrido por las distintas corrientes científicas, comparándolas en muchos casos. Así figuran Linneo, Cuvier, Spencer, Haeckel, del que resalta la inclusión de términos como *moneras* y *protistos*, anteponiéndola a la de Perrier en bastantes ocasiones, por ejemplo, estimando a los equinodermos grupo aparte y no *colonias de gusanos* como hacía este último, así como considerar a las ascidias precursoras de los vertebrados, la gran aproximación en cuanto a los vegetales de Haeckel y Brogniart, las obras de D'Orbigny, Claus, etcétera; referente a la Geología, las recientes de Lyell, las clasificaciones de Hauy respecto a la mineralogía y otras en cuanto al óptimo complemento didáctico a los materiales del Gabinete (figuras 7 y 8), realzando no sólo la adquisición de los mismos sino a sus autores, Aquilles Comte y Auzoux en especial.

Incluimos este otro extracto que evidencia su interés y documentación sobre las clasificaciones:[12]

> Y por último, la del tipo de los vertebrados es la adoptada en sus Elementos de Zoología por el ya mencionado profesor Enrique Sicard, de la Facultad de Ciencias de Lyon, que por su mayor sencillez la hemos preferido á la de aquel (se refiere a Milne-Edwards). Si el estudio de los seres vivos podía limitarse antes á la simple de los caracteres exteriores de los animales como de los vegetales, para ordenarlos ó clasificarlos según su mayor grado de semejanza, haciendo de la historia natural una ciencia pura y simplemente descriptiva; los progresos realizados en nuestro siglo por la iniciativa del gran naturalista Jorge Cuvier, fundando la anatomía comparada, los de Carlos Ernesto Bäer, creando la embriología y los principios biológicos sustentados por Lamarck y Esteban Geoffroy Saint-Hillaire, abren nuevos horizontes, ensanchando indefinidamente el campo de las investigaciones, dando una dirección completamente nueva al estudio de las relaciones de los animales y los vegetales, descubriendo las leyes que rigen la variada estructura de los organismos y las de adaptación al medio en que se encuentran. Pero el que simboliza indiscutiblemente ese gran movimiento, que ha hecho de las ciencias naturales la base más sólida de la filosofía moderna, es el sabio é inmortal Carlos Roberto Darwin, que aplicando todo el poder de su genio á la tan deseada solución de lo oscuro y complicado problema del origen y filiación de todas las formas vivas, ha motivado esa multitud de investigaciones é inapreciables trabajos, que vienen resolviéndose, desde la aparición de su célebre obra el Origen de las especies, en leyes biológicas, hasta entonces desconocidas, cambiando por completo la faz de las ciencias naturales. (pág. 25)

Figura 7. Portada caligrafiada del Catálogo del Gabinete precedido de la Memoria redactada por Don Rafael García y Álvarez

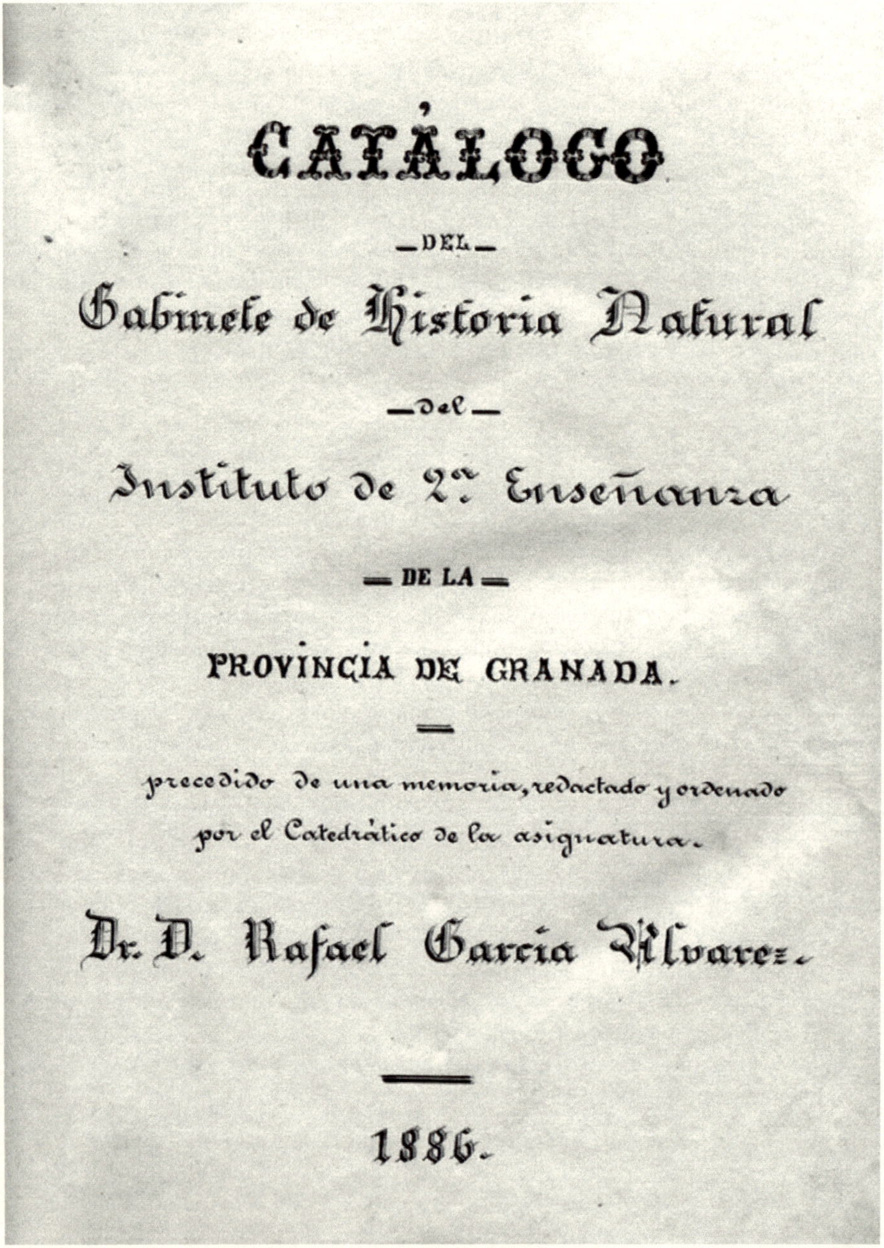

CATÁLOGO

—DEL—

Gabinete de Historia Natural

—del—

Instituto de 2.ª Enseñanza

—DE LA—

PROVINCIA DE GRANADA.

precedido de una memoria, redactado y ordenado
por el Catedrático de la asignatura.

Dr. D. Rafael Garcia Alvarez.

1886.

Frente a lo deseable de incluir la memoria completa, están las limitaciones propias presentes. En todos sus escritos se evidencia una decidida y razonada defensa del darwinismo, sin aproximarse a esa tendencia dudosa del creacionismo —curiosamente emergente tantos años después— aunque siempre se mostró manifiestamente respetuoso.

Una referencia curiosa y elocuente del talante de don Rafael es que, a la hora de citar la procedencia de los materiales del Gabinete, omite los nombres de casas comerciales —aunque se trató de una gestión personal—. De forma obligada, dados sus vínculos, eran francesas, pero ni la de Louis Saemann (espléndida colección de paleontología), ni la de Boubée-Éloffe (numerosos ejemplares de rocas, minerales y esqueletos) son citadas. No así cuando la procedencia es de un particular, como el caso del herbario de don Mariano del Amo y Mora (decano de la Facultad de Farmacia), de minerales proporcionados por Vilanova y Piera del Museo Nacional, de Augusto González de Linares (entonces en la Universidad de Valladolid), con los consiguientes elogios y agradecimientos o, puntualmente, la contribución de diversas personalidades locales y antiguos alumnos.

Figura 8. Extracto del Catálogo. Caligrafía artística

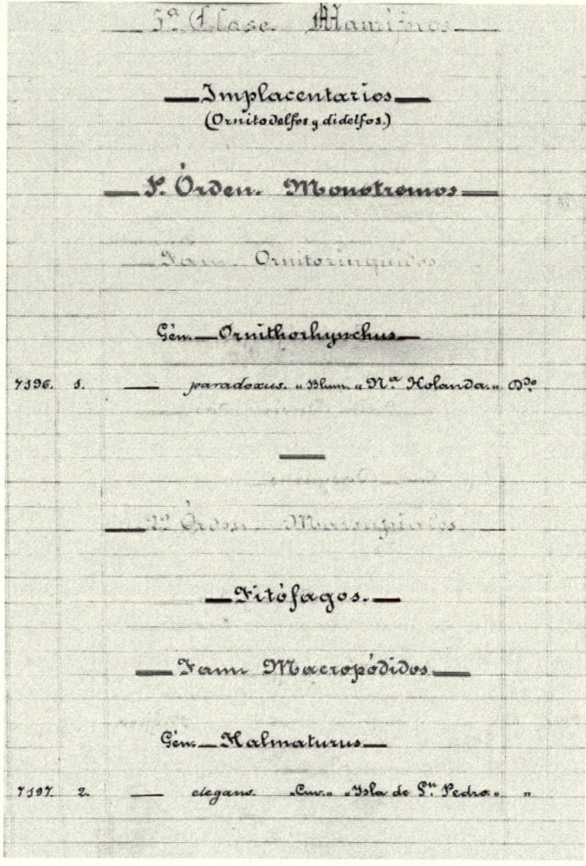

A MODO DE EPÍLOGO

En la comunidad científica de la época, Don Rafael era persona indiscutible y admirada, como demuestra su ya citada relación intelectual y de amistad con don Antonio Machado y Núñez, ex profesor de la Facultad de Medicina de Sevilla y catedrático del Instituto Provincial de Sevilla, hoy Instituto San Isidoro, así como la influencia sobre el que sería unos años más tarde catedrático del Instituto de Málaga, don Gregorio Martínez y Aguirre, ambos difusores del *Transformismo* de Darwin junto con don Rafael, aunque con los matices ya expuestos anteriormente.

Hay que resaltar el hecho de que evolutivamente, García y Álvarez siguiendo al *árbol evolutivo* del darwinismo, sitúa a la especie humana como un escalón más en la escala zoológica (Orden Bimanos), alejado de la visión finalista de la evolución, tan propia actualmente de los creacionistas. Así, tras el referido Discurso de 1872 y la posterior sanción eclesiástica, algunos sectores católicos no consideraron suficiente esta medida. Desde Madrid, en enero de 1873, Francisco de Asís Aguilar (obispo de Segorbe y profesor de Historia Natural del Centro de Estudios Católicos) es el protagonista de otra agria embestida contra García y Álvarez, mediante una lección en especial agresiva que editó bajo el epígrafe *El Hombre, ¿es hijo del mono?* Los razonamientos que expuso nos hacen sonreír por no dejarnos estupefactos: al tratar con supuesta ironía científica al darwinismo defendido por García y Álvarez, por ejemplo, denuncia que, si el hombre es hijo del mono, la mujer lo sería de una mona. No había entendido, al igual que sus correligionarios granadinos, absolutamente nada, ni tenía intención de hacerlo.

Casi anecdóticamente y abundando en su prestigio personal, ya reflejado en la necrológica anterior, en 1871 el pintor Mariano Fortuny recién llegado a Granada, le pidió que fuera testigo en el bautizo de su hijo, el que fuera también pintor Mariano Fortuny Madrazo a lo que accedió don Rafael, según consta en los archivos de la Parroquia de San Cecilio de Granada.

Nuestro hombre, al parecer, murió de diabetes prácticamente ciego a causa de la misma, lo que no le impidió estar en activo hasta el último momento, en el que eran manifiestas sus imposibilidades incluso para comunicarse. No consta que dejara su pertenencia a la masonería, pero sí suavizó sus creencias religiosas, lo que supuso cierto alborozo no exento de hipocresía *beaturrona*, entre algunos otros claustrales, aunque siguió persistiendo en su aversión a la Iglesia.

No vio iniciadas las obras del nuevo edificio del Instituto que tanto reivindicó y en el que, por fin (años noventa del XX), se dignificaron sus colecciones en el actual museo, hecho del que fue protagonista este catedrático que suscribe y que no fue baladí, ya que al poco tiempo supuso el germen de la actual Asociación Nacional para la Defensa del Patrimonio de los Institutos Históricos (ANDPIH).

Se evidencia que, en el siglo XIX, García y Álvarez fue junto a otros —que, de una u otra forma, han sido casi todos citados— un pilar de las Ciencias Naturales en España, sacándolo del conocimiento casi exclusivo de los preocupados por la Historia de la Ciencia o la Evolución darwinista.

Y también son dignos de mención otros posteriores, ya en el siglo XX. Calderón puede considerarse transición desde el XIX, Bolívar, Taboada, Alvarado, etcétera. Mención aparte, a lo largo de este siglo, es la figura de Faustino Cordón y sus análisis sobre aspectos del neodarwinismo entre otros, pero que lamentablemente fue objeto de represalias políticas amordazantes en lo personal y en lo científico, lo que daba libertad al provecho de las medianías. Sin duda, García y Álvarez habría conformado con todos ellos un conjunto brillante en la difusión en España del conocimiento del hecho de la Evolución.

Figura 9. Fondos de históricos procedentes de García y Álvarez: orangutana con su cría en el Museo actual

RERERENCIAS

1. Marañón, G. Prólogo. in *Anatomía y fisiología humanas con nociones de higiene* (Talleres Gráficos de la SG de Publicaciones, 1934).
2. Gomis Blanco, A. El profesor Manuel Mª José de Galdo y las diez ediciones de su" Manual de Historia natural". in *Aulas con memoria: ciencia, educación y patrimonio en los institutos históricos de Madrid (1837-1936)* 161–171 (CEIMES, 2012).
3. Núñez, D. (Editor). *El darwinismo en España.* (Biblioteca de Pensamiento. Editorial Castalia, 1977).
4. Glick, T. F. *El Darwinismo en España.* (Editorial Península, 1982).
5. García y Álvarez, R. *Estudio sobre el Trasformismo.* (Imprenta Ventura Sabatel (Edición facsímil Instituto Padre Suarez. Granada, 2007), 1883).
6. Needham, J. *Ciencia, religión y socialismo.* (Editorial Crítica, 1978).
7. Sequeiros, L. *Granada y el darwinismo: discurso de Rafael García Álvarez (1872) y la censura sinodal.* (Editorial Universidad de Granada, 2009).
8. Núñez, D. Reseña sobre el Estudio sobre el trasformismo, de Rafael García Álvarez. *Llull* **69**, 166–170 (2009).
9. García Álvarez, R. *Nociones de Historia Natural: para uso de los alumnos de segunda enseñanza y de estudios para aplicación á la agricultura, de los institutos, colegios, seminarios conciliares y escuelas Normales.* (Imprenta de D. Francisco Ventura y Sabatel, 1867).
10. Castellón Serrano, L. *Historia y actualidad de un museo científico, 1845-2009.* (Instituto Padre Suárez, 2009).
11. López Casimiro, F. *Masones en Granada, último tercio del siglo XIX.* (Comares, 2000).
12. García y Álvarez, R. *Memoria que precede al Catálogo del Gabinete de Historia Natural del Instituto de Segunda Enseñanza de la provincia.* (Imprenta La Lealtad, 1887).

Nueva traducción de *El origen de las especies:* Darwin para el mundo hispanohablante del siglo XXI

Dulcinea Otero-Piñeiro[1]

RESUMEN

La trascendencia de cualquier creación escrita y su permanencia en el tiempo dependen en gran medida de su difusión a escala mundial, lo que implica su traducción a la mayor cantidad de idiomas posible y, sobre todo, a los más hablados en el planeta. La traducción de *El origen de las especies* a la lengua castellana contribuyó especialmente a trasladar las ideas de este pensador inglés a un público amplísimo, pero las versiones publicadas en los siglos XIX y XX de esta obra de Darwin en nuestro idioma presentan grandes semejanzas entre sí que, en ocasiones, apuntan incluso a apropiaciones ilegítimas de trabajos previos. Disponer de una traducción nueva, rigurosa y más inteligible del texto de Darwin expandirá aún más la circulación, el conocimiento y la aceptación de esta obra fundamental en los territorios que compartimos la tercera lengua más hablada en el mundo, y seguramente contribuirá también a disfrutar más con su lectura.

«La traducción es enemiga de la homogeneidad: todo puede decirse de manera diferente»[2].
«Sin la elasticidad que permite comprender y decir una cosa de múltiples maneras, la traducción sería imposible»[3].

PRIMERAS TRADUCCIONES

El origen de las especies de Darwin es una obra que su autor concibió como un *resumen*, según manifiesta él mismo en la introducción, a pesar de que el texto de la primera edición se materializó en un libro de 500 páginas. Aquella primera versión, publicada en 1859 por John Murray, atravesó modificaciones diversas a lo

---

1. Traductora especialidaza en obras científicas
2. Barrios (p. 68).[15]
3. Barrios (pp. 112-113).[15]

largo de los años transcurridos desde la primera edición hasta la última que revisó el autor —la sexta, publicada en 1872 y reimpresa en 1876—. En esta última versión, «las modificaciones de Darwin respecto de la edición anterior superan el 21%»[1][4], y se incluye, además, un glosario final elaborado por William Sweetland Dallas con el objeto de facilitar la comprensión de la obra al público lector, según explica el propio Darwin en una nota al pie al comienzo del mismo:

> Debo a la amabilidad del señor W. S. Dallas este glosario, el cual se da porque varios lectores me han trasladado la queja de que algunos de los términos empleados les resultaron ininteligibles. El señor Dallas ha procurado explicar estos términos de la forma más llana posible.

El interés que despertó este volumen desde su primera publicación (cuya tirada, de 1250 ejemplares, se agotó en un solo día) propició diversas traducciones a varios idiomas europeos desde bien pronto[5]. Esto generó primeras traducciones de la obra efectuadas a partir de varias de las ediciones inglesas que fue confeccionando el propio Darwin; y todas esas primeras traducciones dependieron de las numerosas circunstancias que influyen en la decisión de traducir una obra, en la elaboración misma de esa traducción y en su repercusión final en el público, un proceso que siempre está condicionado por tendencias culturales, sociales, ideológicas o políticas no solo del entorno, sino también de los propios editores y traductores[2,3][6].

Darwin, consciente en alguna medida de todas estas implicaciones y de la relevancia de las traducciones a otros idiomas como vía decisiva para la difusión de sus planteamientos e ideas en todo el mundo, siguió muy de cerca las diversas versiones que se fueron elaborando de su obra en otros idiomas[4][7] (algo que deja bien patente él mismo en el apartado titulado *Añadidos y correcciones a la sexta edición*). Y en ocasiones hasta intervino personalmente para censurar o sancionar algunas de las traducciones que se fueron elaborando mientras vivió y de las que tuvo noticia.

En el mundo hispanohablante, sin embargo, hubo que esperar hasta 1872, más de diez años después de la primera edición inglesa, para que se publicara un fragmento insignificante de *El origen de las especies* traducido al castellano[5]:

> Aunque en 1872 [...] comenzó a publicarse la primera traducción en España de la celebérrima obra de Darwin, la edición, que se hacía a partir de la tercera edición

---

4. Acuña-Partal (p. 187).[1]

5. Para ahondar en esta cuestión recomendamos el artículo Acuña-Partal.[4]

6. En relación con esta cuestión resultan enormemente esclarecedores los artículos de Acuña-Partal,[2,3] donde, además, se efectúa un análisis cuantitativo de las semejanzas entre las diversas traducciones de esta obra fundamental de Darwin al castellano aplicando la metodología y las herramientas informáticas de la lingüística forense anglosajona.

7. Con respecto a su supervisión de las traducciones de *El origen de las especies*, véase el primer párrafo de Acuña-Partal.[4]

> de la versión francesa de Clémence Royer y de la que desconocemos el traductor, quedó suspendida muy pronto, pues no pasa de la «Noticia histórica» previa al primer capítulo de la obra. (págs. 54-55).

Cinco años después, en 1877, Enrique Godínez y Esteban publicó en la Biblioteca Perojo la primera traducción íntegra al castellano de la sexta edición inglesa con el título *Origen de las especies por medio de la selección natural ó la conservación de las razas favorecidas en la lucha por la existencia*. Enrique Godínez contactó por carta con el mismísimo Charles Darwin para trasladarle su intención de traducir el libro al castellano, y el naturalista británico autorizó su iniciativa a través de una misiva fechada el 28 de abril de 1876. Se conocen dos cartas de Darwin dirigidas a Enrique Godínez, el único traductor de lengua castellana que mantuvo correspondencia con él y, sin embargo, no se conserva ninguna de las que el traductor envió a Darwin. Enrique Godínez publicó una segunda edición de su traducción al castellano en 1880[6] donde

> se aclara al lector que se trata de una nueva edición castellana «notablemente corregida y aumentada», traducción directa de la sexta y última inglesa, en la que se corrigen las erratas y el estilo de la anterior de Godínez [...] quizás por no haber quedado el traductor satisfecho con la primera versión, que debió de elaborar con cierta premura.[2]

Después de este trabajo de Godínez, encontramos diversas traducciones al castellano de esta obra de Darwin (ninguna basada en la primera cdición inglesa y en su mayoría procedentes de la sexta) firmadas por Antonio López White (en 1903), Antonio Zulueta y Escolano (1921), Manuel Barroso-Bonzón (probablemente la 3ª edición inglesa, en 1936), José Pérez Marco (1957), Aníbal Froufe (1965), Juan Godó (1970) o Jaume Fuster (1974). A partir de 1976 y hasta el año 2001 (año hasta el que se efectúa el estudio en el que nos basamos para recabar estos datos),[2] se publica una profusión de reediciones de traducciones previas y de traducciones nuevas cuya autoría no siempre se hace constar. De todas ellas, la más valorada y reeditada hasta el momento presente ha sido la de Zulueta:

> Tras numerosas vicisitudes, la traducción de Zulueta de 1921, prohibida por la censura en 1938, será finalmente rescatada del olvido [...], y hoy se entiende como canónica para la historia de la traducción y de la ciencia, con amplia difusión entre el público lector de España e Hispanoamérica.[7]

¿Por qué una nueva traducción?

Entonces, si en castellano ha circulado una diversidad tan grande de traducciones de *El origen de las especies*, ¿para qué ofrecer una más? Antes de comenzar la traducción de esta obra, ojeé varias de las versiones que ya circulaban en nuestra lengua; en concreto consulté las de Godínez, Zulueta, Froufe y Marco, y mi perplejidad fue absoluta al concluir que eran una y la misma en todos los casos. Consideremos el siguiente fragmento tomado de esas cuatro traducciones y extraído del capítulo III:

> En el caso aislado de cada especie entran probablemente en juego muchos y diferentes obstáculos que obran en épocas distintas de la vida y en diferentes estaciones ó años; ora obrará un impedimento, ora muchos de entre ellos; pero generalmente son los más potentes, concurriendo todos para determinar el término medio del número de individuos y hasta la existencia de la especie.
>
> E. Godínez, 1880[6,8]

> En cada especie probablemente entran en juego muchos obstáculos diferentes, obrando en diferentes períodos de la vida y durante diferentes estaciones o años, siendo por lo general un obstáculo, o unos pocos, los más poderosos, pero concurriendo todos a determinar el promedio de individuos y aun la existencia de la especie.
>
> A. Zulueta, 1921

> En cada especie probablemente intervienen muchos obstáculos diferentes, obrando en diferentes periodos de la vida y durante diferentes estaciones o años, siendo por lo general un obstáculo, o unos pocos, los más poderosos, pero concurriendo todos a determinar el promedio de individuos y aun la existencia de la especie.
>
> J. P. Marco, 1957[9]

> En el caso de cada especie, probablemente entran en juego muchos obstáculos diferentes, que actúan en distintos periodos de la vida y durante diferentes estaciones o años, siendo por lo general un obstáculo, o unos pocos, los más poderosos, aunque concurren todos para determinar el promedio de individuos o hasta la existencia de la especie.
>
> A. Froufe, 1965[10]

Esta sospecha, basada en la experiencia, queda confirmada cuando se analizan estas traducciones desde el campo de la filología y la traductología. Tal como se ha concluido, «pueden establecerse dos grupos de textos vinculados por una marcada similitud»,[2] uno centrado en torno a la traducción de Godínez y el otro centrado en el texto de Zulueta. Es decir, de entre todas las traducciones consideradas en el estudio de Acuña-Partal,[2] o sea, las existentes hasta el año 2001 (con la excepción de la de Barroso-Bonzón por no estar basada en la sexta edición inglesa), se han detectado diferencias considerables en tan solo dos de ellas, la de Godínez y la de Zulueta, mientras que el resto manifiesta grandes semejanzas con una de ellas, lo que en algunos casos se extiende incluso a las notas a pie de página del traductor. Si se tiene en cuenta que la traducción de Zulueta (la más reciente de estos dos conjuntos) data de los años veinte del siglo pasado, no parece nada descabellado plantearse una revisión del texto original de Darwin para volver a verterlo al castellano un siglo después, en los años veinte del siglo XXI. Pero, como intentaremos evidenciar a lo largo de estas líneas, no es este el único motivo relevante para ofrecer una nueva traducción.

Del apartado anterior se deduce que cualquier iniciativa para traducir esta obra de Darwin plantea un primer interrogante fundamental: ¿qué versión trasladar al otro idioma, la primera edición inglesa, que fue la primera concebida por el autor, o la última, la sexta edición inglesa, revisada, modificada y ampliada por él? Es indudable que todas las versiones son valiosas para los estudios académicos, pero debíamos elegir solo una. Tras varias consultas con especialistas e indagaciones conjuntas con la editorial, concluimos que trabajaríamos con la sexta edición inglesa de 1876, la que porta todos los retoques que Darwin consideró necesarios y, por tanto, la más terminada por él mismo, la definitiva.

LA NUEVA TRADUCCIÓN DE *EL ORIGEN DE LAS ESPECIES*

Algunos de los estudios críticos de esta obra de Darwin la contemplan como un texto denso, árido y especializado. Sin embargo, casi todos coinciden también en que la obra contiene destellos líricos de una belleza singular. La prosa darwiniana no hace grandes concesiones a la sencillez o al disfrute lector; recurre a frases largas, a veces de un párrafo completo, con numerosos incisos intercalados que complican bastante la comprensión de un texto de por sí abigarrado de argumentaciones, disquisiciones, especulaciones o descripciones prolijas.

El origen de las especies revela desde sus primeras páginas la extraordinaria amplitud de conocimientos de Darwin en disciplinas diversas, como la biología, la geología, la geografía o la filosofía natural. Pero, además, la obra tal como fue concebida por su autor, escrita en su lengua, en su cultura específica, con sus giros, estructuras y ambigüedades particulares, exige tener en cuenta también todos estos detalles ajenos al ámbito científico para trasladarla a un idioma distinto a aquel en que se creó.

Digamos, pues, que las dificultades que plantea la traducción de *El origen* pueden dividirse en dos grandes bloques: el del contenido científico y el de los aspectos lingüísticos y gramaticales.

ASPECTOS CIENTÍFICOS

Las cuestiones científicas que hay que resolver para desentrañar *El origen de las especies* son innumerables. Quinientas páginas de texto darwiniano dan para detenerse una y mil veces a efectuar averiguaciones e indagaciones de toda índole para entender su discurso y para seleccionar los términos más adecuados en cada caso. La ayuda que encontré en esa herramienta prodigiosa que nos ha dado la modernidad y que llamamos internet fue impresionante. Me pregunto cómo hicieron mis predecesores para resolver todas esas cuestiones sin este recurso casi milagroso. Y esta es, sin duda, una de las grandes diferencias entre cualquiera de las traducciones anteriores y la que acabamos de preparar.

Internet me dio acceso directo y casi inmediato al mapa geológico de Boué que se menciona en el capítulo X para entender a qué alude Darwin, así como a la obra *On the Genesis of Species*, de St. George Jackson Mivart, para desentrañar el misterio del esferoide poliédrico que aparece de repente y una sola vez en el capítulo VII; a través de la red consulté en múltiples ocasiones el repositorio documental del «Darwin Correspondence Project», de la Universidad de Cambridge (UK)[11], donde consta, en formato digital, toda la correspondencia de Darwin que se ha conservado hasta nuestros días y que incluye enlaces de hipertexto para efectuar búsquedas; asimismo, acudí con frecuencia al *Corpus Diacrónico del Español* (CORDE) de la Real Academia Española para decidir sobre el empleo de términos vigentes en el siglo XIX.

Pero no todo se encuentra en internet, y cuando esa gran red de información no fue suficiente recurrí al rastreo de manuales propios o ajenos, así como a consultas directas con especialistas en materias específicas. También a este respecto el contexto de una traductora actual difiere mucho del que rodeaba a Godínez o Zulueta, puesto que el panorama científico en castellano, y en España muy en particular, ha experimentado un cambio radical a mejor desde entonces. Hoy día existe una comunidad científica boyante en nuestro idioma, compuesta por personas expertas muy conscientes de la necesidad de divulgar la ciencia en la sociedad. Estos contactos, imposibles hace un siglo por inexistentes, han tenido un valor inestimable para este trabajo.

El esclarecimiento de este tipo de detalles favorece la interpretación del texto darwiniano y eso genera una lectura más lúcida e inteligible de la obra en nuestra lengua. Veamos, a modo de ejemplo, el pasaje del esferoide poliédrico en la versión de Zulueta y en la nueva traducción (capítulo VII):

> Aun cuando muchísimas especies se han producido, casi con seguridad, por grados no mayores que los que separan variedades pequeñas, sin embargo, puede sostenerse que algunas se han desarrollado de un modo diferente y brusco. No debe, sin embargo, admitirse esto sin que se aporten pruebas poderosas. Apenas merecen consideración las analogías vagas, y en muchos respectos falsas, como lo ha demostrado míster Chauncey Wright, que se han aducido en favor de esta teoría, como la cristalización repentina de las sustancias inorgánicas o la transformación de un poliedro en otro mediante una cara.[8]
>
> A. de Zulueta, 1921[8]
>
> Aunque es casi seguro que muchísimas especies se han producido mediante pasos no mayores que los que separan variedades sutiles, aún se podría defender que algunas se han desarrollado de un modo diferente y repentino. Sin embargo, esto no debería admitirse sin la aportación de pruebas sólidas. Poca consideración merecen las analogías vagas y en algunos aspectos falsas, según ha evidenciado el señor Chauncey Wright, que se han presentado para respaldar esta idea, como la cristalización súbita de sustancias inorgánicas o que un esferoide poliédrico descanse sobre una cara u otra.
>
> D. Otero-Piñeiro, 2023[12]

En la nueva traducción, el fragmento se acompaña de una nota al pie de la traductora en la que se explica:

> Con esta enigmática frase Darwin critica dos analogías defendidas y utilizadas por George Jackson Mivart en su obra de 1871 titulada *On the Genesis of Species*. En la primera, Mivart compara los cambios en las especies con las distintas formas cristalinas que pueden adoptar compuestos inorgánicos dependiendo del entorno físico y químico. En la segunda, a la que Mivart recurre con más frecuencia en su libro y que está inspirada en una propuesta anterior de Francis Galton, se establece un paralelismo entre el desarrollo de las especies y una bola poliédrica que se voltea y pasa de un estado de equilibrio estable apoyada en una de sus caras, a otro estado de equilibrio en el que lo hace sobre una cara distinta.

Las averiguaciones fueron muy diversas, y algunas de las más delicadas consistieron en localizar los numerosos seres vivos que Darwin menciona a lo largo de la obra por su nombre común en inglés británico la mayoría de las veces, aunque no siempre. En todos los aspectos, pero especialmente en relación con este en particular, se ha tenido muy en cuenta toda la geografía hispanohablante y, siempre que ha sido posible, se han incluido en nota al pie varios de los nombres comunes que reciben estos organismos en distintas partes de España y América. El detalle con el que se describen ciertas plantas o animales también requirió buscar esquemas muy pormenorizados de estos organismos para localizar los nombres de algunas de sus partes en nuestra lengua (así, por ejemplo, los pétalos denominados *alas* en los tréboles, las plumas *invertidas* de algunas palomas, los *flósculos periféricos* y *centrales* de las margaritas, los *frenos ovígeros* de ciertos cirrípedos...). Dificultades parecidas plantearon las distintas razas de palomas domésticas que se analizan en el capítulo I (colipavo, buchona, capuchina, reidora, trompetera, volteadora...) o los nombres de equinos en relación con su color.

A este apartado pertenecen asimismo los términos científicos empleados por Darwin, algunos novedosos en su tiempo, otros bien asentados; unos vigentes en la actualidad, otros caídos en el desuso. Así, Darwin no emplea en ningún lugar de la obra el término *Cretaceous*, sino la expresión *Chalk period*, de modo que en la traducción se ha usado siempre *periodo de la Creta* en lugar de *Cretácico*. Otro ejemplo lo ofrece el término *escutelos (scutellae)*, el cual se ha mantenido así en la traducción a pesar de que las placas córneas que cubren las patas de algunas aves se denominan hoy en día *escamas*.

ASPECTOS LINGÜÍSTICOS Y GRAMATICALES

El empeño de Darwin por brindar un texto revelador, convincente y persuasivo sobre su teoría (entendiendo *teoría* no como algo hipotético y sin demostrar, sino como un cuerpo de conocimiento bien asentado, como lo son en la actualidad la teoría cuántica o la teoría de la relatividad) dio lugar a una obra repleta de frases inusualmente largas en la lengua inglesa. Los numerosos incisos, aposiciones, digresiones, paréntesis, etc. aspiran a exponer de la manera más minuciosa posible los ejemplos reales, los argumentos y los razonamientos que respaldan la teoría.

El texto en inglés requiere gran cantidad de comas para acotar cada uno de esos bloques a falta de una concordancia de género y número tan marcada como la que existe en la lengua castellana. Las traducciones previas de esta obra mantienen casi de manera férrea la estructura sintáctica del inglés, a pesar de que nuestro idioma permite aligerar bastante ese esquema para lograr un texto más fluido en castellano. Para traducir no es necesario, ni tan siquiera deseable, reproducir con exactitud el orden que siguen las palabras en el texto original: «Esa es la paradoja de la traducción: si ha de ser precisa, necesita libertad»[8].

Así, por ejemplo, el fragmento del capítulo III citado con anterioridad en cuatro traducciones diferentes, consta del siguiente modo en la nueva traducción:

> Es probable que en el caso de cada especie particular actúen numerosos frenos diferentes en distintos periodos de su desarrollo y durante ciertas épocas o años; de todos ellos, solo uno o unos pocos suelen ser más intensos, pero todos confluyen para condicionar el número medio de esa especie y hasta su existencia.
>
> D. Otero-Piñeiro, 2023[12]

Consideremos este otro ejemplo, tomado del capítulo IV:

> Es increíble que los descendientes de dos organismos que se hubiesen diferenciado en su origen de una manera marcada, converjan nunca después tan íntimamente que puedan llegar á aproximarse á la identidad en toda su organización completa.
>
> E. Godínez[6]
>
> No es creíble que los descendientes de los dos organismos que primitivamente habían diferido de un modo señalado convergiesen después tanto que llevase a toda su organización a aproximarse mucho a la identidad.
>
> A. Zulueta[8]
>
> No es creíble que los descendientes de los dos organismos que primitivamente habían diferido de un modo señalado convergiesen después tanto que llevase a toda su organización a aproximarse mucho a la identidad.
>
> J. P. Marco[9]
>
> Es increíble que los descendientes de dos organismos, que primitivamente habían diferido de una manera notable, convergiesen después tanto que llevase a toda su organización a aproximarse casi a la identidad.
>
> A. Froufe[10]

---

8. Barrios, N. (2022: p. 93).

> No es creíble que los descendientes de dos organismos con diferencias muy marcadas en su origen converjan más tarde en tal grado que toda su organización se torne casi idéntica.
>
> D. Otero-Piñeiro[12]

Lo primero que salta a la vista al comparar tanto los ejemplos anteriores como los precedentes del capítulo III es que entre los siglos XIX y XX no ha habido cuatro, sino tan solo dos versiones esenciales de *El origen* en castellano, en concordancia con las conclusiones a las que ha llegado de manera objetiva Acuña-Partal.[2]

Lo segundo es que todas esas traducciones previas evidencian la rigidez resultante de una subordinación excesiva a la estructura gramatical del original, lo cual no solo es innecesario, sino que conduce a menudo a un texto menos claro. Esta rigidez expresiva puede deberse, en mi opinión, a dos motivos. Por un lado, en el transcurso de este siglo y medio largo, las prácticas en el mundo de la traducción han evolucionado y tendido a tolerar, cuando no incluso a exigir, una naturalidad mayor. Se trata del clásico debate entre *literales* y *liberales*, comparable quizá al del catastrofismo y el gradualismo en geología. Si la traducción decimonónica se esforzaba por el ajuste al original aun a costa de obtener un resultado artificioso en la lengua de destino, la tendencia moderna busca, más bien, resolver la pregunta: «Si Darwin hubiera escrito en castellano, ¿cómo habría expresado él esta misma idea?». Paul Ricoeur, en traducción de Patricia Willson, cita la paradoja de Schleiermacher como parte central de la labor traductora[13]: «Llevar al lector al autor, llevar al autor al lector»[2] y, algo más adelante, insiste en que «no solo los campos semánticos no se superponen; tampoco las sintaxis son equivalentes»[13][10]. En definitiva, y en palabras de Steiner, reproducidas también por Ricoeur, «comprender es traducir»[13][11]. En este mismo sentido, Mark Polizzotti, a través del traductor Íñigo García Ureta, sostiene que traducir «no consiste tanto en seguir el original línea por línea para reemplazar cada palabra por su equivalente más cercano, como si fueran baldosas o tramos de moqueta, como en comunicar lo que anida entre esas líneas»[14][12].

Por otro lado, no debemos olvidar que ni Godínez ni Zulueta poseían una formación específica en el campo de la traducción o de los idiomas. No en vano, Godínez era un militar con inquietudes humanísticas y periodísticas, y Zulueta, un destacado científico experimental cuyo interés por la divulgación lo llevó a traducir varias obras fundamentales sobre genética y biología. No descarto que esta circunstancia tenga su reflejo en el resultado final de la labor de estos pioneros admirables que emprendieron un proyecto imprescindible para la cultura hispánica y se enfrentaron a él combatiendo no pocas dificultades de todo tipo.

9. Ricoeur (p. 19). [13]
10. Ricoeur (p. 22).[13]
11. Ricoeur, (p. 56). [13]
12. Polizzotti (p. 20).[14]

Durante la elaboración de esta traducción también se han detectado discrepancias de interpretación frente a versiones previas de la obra en castellano. Un ejemplo lo encontramos en el siguiente fragmento extraído del capítulo X:

> Apenas es posible, según mi teoría, el que de dos especies vivientes pueda una haber descendido de la otra —por ejemplo, un caballo de un tapir— y, en este caso, habrán existido eslabones *directamente* intermedios entre ellas. Pero este caso supondría que una forma había permanecido sin modificación durante un período, mientras que sus descendientes habían experimentado un cambio considerable, y el principio de la competencia entre organismo y organismo, entre hijo y padre, hará que esto sea un acontecimiento rarísimo, pues, en todos los casos, las formas de vida nuevas y perfeccionadas tienden a suplantar las no perfeccionadas y viejas.
>
> A. Zulueta[8]

> La teoría permite que una de las dos formas vivas haya descendido de la otra; por ejemplo, un caballo de un tapir; y en tal caso habrán existido eslabones directamente intermedios entre ellas. Pero esto implicaría que una de las formas permaneciera inalterada durante un periodo de tiempo muy largo, mientras sus descendientes experimentaban gran cantidad de cambio; y sería rarísimo que esto sucediera de acuerdo con el principio de competencia entre organismo y organismo, entre hijo y progenitor, pues en todos los casos las formas de vida nuevas y mejoradas tienden a reemplazar a las viejas y no mejoradas.
>
> D. Otero-Piñeiro, 2023[12]

La nueva traducción ofrece, además, un texto libre de las erratas que se han ido perpetuando de edición en edición. Así, durante la elaboración del nuevo texto en castellano se han detectado en versiones previas algunas frases incompletas por saltos de línea; negaciones donde la obra original afirma y viceversa; o numerosas palabras intercambiadas por error, como *extensión* en lugar de *extinción*; *accidental* en lugar de *recurrente*; *de rapiña* en lugar de *rapaces*; *instinto* en lugar de *insecto*; *distantes* en lugar de *distintas*; *extrema* en lugar de *externa*; *geológicos* en lugar de *geográficos*; etc. Merece una mención especial aquí la errata presente en el original inglés (y que se ha mantenido así desde entonces) cuando Darwin menciona a «sir William Thompson», en lugar de «sir William Thomson». Tal vez este detalle dificultó a mis predecesores caer en que Darwin aludía en ese lugar nada menos que a lord Kelvin.

En general, se trata de deslices que solo se detectan con la lectura concienzuda que exige una traducción, que no alteran el conjunto de la obra, pero que, sumados a todo lo demás, complican seguir el hilo del discurso y, por tanto, entorpecen su comprensión y su disfrute.

Otros aspectos gramaticales que contribuyen a aligerar la expresión en castellano en la nueva traducción los constituyen la desaparición de los gerundios de posterioridad, el empleo de oraciones pasivas reflejas (mucho más naturales en nuestro idioma que las pasivas propias), o un uso más preciso de los tiempos verbales, sobre todo los pasados.

Cualquier indagación sobre el conocimiento, la aceptación y la transmisión de la teoría de la evolución darwiniana en entornos educativos estará incompleta si no se tiene en cuenta la aportación primordial de quienes vertieron al castellano las obras de Darwin. Las distintas versiones de *El origen de las especies* que se han publicado en nuestra lengua representan el primer paso para que el gran público acceda a las ideas de Darwin, y han influido sin ninguna duda en la recepción, discusión y asimilación de su pensamiento en los territorios de habla hispana. Tal como señalo en el prólogo de la nueva traducción:

> Mi mayor empeño consistió en lograr un texto riguroso y escrupulosamente fiel a la obra original, pero, al mismo tiempo, legible, fluido y placentero, liberado de la artificiosidad que implicaría una versión con el estilo demasiado literal que era frecuente hace un siglo.

Espero que la nueva traducción contribuya a prolongar la vigencia, la lectura y el estudio de esta obra en el siglo XXI.

Referencias

1. Acuña Partal, C. Sobre las aportaciones de la edición traductológica de las retraducciones de "El origen de las especies" al estudio de la recepción de Charles Darwin en España: el texto de Enríque Godínez (1877). En *Traductores y traducciones de literatura y ensayo (1835-1919)* (ed. Zaro Vera, J. J.) 179–218 (Editorial Comares, 2007).

2. Acuña-Partal, C. Autoría y plagio en las traducciones al español de *[On] The origin of Species,* de Charles Darwin (1872-2001). *1611: Revista de Historia de la traducción* (2020).

3. Acuña-Partal, C. Autoría y plagio en las traducciones al español de *The Descent of Man,* de Charles Darwin (1872-1998). *1611:* Revista de Historia de la Traducción, 16 (2022).

4. Acuña-Partal, C. Notes on Charles Darwin's thoughts on translation and the publishing history of the European versions of *[On] The Origin of Species. Perspectives. Studies in Translatology* **24**, 7–21 (2016).

5. Gomis Blanco, A. & Josa Llorca, J. Los primeros traductores de Darwin en España: Vizcarrondo, Bartrina, Godínez. *Revista de Hispanismo Filosófico,* 14, 43-60 (2009).

6. Darwin, C. *Origen de las especies por medio de la selección natural ó conservación de las razas en su lucha por la existencia;* trad. directa de la sexta edición inglesa de Enrique Godínez; segunda edición castellana notablemente corregida y aumentada. (Imprenta de José de Rojas, 1880).

7. Acuña Partal, C. Censura, exilio y (des) memoria: vicisitudes de la traducción de Antonio de Zulueta de *On the Origin of Species,* de Charles Darwin, para la editorial Calpe (1921). En *Traducir a los clásicos: entornos y transformaciones* (eds. Peña, S. & Zaro, J. J.) 207–228 (Editorial Comares, 2018).

8. Darwin, C. *El origen de las especies;* trad. de Antonio Zulueta (1921). Edición conmemorativa. (Austral, 2019).

9. Darwin, C. *El origen de las especies por medio de la selección natural;* versión española de José P. Marco (1957). (Editorial Grijalbo, 1961).

10. Darwin, C. *El origen de las especies;* trad. de Aníbal Froufe (1965). (Edaf, 2020).

11. Univ. de Cambridge. Darwin Correspondence Project. *https://www.darwinproject.ac.uk.*

12. Darwin, C. *El origen de las especies mediante selección natural.* Traducción de Dulcinea Otero Piñeiro. (Alianza Editorial, 2023).

13. Ricoeur, P. *Sobre la traducción;* trad. de Patricia Willson. (Paidós, 2005).

14. Polizzotti, M. *Simpatía por el traidor;* trad. de Íñigo García Ureta. (Trama Editorial., 2020).

15. Barrios, N. *La impostora: cuaderno de traducción de una escritora.* vol. 326 (Editorial Páginas de Espuma, 2022).

Cuando hablamos de evolución, ¿de qué evolución estamos hablando?

Leandro Sequeiros San Román[1]

La mayoría de la gente con la que nos cruzamos y convivimos, y muchos de los profesores y educadores, cuando habla de *evolución* asocian esta palabra con Charles Darwin.

Y nos les falta razón; tradicionalmente (al menos en el siglo XX) los textos de biología evolutiva sitúan a Charles R. Darwin (figura 1) como la figura central (si no exclusiva) de las teorías de la evolución. Pero ¿sigue siendo esto así?

Desde campos muy diferentes de las ciencias de la naturaleza, desde la filosofía, desde una determinada visión de la teología e, incluso, desde la política, los principios más básicos de la evolución están siendo socavados.

Figura 1. Charles R. Darwin

---

1. Catedrático de Paleontología.

Los imaginarios sociales sobre la evolución

Cuando en la prensa o en la televisión se habla de *evolución biológica*, por lo general, esta expresión se utiliza como sinónimo de *darwinismo*. Esta identificación entre *evolución* y *darwinismo* es frecuente, no solo en la prensa, sino también en los libros de texto de educación secundaria e incluso en libros especializados. Un ejemplo muy actual se encuentra en la novela de John Darnton, *El secreto de Darwin*[1]. En el inconsciente colectivo de la opinión pública suele mantenerse esta identificación considerando que el único modo de entender la evolución es acudiendo a las ideas del genial autor de *El origen de las especies por la selección natural*.

Pero ¿es esto así? En este texto presentamos a los lectores la problemática que la interpretación del concepto de *evolución biológica* ha tenido a lo largo de la historia del pensamiento científico[2] y se intenta precisar las implicaciones teológicas que estas interpretaciones tienen. Tampoco el mismo Darwin mantuvo inalterables sus posturas. Es curioso notar que, a pesar de haber derribado con facilidad los argumentos favorables a un plan o *diseño* en la naturaleza, Charles R. Darwin pareció desconcertado por las críticas que sugerían que la evolución podía ser incluso *más aleatoria* de lo supuesto por él.

Así, a partir de la tercera edición de *El origen de las especies por la selección natural* (aparecida en 1861) comenzó a conceder más espacio a una concepción más pluralista de la evolución, de modo que la selección natural pasó a ser un mecanismo entre otros para explicar el hecho incuestionable evolutivo. Por eso, cuando hablamos de *evolución biológica*, ¿de qué evolución estamos hablando? Desde mi punto de vista hay tres aspectos que deseo compartir.

En primer lugar, desde mi experiencia como profesor de paleontología, profesor de didáctica y de historia de las ciencias y profesor se filosofía de la naturaleza y de las ciencias, la palabra *evolución* es enormemente polisémica. Aunque nació y se fortaleció en ambientes científicos, su uso se ha expandido a otras muchas disciplinas y áreas de conocimiento. En segundo lugar, serán necesarias unas reflexiones sobre el concepto del proceso de *evolución* dentro de la alfabetización científica. Y, en tercer lugar, intentaré compartir, recurriendo a la historia de las ciencias de la naturaleza, que cuando hablamos de evolución, la figura de Darwin es muy importante. Tal vez hoy, desde nuevos planteamientos científicos y filosóficos, se le tiene muy en cuenta, pero en muchos aspectos ha sido desbordado (aunque no desplazado y, menos aún, *cancelado*).

---

2. Para una visión general de la historia de las ideas evolutivas, recomendamos la lectura de Moreno Klemming, J., "Historia de las Teorías Evolutivas". En: Soler, M. Editor, *Evolución. La base de la Biología*. Proyecto Sur de Ediciones S. A., Granada, 2002, pág.27-43; También la página web de la Sociedad Española de Biología evolutiva con su revista *online e-VOLUCIÓN*.

La palabra *evolución*, un concepto polisémico

Cuando me propusieron participar en este volumen estuve reflexionando sobre el aspecto de la evolución del que debía escribir. Y me pareció que había un *hueco* interdisciplinar no cubierto como es este: la evolución como cosmovisión, como macroparadigma con pretensiones de explicación del mundo.

Al comienzo pensé un título muy alambicado: «Cuando hablamos de la cosmovisión de la *evolución psico-socio-geo-paleo-biológica*, ¿de qué evolución estamos hablando? Implicaciones para la alfabetización científica». Y es verdad. La palabra *evolución* necesita un complemento explicativo pues actualmente se utiliza en muchos contextos: psicología evolutiva, sociología evolutiva, geografía y geología dinámica, paleontología y paleobiología evolutiva, biología evolutiva, etc.

Por tanto, considerar que la palabra y el contenido de la *evolución* es polisémico no es una afirmación gratuita. Es más, esta referencia remite a una construcción mental de la realidad inclusiva de muchas realidades de modo que cuando hablamos de evolución nos estamos moviendo neuroculturalmente dentro de una gran concepción del mundo. En terminología kuhniana[3], podemos decir que la palabra *evolución* remite a una construcción paradigmática, un sistema de creencias, principios, valores y premisas que determinan la visión que una determinada comunidad científica tiene de la realidad, el tipo de preguntas y problemas que es legítimo estudiar, así como los métodos y técnicas válidos para la búsqueda de respuestas y soluciones.[2]

Es más, desde mi punto de vista, el concepto y desarrollo de la teoría (en sentido de K. Popper) de evolución cobra más sentido asumiendo los principios metodológicos de los programas de investigación de Imre Lakatos que, desde mi punto de vista, son unas herramientas epistemológicas que permiten una aproximación integral de la Teoría de la Evolución.

Pero si se quiere consensuar una definición, podemos acudir al artículo recientemente publicado por Gefaell et al.[3] en el que se define «La evolución representa una teoría madura y bien establecida que puede explicar cómo los organismos evolucionan y se diferencian del último ancestro común universal (generalmente conocido como LUCA)» (pág. 2, traducido). Y a continuación, el texto precisa un poco más lo que entiende por LUCA:

> una forma de vida que se originó en nuestro planeta hace unos 3700 millones de años. Por lo tanto, tanto la noción de descendencia con modificaciones como la teoría de la evolución representan piezas de conocimiento clave en nuestras sociedades para comprender tanto el mundo en el que vivimos como nuestro lugar en la naturaleza. (pág. 2, traducido)

---

3. El concepto de paradigma tal como hoy se usa en filosofía de las ciencias y por extensión en otras muchas disciplinas, se acuñó en el sentido que aquí lo usamos por el físico y filósofo de las ciencias, Thomas S. Kuhn.[17,62–64]

Como se puede ver, ninguna alusión a la selección natural de Darwin, que queda en un segundo plano.

Algunos datos históricos sobre la biología evolutiva

Durante más de veinticuatro siglos, el pensamiento biológico dominante (debido a la herencia de Aristóteles y los aristotélicos) fue denominado *fijista*.[4-6] Para estos *filósofos naturales* las llamadas *especies* animales y vegetales proceden unas de otras a lo largo de los tiempos por un proceso de *generación*, por el que los hijos se parecen a sus padres. Pronto, el debate científico adquirió tintes religiosos, pero cuando más se acentuó el enfrentamiento entre la ciencia y la teología fue a partir de Darwin. Un libro reciente, *Evolution vs. Creationism: An Introduction*[7] aborda la problemática de las ideas de Darwin, sus implicaciones religiosas y teológicas, las polémicas en torno al evolucionismo y la construcción social de paradigmas alternativos reaccionarios. Como la mayor parte de las críticas a las ideas de Darwin se hicieron desde lugares epistemológicos de corte protestante americano, el fijismo (que es la alternativa racional al evolucionismo) se convierte en su versión religiosa integrista: el *creacionismo*.

Algunas precisiones necesarias

Para los lectores no muy versados en esta problemática, se resumen aquí algunas ideas generales que se dan por supuestas y que han sido tratadas en otro lugar.[8-10]

En primer lugar, no todas las posturas evolucionistas tienen que ser necesariamente darwinistas. Aunque la figura de Darwin destaca por ser el sistematizador de muchas de las ideas sobre el cambio orgánico existente en su época y *El origen de las especies* (1859) es la expresión paradigmática de una revolución científica, hubo otros autores que, dentro de un marco evolucionista, se apartan de la ortodoxia de Darwin.

Nos parece que el paradigma alternativo al que Darwin se enfrenta no es religioso ni teológico (aunque sus discusiones con el capitán FitzRoy tienen a la Biblia como lugar central) sino filosófico-científico: es el *fijismo biológico*. El fijismo científico es una postura epistemológica (es decir, derivada de una determinada visión del mundo) según la cual la realidad material inorgánica y orgánica no ha cambiado desde el comienzo de los tiempos.

La historia del pensamiento científico muestra que ya desde los lejanos tiempos de los filósofos presocráticos y sobre todo de Aristóteles, el mundo tenía *movimientos*, pero nada cambiaba ni progresaba. Las cosas volvían a su lugar natural. El orden (cosmos) lo llenaba todo. Esta visión determinista, fijista, inalterable de la realidad natural pasó de la filosofía griega al mundo árabe y a la filosofía medieval. El universo diseñado por Copérnico, Galileo, Kepler y Newton, tenía movimientos muy precisos regidos por las leyes de la mecánica puestas por Dios y era inconcebible una innovación espontánea del orden cósmico. En el terreno de las ideas biológicas, el fijismo, la constancia de las especies a lo largo de los años era un hecho. *Omne vivum ex ovo* decían los antiguos. Ello propició el desarrollo de la taxonomía y la sistemática desde la lejana época de Aristóteles, pasando por el zoólogo Ulise Aldrovandi (en el siglo XVI) y llegando hasta Carlos Linneo (1707-1778).

Durante muchos siglos, las ideas sobre el origen, diversidad y cambio en los fenómenos vitales eran las de Aristóteles.[11] La autoridad de Aristóteles ha sido reconocida y sigue siendo respetada. El mismo Darwin escribió en 1888 que Linneo y Cuvier fueron sus dioses, aunque en muy diferentes sentidos, pero que fueron «colegiales» en comparación con Aristóteles.

La postura científica moderna del *fijismo* se identifica con el gran botánico sueco Carl von Linné —más conocido por su nombre latinizado de Carolus Linnaeus o Carlos Linneo— (1707-1778),[12,13] que tiene el gran mérito de ser quien establece las normas de nomenclatura biológica binomial seguidas hasta hoy y clasificó una gran parte del reino animal y vegetal. Su *Sistema Naturae* (1735) marca la consagración de las nuevas ciencias de la Naturaleza, aunque en clave «fijista». Para Linneo, profundamente religioso, las especies animales y vegetales *«tot sunt quae creatae a Dei in initio temporis»* (las especies que existen son las mismas que fueron creadas por Dios al principio de la Creación). La autoridad de Linneo fue indiscutible y seguido por gran parte de los naturalistas de los siglos XVIII y XIX.

Al llegar los inicios de la geología en el siglo XVIII, las ideas *fijistas* de Linneo se unieron a las ideas religiosas, apareciendo las ideas *creacionistas*, consideradas como *científicas*. A esto cooperó la dificultad para entender lo que significa lo que James Hutton (1726-1797)[4] llamaría *el profundo abismo del tiempo*. La tradición anglicana interpretó literalmente la Biblia. Así, el arzobispo primado de Irlanda, Ussher, escribe el 1658: «En los comienzos Dios creó los cielos y la Tierra» (Gén.1.1) y, de acuerdo con nuestra cronología, ese día coincide con la entrada de la noche que precedió al 23 día de octubre del año 710 del calendario juliano (es decir, 4.000 años antes de Cristo). En la Biblia inglesa de 1701, el obispo Lloyd afirma que la Tierra tiene una edad de 6.000 años. Es la época del *concordismo* bíblico con la religión y las glaciaciones se hacen equivaler al Diluvio universal y las eras geológicas con los días de la creación.

Pero el descubrimiento de que hay fósiles de animales enterrados que hoy no tienen representantes vivos, necesitó de una explicación. Para unos, la respuesta

---

4. James Hutton (1726-1797) fue un geólogo escocés a quien se considera "padre" de la geología moderna. Su mayor contribución a la ciencia es el *principio de Uniformidad* (los procesos y leyes que rigen el universo son los mismos desde el comienzo de los tiempos. Por ello «el presente es la clave para entender el pasado»). Los fenómenos geológicos del pasado pueden ser conocidos interpretando los fenómenos que hoy podemos observar. Su *Teoría de la Tierra* (1795) es un tratado paradigmático.[65]

estaba en el Diluvio universal bíblico. Pero la reiteración de extinciones a lo largo del tiempo empujó a buscar otras explicaciones más científicas.[14,15,16] Así aparece en paradigma del *Catastrofismo creacionista progresivo* escenificado por Georges Cuvier[5] quien postula que, tras una desaparición brusca de grupos biológicos en el registro estratigráfico, reaparezca súbitamente más arriba (y, por tanto, después en el tiempo) otro grupo más perfecto. Los catastrofistas suponen que la modernidad de estos restos sirve para establecer jalones en la naturaleza. Así nace un fijismo mucho más elaborado que tiene en cuenta la aceptación irrenunciable de los cambios de los seres vivos. Pero el paradigma[17][18] imperante se transforma en *catastrofista*. El catastrofismo fue muy seguido en el siglo XIX, pues desde el punto de vista científico y desde el punto de vista teológico satisfacía las exigencias de los naturalistas. Ello explica las dificultades que tuvieron para ser aceptadas las ideas *transformistas* de Juan Bautista Lamarck (1744-1829) (figura 2), algunas de cuyas tesis están hoy siendo reivindicadas por los historiadores de la biología.[19]

Figura 2. Jean-Baptiste Pierre Antoine de Monet, caballero de Lamarck

La teoría de *evolución* en la alfabetización científica

Para la construcción mental de los conceptos científicos es necesario ser consciente de que los mapas conceptuales con los que interpretamos la realidad están

---

5. Georges Cuvier (1769-1832): zoólogo francés, anatomista y fundador de la paleontología en el sentido moderno de la palabra, al desarrollar la anatomía comparada. Su *recherches sur les ossements fossils* (1812) es un libro clásico.

muy condicionados por nuestra historia personal (y la historia personal de los investigadores y estudiosos).[20]

En mi caso, soy consciente de que mi concepción de lo que es la *evolución* está muy condicionada (por no decir determinada) por mi experiencia profesional como geólogo, paleontólogo y paleobiólogo. También por las actividades en historia de las ciencias y en didáctica de las ciencias. Y posteriormente, desde 1997, como profesor de filosofía de la naturaleza y de filosofía de las ciencias. Desde este punto de vista, la convicción de que la tectónica de placas[21] y la extinción de las especies[22] son piezas necesarias para la comprensión, aceptación y transmisión de la evolución, es determinante.[23]

Mi experiencia me induce a defender que la comprensión de llamada teoría de la evolución en ciencias (y por ello en educación para la ciudadanía) no puede separarse de la reelaboración cognitiva de muchas representaciones del mundo que se consideran obstáculos epistemológicos. Es imprescindible un cambio mental de la imagen del mundo en que vivimos. Y por ello hay que preguntarse: ¿cómo construir mentalmente la imagen de un universo enigmático, contingente, complejo, dinámico, con propiedades emergentes? En definitiva, ¿evolutivo?

Una posible justificación la podemos encontrar en las recomendaciones del Consejo de Europa de 22 de mayo de 2018 relativas a las competencias clave para el aprendizaje permanente.[24]

El Consejo recomienda trabajar ocho competencias que considera necesarias para la formación permanente (desde la infancia a la ancianidad) de los ciudadanos europeos. Podemos leer en el texto:[25]

> Estos principios se definen en el *pilar europeo de derechos sociales*. En un mundo en rápida evolución y con múltiples interconexiones, será necesario que cada persona posea una amplia gama de capacidades y competencias, y que las desarrolle de forma continua a lo largo de toda la vida. Las competencias clave que se definen en el presente marco de referencia tienen por objeto sentar las bases para la consecución de unas sociedades más equitativas y democráticas. (pág. C 1897).

Por tanto, hay determinados principios que consideramos necesarios para el conocimiento, la aceptación de la teoría de la evolución y su transmisión en entornos educativos y en los procesos de formación permanente y que, por brevedad, enunciamos telegráficamente. Las competencias sugeridas por Europa implican una nueva construcción social y racional de la realidad, lo cual significa un cambio de paradigma en la explicación del mundo: el paso de una concepción fijista al paradigma evolucionista.

Otro cambio en la construcción mental es este: la aceptación de la evolución implica otra reelaboración cognitiva. La evolución implica un cambio irreversible de la realidad. Cambio irreversible, no necesariamente a mejor, contingente, no controlable. Cambio irreversible, no necesariamente a mejor, contingente, no controlable; los cambios no son siempre graduales, los hay bruscos (revolución científica). Cambio irreversible, no necesariamente a mejor, contingente, no controlable; los cambios no se deben todos a la selección natural (incluso no es este el único *motor* del cambio).

La evolución implica un cambio irreversible de carácter multidisciplinar e interdisciplinar: un cambio mental y real que afecta a todos los aspectos de la comprensión de la realidad.

Nos hemos referido especialmente a un aspecto: los cambios de los sistemas biológicos y geológicos. Pero se extiende a toda la visión del mundo.

Un excurso sobre la palabra «evolución»

Es muy importante hacer notar que hasta la sexta edición de *El origen de las especies* (1872) no aparece la palabra *evolución*. Darwin usa *descendencia con modificación*. ¿Por qué? En el diccionario de Oxford, *evolución* se define como «desenrollar un documento». No hay emergencia de novedad. Hay *preformacionismo*. Y los lectores de Darwin no iban a poder entender lo que de novedades exige *El origen de las especies*.

Ciento cincuenta años después de la sexta edición, el postulado darwinista de la selección natural queda muy incompleto. Nuevos modelos, como la epigenética, la morfología construccional, el equilibrio intermitente, etc., han dejado insuficientes las ideas de Darwin. ¿Qué nivel de formulación del concepto? ¿Qué conceptos estructurantes articulan y dan sentido y orden a los mapas conceptuales? ¿Cómo secuenciar la construcción de esos conceptos a lo largo del proceso de enseñanza y aprendizaje y con posterioridad, en la formación permanente?

Los conceptos estructurantes para la construcción mental de la cosmovisión evolutiva

De los resultados obtenidos en recientes investigaciones[3] se pueden deducir algunas conclusiones:

El conocimiento, la aceptación y la transmisión en entornos educativos de la teoría de la evolución, no es nada fácil. Es un concepto difícil de incorporar a las representaciones mentales del mundo que las jóvenes generaciones ofrecen.

Una de las razones de la dificultad estriba en que la asimilación de una cosmovisión evolutiva del mundo se basa en que no se ha tratado interdisciplinarmente. Aceptar la evolución implica previamente que en el mapa conceptual de nuestra mente se han impreso determinados conceptos estructurantes, como son los de «cambio», «irreversibilidad», «tiempo geológico», «sistema», «complejidad», «incertidumbre», «emergente», «enigmático», «contingente». Conceptos con alto nivel de abstracción que no son fáciles de manejar y que creemos previos (o al menos paralelos) a la comprensión de la evolución. En los años noventa del siglo XX, el «Equipo Terra» de didáctica de las Ciencias (del que formé parte) adoptamos este modelo que consideramos de gran poder explicativo. Atribuimos la noción de conceptos estructurantes al Dr. Raúl Gagliardi, un eminente didacta de la ciencia, quien desarrolló muchos de sus estudios en colaboración con André Giordan, en el Laboratorio de Didáctica y Epistemología de las Ciencias, de la Universidad de Ginebra. En una ponencia presentada en las III Jornadas de Estudio sobre la investigación en la Escuela, desarrollada en Sevilla hacia fines de 1985, Gagliardi expone sus reflexiones sobre el proceso de aprendizaje de las ciencias y, sobre los temas y estrategias que pueden facilitarlo. Un año después publica el texto de esa ponencia en Enseñanza de las Ciencias.[26] En esa ocasión, este autor acuña la expresión conceptos estructurantes para referirse a «un concepto cuya construcción transforma el sistema cognitivo, permitiendo adquirir nuevos conocimientos, organizar los datos de otra manera, transformar incluso los conocimientos anteriores» (pág. 31).

El problema que se presenta a los profesores y educadores es este: ¿Cómo construir mentalmente la imagen de un universo enigmático, contingente, complejo, dinámico, con propiedades emergentes? ¿Un universo, en definitiva, evolutivo?

De aquí la necesidad de elaborar un proyecto curricular que incluya una relación de conceptos estructurantes en torno a los cuales «cristalizan» otros conceptos auxiliares. Pero hay más: es necesario elaborar materiales en los que se secuencian temporalmente los diversos conceptos y presentar herramientas de evaluación que puedan medir hasta qué punto ha sido posible «construir» mentalmente esta secuencia de conceptos que son complejos.

En el trabajo de investigación *Sobre la aceptación y reconocimiento de la teoría de la evolución en estudiantes*, leemos este texto que resume muchos de los aspectos educativos:

> Hay una falta de consenso en el campo sobre los principales determinantes de la aceptación de la evolución. Para algunos autores, los obstáculos para aceptar la teoría evolutiva muestran particularidades que difieren de las relacionadas con otras teorías científicas bien establecidas. Estos aspectos se han atribuido al hecho de que ciertas visiones religiosas intransigentes chocan con las visiones evolutivas, junto con la variación en la religiosidad observada entre países o incluso grupos sociales dentro de un país determinado. (pág. 2, traducido)

Pero no solo existe la dificultad intrínseca del aprendizaje del concepto de «evolución» en el contexto interdisciplinar citado. Hay otros factores que dificultan el conocimiento y aceptación de la evolución: «Sin embargo, —prosigue el trabajo citado— estudios empíricos generalmente han encontrado tres factores principales que determinan la aceptación de la evolución: la religiosidad, la comprensión de la evolución y la comprensión de la naturaleza de la ciencia (NOS) y el miedo a aceptar la inseguridad del cambio. Por lo tanto, un problema complejo como este es muy probablemente multifactorial mientras que, al mismo tiempo, los diferentes factores involucrados pueden presumiblemente estar parcialmente correlacionados». (pág. 2, traducido)

La teoría de la evolución va más allá de Darwin

Pasemos a la tercera parte de este capítulo. Como dijimos al comienzo, muchas personas suelen identificar la evolución biológica con la figura y las ideas de Charles Darwin. Sin embargo, si se recorre la historia de las ciencias de la evolución de estos años del siglo XXI, se ha de reconocer que emergen lo que podríamos llamar paradigmas alternativos[27] que han expandido no solo las propuestas de Darwin y de los neodarwinistas, sino, incluso, las propuestas de la llamada *síntesis moderna* o *teoría sintética de la evolución*. La síntesis evolutiva moderna (también llamada simplemente nueva síntesis, síntesis moderna, síntesis evolutiva, teoría sintética, síntesis neodarwinista o neodarwinismo) significa en general la integración de la teoría de la evolución de las especies por la selección natural de Charles Darwin, la teoría genética de Gregor Mendel como base de la herencia genética, la mutación aleatoria como fuente de variación y la genética de poblaciones. Los principales artífices de esta integración fueron Dobzhansky, Mayr y Simpson, complementados por Fisher, Haldane y Wright. Esencialmente, la síntesis moderna introdujo dos descubrimientos importantes: la unidad de la evolución (los genes) con el mecanismo de la evolución (la selección natural). También representa la unificación de varias ramas de la biología que anteriormente tenían poco en común, especialmente la genética, la citología, la sistemática, la botánica y la paleontología.[6] Pueden verse algunos de los trabajos indicados en el apartado de bibliografía recomendada.

Tres modelos en la interpretación del proceso evolutivo

El concepto de *evolución* se suele asociar con la figura de Darwin. Pero esa representación mental no es exacta. Existen muy diferentes modelos para interpretar el hecho y los mecanismos del cambio irreversible de los seres vivos a lo largo del tiempo. El concepto de *evolución* es ampliamente polisémico. Y por ello, su sentido es ambiguo. Si al que esto escribe le preguntan «¿eres evolucionista?», tendrá que responder: «depende del sentido que le des al término». Tal vez, una de las síntesis más acertadas encaminadas al esclarecimiento de la terminología sobre los diversos sentidos de la palabra *evolución* es la que hace ya unos años presentó el prestigioso

---

6. Pueden descargarse trabajos de L. Sequeiros relativos a este tema en la página web de la editorial Bubok

paleontólogo fallecido en 2002 Stephen Jay Gould. Este autor presenta estos modelos en función de las antítesis en los conceptos que describen la historia evolutiva. Denomina *metáforas*, como glosas de una realidad siempre inasible, a las distintas posturas epistemológicas de los neontólogos[7] y paleontólogos evolucionistas.

El primero de los modelos que pueden plantearse en la interpretación del proceso evolutivo se fundamente en la cuestión de si la historia de la vida tiene o no direcciones definidas. Los teóricos de la evolución biológica se han planteado si la diversificación de la vida a lo largo de los tiempos geológicos, tal como aparece en los estudios paleontológicos (a partir de los datos del registro fósil) o neontológicos (a partir de los datos suministrados por la biología experimental), tiene propiedades vectoriales o no. Es decir, si los procesos evolutivos parecen tener a lo largo del tiempo un aumento en la complejidad de las estructuras, un aumento de diversificación genérica o específica, un aumento de tamaño, de acentuación de un determinado carácter, etc., o más bien no se observa ningún carácter vectorial en los procesos. Durante mucho tiempo se ha estudiado el aumento de la capacidad craneana en los primates superiores y en los homínidos, o en el tamaño de los cuernos del alce de Irlanda. Los ejemplos se podrían multiplicar.

En función de esta primera antítesis podemos separar dos modos diferentes de entender lo que es la evolución biológica. Por una parte, un grupo de biólogos y paleobiólogos evolucionistas se sitúan dentro de las escuelas llamadas *direccionistas*, que identificamos con la letra (D); y otro grupo se sitúa en las escuelas *no direccionistas*, es decir, partidarios de lo que se llama *estado estacionario (steady stage)*, que etiquetamos con la letra (E). Los *direccionistas* (D) percibirán en los procesos biológicos, a lo largo del tiempo geológico, una dirección o tendencia evolutiva que intensifica gradual o súbitamente un determinado carácter morfológico, funcional, ecológico, etológico o fisiológico. Por el contrario, los partidarios del *estado estacionario (steady stage)* (E) perciben cambios biológicos a lo largo del tiempo geológico, pero no perciben direccionalidad alguna. Van Valen denominó a este proceso el de la *Reina Roja* de *Alicia en el País de las Maravillas* de Lewis Carroll: todo se mueve para que nada cambie y siga permaneciendo en su lugar.[28] Un ejemplo clásico es el del gran geólogo Charles Lyell (1797-1875) (figura 3): observaba cambios climáticos en el planeta Tierra a lo largo del tiempo y esto provocaba que apareciesen faunas y floras olvidadas. Un aumento en la temperatura de la Tierra podría hacer reaparecer a los dinosaurios que debían haber quedado escondidos en algún lugar cálido del planeta[8].

---

7. Se suelen denominas como «neontólogos» a los naturalistas que se dedican al estudio multidisciplinar del fenómeno de la vida tal como se da en la actualidad. El término «paleontólogo» se reserva para aquellos que, a partir de los datos del registro geológico, pretenden interpretar las estrategias de cambio orgánico a lo largo de los millones de años de historia de la vida.

8. Charles Lyell (1797-1875), geólogo y abogado escocés. Las observaciones realizadas por Europa (sobre todo en Francia, Italia y Suiza) le llevan a elaborar una teoría de la Tierra basada en la lenti-

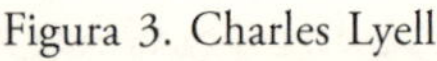

Figura 3. Charles Lyell

Esta antítesis entre *direccionistas* (D) y *no direccionistas* (E) subyace, por ejemplo, en los debates entre las escuelas *catastrofistas* y *uniformitaristas* en la geología del siglo XIX. Para los catastrofistas (como Cuvier en Francia y Buckland en Inglaterra), el registro geológico muestra cambios progresivos (los peces aparecen antes que los anfibios y luego aparecen los reptiles y al final los mamíferos y los humanos). Hay una dirección en la forma en que aparecen los diversos grupos animales. Esta aparición sigue un orden «progresivo» de perfección de formas, pero no se acepta que exista un proceso de transformación desde unos a otros, sino que se postula la existencia de un proceso de extinción debida a alguna catástrofe natural, seguida de una nueva creación, divina o no.[16]

---

tud, gradualismo, continuidad y ciclicidad de los fenómenos geológicos. El estudio de los moluscos actuales y fósiles le llevaron a elaborar una teoría estratigráfica que le permitió dividir la era Terciaria en tres períodos. Su obra principal es *Principles of Geology* (Londres, 1830-1833). Una obra menor más actualizada es *Elements of Geology* (1838) que fue traducida al castellano en 1848 por Joaquín Ezquerra del bayo y sirvió como libro de texto universitario en España durante muchos años. Dos ejemplares pueden consultarse en la Biblioteca de la Facultad de Teología de Granada.

Para los partidarios del *estado estacionario (no direccionistas)* (E), en la naturaleza hay cambios naturales que no suponen en modo alguno un avance global en la perfección de las formas biológicas. Basados en los principios de la física de Newton, todo se mueve de forma natural, pero vuelve al estado inicial por su propia inercia: para su representante más eminente, Charles Lyell, el nivel del mar sube y baja, las temperaturas medias de la Tierra oscilan periódicamente sucediéndose épocas cálidas y glaciares; de acuerdo con estos cambios ambientales reaparecen especies que se creían extinguidas para siempre, pero globalmente las condiciones iniciales del sistema del mundo permanecen inalterables. Todo se mueve, pero nada cambia.

EL DEBATE DESDE LA APARICIÓN DE CHARLES DARWIN

Durante la primera mitad del siglo XIX, el debate es básicamente geológico. Pero a partir de *El origen de las especies* (1859) de Charles R. Darwin (1809-1882) el debate se centra en la biología y las posturas se agrupan en torno a las escuelas *vitalistas-finalistas* y los *ambientalistas*. Para los primeros, el fenómeno vital no se adapta a nuevas situaciones ambientales y existe una programación interna en los seres vivos. Han querido ver una dirección programada y predeterminada en los fenómenos biológicos que mantienen una «dirección inevitable» de cambio biológico (tal es el caso del paleontólogo Osborn y su *aristogénesis*). Etiquetamos esta postura como *internalista* y se identifica con la letra (I). Por otra parte, algunos biólogos y paleontólogos estrictos mantienen que la evolución no significa otra cosa que la respuesta «adaptativa» a cambios locales de las condiciones ambientales. Los seres vivos muestran una gran plasticidad pasiva para que sean modelados sus caracteres biológicos por un medio cambiante. Por ello, se incluyen dentro de una escuela que llamaremos *ambientalista*, identificada con la letra (A).

Estas dos posturas reaparecen en éstos últimos años en la biología evolutiva. En la paleobiología moderna volvemos a encontrar la metáfora neo-lyelliana en los *modelos de equilibrio* de David Raup y Stanley y el *contingetismo* de Stephen Jay Gould. Por otra parte, la noción de *anagénesis* desarrollada por Huxley[29] y la aparición de *grados* de perfección sucesivos sugieren la idea de *dirección* del cambio.

Por otra parte, las llamadas *teorías neutralistas, contingentes* o *no direccionistas* están bien representadas con las aportaciones de Kimura y Gould. En los últimos años del siglo XX, algunos naturalistas hablan de la aparición de caracteres nuevos que no son necesaria e inmediatamente útiles. No significan de entrada ninguna ventaja adaptativa. Serían *no adaptativos o neutros* y el proceso, según Gould, se llamaría de *exaltación* en lugar de *adaptación*. Es curioso notar que, a pesar de haber derribado con facilidad los argumentos favorables a un plan o *diseño* en la naturaleza, Darwin pareció desconcertado por las críticas que sugerían que la evolución podía ser incluso *más aleatoria* de lo supuesto por él. Por ello, como se indicó anteriormente, a partir de la tercera edición de *El origen* la selección natural pasó a ser sólo un mecanismo entre otros para explicar la evolución. En la década de los sesenta del siglo XX, con los nuevos hallazgos relativos a la enorme variabilidad genética en las poblaciones naturales, volvió a surgir una *escuela neutralista*. Los investigadores J. L. King y, sobre todo, Motoo Kimura,[30] mantuvieron que, si la evolución no se asemejaba a un viaje planeado de antemano, con un destino previsto, sí podría parecerse a un *paseo al azar* —una vuelta dada en una u otra dirección, sin otro motivo concreto que las contingencias de su historia—. La *casualidad* (el azar, la contingencia) y la selección configuran los organismos, pero ¿en qué proporciones? El debate sigue abierto para inspirar nuevos proyectos de investigación.

El paleontólogo Stephen Jay Gould, en su último trabajo sobre Darwin y el darwinismo,[31] cita sus propias reflexiones e investigaciones sobre el carácter inicialmente ex-aptativo de muchos de los caracteres que aparecen por azar en una población actual o fósil. Gould contrapone la metáfora *direccionalista* (mejor que *progresionista*) ya que la dirección del cambio biológico puede ser regresiva siguiendo la conceptualización de Darwin para el que la palabra *evolución* no significaba necesariamente cambio a mejor. Al hablar de *evolución* los biólogos y los paleontólogos quieren decir que, con el paso del tiempo, el cambio de las frecuencias génicas de las poblaciones produce nuevas especies a lo largo de generaciones. Charles R. Darwin denominó a este fenómeno *descendencia con modificación*, un proceso lento que suele actuar a lo largo de millones de años. Por ello, Darwin evitó nombrar la palabra *evolución* en la primera edición del *Origen de las especies* (1859) y hasta la sexta edición no la usa, tal como se ha citado más arriba.

El segundo de los modelos que pueden plantearse en la interpretación del proceso evolutivo se establece sobre la antítesis de si la evolución tiene o no tiene un *motor* del cambio orgánico.

Muchos paleontólogos y neontólogos se preguntan, a partir de sus investigaciones de campo o de laboratorio, si existe algún *motor* (como principio de movimiento) en el proceso de evolución biológica. ¿Cómo interaccionan los elementos vivos con los elementos no vivos de la naturaleza? ¿Quién cambia a quién? ¿Cuál es el producto de esa interacción? El cambio biológico irreversible, la evolución biológica, ¿está movida por los cambios en las condiciones del medio? Volvemos a encontrar aquí las tendencias que hemos llamado *ambientalista* (A). Por el contrario, algunos autores han querido ver el motor de la evolución en una potencia interior de los seres vivos, en la capacidad de cambio biológico independiente de las condiciones ambientales. Son las posturas *internalistas* (I) ya citadas.

El debate entre *internalistas* y *ambientalistas* está ya presente en la historia de las ciencias de la vida desde los tiempos pre-evolucionistas. En esa época (a finales del siglo XVIII y en los inicios del siglo XIX), el debate científico se focalizaba en la importancia que para los seres vivos podían tener los cambios geológicos. Siendo enemigos de cualquier tipo de cambio evolutivo irreversible, pero desde perspectivas muy diferentes, Buckland (que creía en la existencia de catástrofes naturales periódicas) y Charles Lyell (que defendía que los cambios geológicos son muy lentos, graduales y continuos), coincidían en admitir que el medio ambiente físico proporcionaba el ímpetu primero para el cambio orgánico. Por otra parte, el paleontólogo suizo Louis Agassiz (1807-1873) (figura 4) defendía vigorosamente en 1857 (*Métodos de estudio en Historia Natural*) que la vida a lo largo de los tiempos cambia debido a una *dinámica interna*, nunca por influjo modificante de los cambios en los factores del medio ambiente natural y geológico.

Figura 4. Louis Agassiz

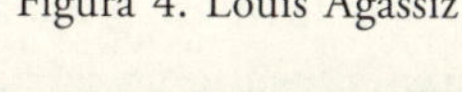

Este debate entre *internalistas* y *ambientalistas* se reproduce de nuevo bajo el paradigma de la geología evolucionista, aunque situado en otros marcos diferentes y elaborando metáforas nuevas. Así, los partidarios de una evolución ortogenética[2] regresan a una posición similar a la de Agassiz: independientemente de los cambios del medio, los seres vivos se ven impelidos a evolucionar en una dirección determinada. Por otra parte, los paleontólogos y neontólogos cercanos a las tesis de Darwin (Dollo y Matthew en particular) arguyen que la evolución tiene lugar cuando los cambios en el medio natural pasado o actual ejercen una presión selectiva sobre los seres vivos dando lugar a nuevas adaptaciones. Tal es el caso muy citado de la *Biston betularia* (una polilla con dos formas, blanca y negra).[32]

Más modernamente, en el debate para la construcción social de la nueva paleobiología, el debate se resucita con las tesis de J. W. Valentine[33] de que el medio ambiente externo es el *motor* para todo cambio evolutivo importante.[32] Su ambientalismo radical le lleva a relacionar la tectónica de las placas a lo largo de los tiempos geológicos con la diversificación de los grupos biológicos: a mayor fragmentación de placas, mayor diversidad taxonómica. Por otra parte, la defensa de la dinámica interna de las poblaciones como *motor* del cambio orgánico irreversible es argumentada por Stanley[34] en el sentido de que el potencial de una especie para encontrar nuevos nichos y adaptarse a ellos es prácticamente ilimitado.

En todos estos casos, tan diferentes entre sí, pero coincidentes en el aspecto del *motor* del cambio, nos referiremos siempre a las metáforas de *ambientalismo* (A) e *internalismo* (I).

El tercero de los modelos que pueden plantearse en la interpretación del proceso evolutivo se establece en función del ritmo (*tempo*) del cambio orgánico.

El problema que se plantea aquí es el del ritmo del proceso evolutivo. Para Darwin (siguiendo la metáfora de Lyell) los cambios geológicos y biológicos son siempre lentos, graduales y continuos. ¿Es posible concebir cambios en los ritmos de evolución de las especies? Este es un debate que, presente en los tiempos anteriores a Darwin, ha resurgido en los años terminales del siglo XX y aún sigue vivo y actual. La alternativa a la pregunta sobre el ritmo de los procesos evolutivos se simplifica en las posturas *gradualistas* [que designamos con la letra (G)] y el anglicismo *puntuacionistas* [designados con la letra (P)][10].[3135] En los tiempos preevolucionistas, Charles Lyell[36] fue un gradualista dogmático que defendió siempre a partir de sus propias observaciones geológicas por Europa la exasperante lentitud y continuidad

---

9. La posición de la Ortogénesis fue definida por primera vez por Eimer cuyo pensamiento asociamos con el de Henri Bergson (1859-1941) (que había publicado en 1907 su obra *La Evolución Creadora*). Bergson revela la diferencia entre *tiempo* y *duración* y el *élan vital*, ese flujo sutil que empuja hacia delante y hacia arriba. Bergson es un pensador brillante, opuesto al que considera mecanicismo del neodarwinismo y se acerca a las ideas de Theodor Eimer sobre la *ortogénesis*, la existencia de un *élan vital* que empuja a la vida a avanzar y en algunos de los caracteres morfológicos.

10. La expresión *punctuated equilibria* ha sido traducida al castellano de modo más o menos acertado como equilibrios pautados, equilibrios puntuados, equilibrios interrumpidos a intervalos o equilibrios intermitentes.

de los procesos geológicos.[37,35,38-41] Pero desde el punto de vista biológico, nunca aceptó el hecho de la evolución y abogó por la creación y extinción continua de los organismos, negando toda posibilidad de catástrofes o de extinciones en masa. Sin embargo, en sus últimos escritos se descubre más abierto a la posibilidad de una cierta direccionalidad de los procesos geológicos y biológicos.[37,42] En el cuadro 1 se puede ver un esquema de los modelos propuestos y sus autores más relevantes

Cuadro 1. Síntesis de las metáforas sobre los procesos evolutivos.

Dirección del cambio	Modo del cambio	"Tempo" del cambio	Nombre y Escuela	Frecuencia
Estado estacionario (steady stage) (E)	Ambientalista (A)	Puntuacional (EAP)	D´Arcy Thompson	Raro
		Gradualista (EAG)	Primer Lyell, parte de Darwin, uniformismo estricto. Neutralismos.	Poco común
	Internalista (I)		El último Agassiz	
		Puntuacional (DAP)	Lamarck	
		Gradualista (EAG)		Muy raro
Direccional (D)	Ambientalista (A)	Puntuacional (DAP)	Aukland. Neocatastrofismo.	Muy común
		Gradualista (EAG)	Último Lyell, parte de Darwin	Común
	Internalista (I)	Puntuacional (DAP)	Primer Agassiz, Oken, la mayor parte de la "Naturalpholosophie"	Moderadamente común
		Gradualista (EAG)	Osborn, Ortogénesis	

En la etapa preevolucionista, los catastrofistas se aglutinan en el polo opuesto al gradualista: para ellos, la Tierra fue sometida periódicamente a convulsiones bruscas, violentas y globales que produjeron cambios no solo en la disposición de tierras y mares, montañas y valles, sino también en la desaparición de faunas y floras que, según ellos, eran sustituidas por otras tras una nueva *creación*.[43,44,45] Su postura está más cerca de la postura *puntuacionista* que de las otras.

Si nos aproximamos a la etapa evolucionista (sobre todo bajo el paradigma darwinista) nos reencontramos con el *gradualismo* en el ritmo que propone Darwin para el origen de las especies por la selección natural. Sin embargo, otro evolucionista como d´Arcy Thompson, en *On growth and Form*[46] invoca el espíritu de Pitágoras para justificar la existencia de hitos macromutacionales entre formas teóricas.[47]

Si volvemos nuestros ojos a la moderna paleobiología encontramos las mismas metáforas desde perspectivas diferentes. El debate iniciado en 1972 por los paleontólogos Eldredge y Gould[48] (figura 5) en torno al equilibrio intermitente de las especies, lejos de estar resuelto sigue vivo dentro de la comunidad científica. Su postura se enfrenta a los detractores como Gingerich.[49] Para los primeros, las discontinuidades que se encuentran en el registro fósil no pueden interpretarse siempre (como hace Charles Darwin) acudiendo a falta de sedimentación o falta de fosilización de las *formas puente* o eslabones perdidos. En muchos casos (como han postulado Eldredge y Gould desde 1972) se trata de auténticos *saltos* evolutivos, intermitentes en el registro geológico y que se repiten periódicamente a lo largo de un linaje fósil de evolución lenta.

Figura 5. Stephen J. Gould

Ocho metáforas significativas de ocho tipos de evolución diferente

Si Juan Pablo II aludía en su discurso a la Pontificia Academia de Ciencias a «la diversidad de las explicaciones que se han propuesto con respecto al mecanismo de la evolución», y a «las diversas filosofías a las que se refiere», nos encontramos en nuestro recorrido histórico por las teorías evolutivas con ocho metáforas diferentes que se corresponden con ocho tipos de evolución diferente. Pasaremos revista breve a las mismas aludiendo a su código correspondiente:

EAP (estado estacionario + ambientalismo + puntuacionismo). Tal vez el autor más significativo es d'Arcy Thompson. Postulaba en 1917 que las fuerzas físicas moldean la forma de los organismos directamente (defiende pues un ambientalismo radical). No reconoce que puedan existir formas intermedias entre los diversos modelos. Las transiciones entre formas se deben a macromutaciones (una variedad de puntuacionismo procedente de Goldsmidt).[50] Al ser las fuerzas físicas del medio las que moldean la forma de los organismos, éstos no varían irreversiblemente a lo largo de los tiempos geológicos, y por ello el desarrollo histórico de la vida no tiene ninguna direccionalidad (nos encontramos en un estado estacionario —E—). Esta postura es raramente seguida por los modernos teóricos de las teorías evolutivas.

EAG (estado estacionario + ambientalismo + gradualismo). Esta metáfora expresa bien la postura del *uniformitarismo estricto*, mantenida por Charles Lyell en su etapa más significativa (la de los *Principles of Geology*, —1830-1834—, y por Darwin en una parte de sus ideas en la primera edición de *El origen de las especies* —1859—. Darwin evita la palabra *evolución* porque tiene resonancias de progresionismo y prefiere hablar de cambio *orgánico*. Para ambos, en esta etapa, no hay un aumento de complejidad y diversidad de la vida a lo largo de los tiempos geológicos (estado estacionario). Lyell y Darwin postulan que los cambios climáticos y geológicos han regulado los procesos de extinción de especies; y para Darwin (no para Lyell) la selección de los menos dotados para sobrevivir da lugar a la supervivencia de los más aptos y, consiguientemente, a lo largo de muchas generaciones, a nuevas formas que no son fecundas con otras y que por ello se consideran nuevas especies. Por otra parte, estos procesos son muy lentos, graduales y continuos permaneciendo imperceptibles para el observador externo. Lyell nunca abandonó su postura ambientalista (A) y gradualista (G), pero la evidencia acumulativa de la dirección de la historia de los vertebrados le hizo flexibilizar su postura, aunque, pese a su amistad y admiración por Darwin, nunca se produjo su conversión al evolucionismo biológico. Darwin, sin embargo, nunca tuvo dudas respecto a (A) y (G), pero tuvo una actitud ambigua respecto a la antítesis direccionalidad (D) frente al estado estacionario (E). Arguyó con vigor que nada en su teoría de la selección natural le permitía creer en el progreso inherente o direccionalidad, pues la selección natural se refiere solo a la adaptación en un medio ambiente local. Solo a partir de sus trabajos sobre *El origen del hombre*,[51] publicado en 1871 parece referirse a una cierta direccionalidad. En estos últimos años, que se ha comentado más arriba, los diversos tipos de *neutralismo* (Kimura) están haciendo emerger de nuevo, pero reelaborado, esta metáfora evolutiva.

EIP (estado estacionario + internalismo + puntuacionismo). Son pocos los autores que defienden esta combinación de factores. El paleontólogo Louis Agassiz, en su última época, permaneció fiel a la idea de los *saltos* en la naturaleza (hablaba de los glaciares como «el gran arado de Dios») y defendía la independencia de las formas vivas nuevamente creadas tras una catástrofe respecto a los factores del medio externo. Sin embargo, si en sus primeros trabajos fue direccionalista (D), en sus trabajos de madurez, después de la lectura crítica de *El origen de las especies* de Darwin, llegó a pensar que la complejidad de la vida no ha variado desde la explosión de la vida en el Fanerozoico, al inicio de la era Primaria, lo que le situaba en una perspectiva estacionaria (E). Es una postura rara en la historia del pensamiento evolucionista.

EIG (estado estacionario + internalismo + gradualismo. Esta metáfora expresa muy acertadamente la postura de Jean-Baptiste Lamarck (1744-1829).[52-54] El colega disidente del gran Georges Cuvier. Parte de la hipótesis del *sentiment intérieur*, la fuerza que desde dentro de los organismos tiende gradual e incesantemente a complicar la organización biológica de los órganos. Es, por ello, internalista (I) y gradualista (G). Pero su concepción biológica (generación espontánea continua, seguida de transformación de los órganos por uso y desuso) hace de Lamarck un antidireccionalista, pues continuamente se produce una recreación. También es una postura rara en la historia del pensamiento evolucionista, pese al resurgir de los neolamarckismos.

DAP (direccionalismo + ambientalismo + puntuacionismo. Esta es la combinación que caracteriza bien la metáfora del catastrofismo del siglo XIX, postura bastante repetida en la historia del pensamiento biológico y geológico. El gran antagonista de Lyell, William Buckland,[55-57] (figura 6) es un buen ejemplo de esta postura. Para éste, a cada nueva creación sigue una rápida extinción en masa (P), y aparecen grupos de seres vivos más perfectos que los anteriores (D) que se adaptan a nuevas condiciones ambientales (A). Las metáforas neocatastrofistas, reelaboradas a partir de los trabajos ya citados de Eldredge y Gould, están revolucionando las metáforas evolutivas.[58]

11. William Buckland (1784-1856), geólogo y teólogo inglés. Deán de la Catedral de Oxford, fue el primer profesor de geología de esa Universidad y partidario del catastrofista neptunista: todo proviene de las aguas del mar. Postulaba la existencia de un período intermedio (Preadámico) entre la Creación divina originaria de los cielos y tierras y el primero día del Génesis. Buckland pensaba que durante ese período Preadámico habrían tenido lugar los cambios geológicos catastróficos principales, tal como sugerían A. G. Werner y G. Cuvier. Las ideas más "seculares" de Lyell chocaron frontalmente con la teología geológica de Buckand. Su obra más conocida, *Reliquiae Diluvianae* fue muy estimada por muchos geólogos de su tiempo.

Figura 6. William Buckland

DAG (direccionismo + ambientalismo + gradualismo). Como se ha citado, en sus últimos días, Lyell pudo admitir la evidencia empírica de un cierto progresionismo biológico a lo largo de los tiempos geológicos (D). Pero firme en sus planteamientos uniformitaristas, sigue defendiendo el cambio lento y gradual (G) y la influencia del medio ambiente sobre los fenómenos vitales (A). Las ideas de Darwin en la primera edición de *El origen de las especies* coinciden con este planteamiento. ¿Hasta qué punto Lyell cambió su modo de pensar por influjo de Darwin? Es un problema abierto[42] del que en este momento prescindimos. Solo resaltamos aquí que esta metáfora (DAG) tuvo muchos seguidores en su época y todavía hoy los tiene. Modernamente incluimos a Eva Jablonka y Marion Lamb.

DIP (direccionismo + internalismo + puntuacionismo). Otro grupo de geólogos catastrofistas mantienen esta postura sobre el hecho evolutivo, secundando las ideas de William Buckland, que en su tiempo tuvo gran aceptación por el hecho de que estas ideas "encajaban" con los datos bíblicos. Defienden un cambio intermitente (P) de grupos de faunas, así como qué progresionismo dirigido (D) en el orden de aparición de los diversos taxones (no pueden invalidar los datos del registro fósil). Pero no ven la relación entre este cambio y el influjo físico del medio natural. No conceden nada al ambientalismo. Los partidarios del Diluvio Universal bíblico y los multicatastrofistas estaría muy satisfechos en esta postura. El Creador —siguiendo a Louis Agassiz[12]— tiene su propio plan para organizar el cambio y el progreso de las cosas naturales. Por ello, el influjo del medio físico en la dirección del cambio se considera inexistente. Por otra parte, en Alemania, Lorenz Oken (1843-1898), un genuino impulsor de la *Naturphilosophie* —una combinación de idealismo platónico y búsqueda de la pureza estética— defiende con ardor que la mente de Dios dirige el proceso de cambio desde el cero inicial hasta llegar al ser humano a lo largo de unas premeditadas catástrofes reconstructoras.

DIG (direccionismo + internalismo + gradualismo). La mayor parte de los ortogeneticistas del siglo XIX defendían un proceso de la evolución entendido como una ascensión lenta y gradual (G), que surge de una voluntad interna para cambiar (el *élan vital* de Bergson) y que conduce a una mayor complejidad (D). En el ambiente cultural francés estas ideas están muy presentes y hay un exponente en la filosofía oculta de Teilhard de Chardin, como indica Makinistian (págs. 211-230).[59] Sobre Teilhard influye el pensamiento de Henri Bergson (1859-1941), que le revela la diferencia entre *tiempo* y *duración* y el *élan vital,* ese flujo sutil que empuja hacia delante y hacia arriba. Bergson es un pensador brillante, opuesto al que considera mecanicismo del neodarwinismo y se acerca a las ideas de Theodor Eimer[13] sobre la *ortogénesis,* la existencia de un *élan vital* que empuja a la vida a avanzar y en algunos de los caracteres morfológicos. De alguna manera, se recupera la tradición de la biología francesa (con Buffon y el inicio del progresionismo degeneracionista; Cuvier, y las revoluciones del Globo; Lamarck, y el transformismo total; y Saint Hilaire, con el *plan de constitución* que se va desarrollando históricamente a lo largo de la evolución). Según apunta la Dra. Yvette Conry[60] el peso de las ideas biológicas y paleontológicas en Francia y su dependencia de Alemania, hicieron muy impermeable a la ciencia francesa a las ideas del evolucionismo darwinista. Siempre hubo un pensamiento fuertemente finalista y ortogeneticista. De alguna manera, Teilhard participa de esas ideas finalistas que le son muy útiles para su visión místico-teológica de un mundo que avanza hacia el punto omega, la recapitulación de todo en Cristo. En el mundo anglosajón, defiende posturas DIG el paleontólogo Henry Fairfield Osborn (1857-1935). Hoy es una postura muy extendida frente al gradualismo de Simpson y Dobzhanski (la nueva síntesis) destacan S.J. Gould, N. Eldredge o Richard Lewontin. Henry Fairfiled Osborn (1857-1935), fue presidente del Museo Americano de Historia Natural es conocido por sus estudios sobre la evolución de los caballos y de los elefantes en EEUU. Como defensor de

12. Jean Louis Adolphe Agassiz (1807-1873). Naturalista suizo afincado en Estados Unidos. Estuvo muy influenciado por las ideas de Cuvier. En 1846 marcha a EEUU donde preparó su obra magna, *Contributions to the Natural History of the United Status,* publicada a partir de 1855. De los diez volúmenes previstos solo vieron la luz cuatro de ellos. Fue siempre un combativo antievolucionista.

13. Theodor Eimer (1843-1898), zoólogo alemán. Enunció la que llamó "ley de la ortogénesis", para describir la evolución de los seres vivos en la dirección de aventurar progresivamente, a lo largo de varias generaciones, un determinado carácter morfológico por un proceso internalista.

la evolución, defendió la llamada Aristogénesis: creía que el proceso de evolución estaba impulsado por una minoría de seres superiores que aparecían y cumplían una función de empuje hacia adelante. Esta teoría la aplicó también a los grupos humanos sin dudar nunca de que él mismo y su círculo eran los productos más sublimes de la evolución y estaban llamados a crear una nueva sociedad. Su teoría de la Aristogénesis llevó a Osborn a desautorizar la ascendencia «simiesca» del ser humano. En vez del hombre-simio de Darwin, postulaba que había existido una línea aparte, la del «hombre auroral» que nunca había vivido en las selvas.[61]

Conclusión

Durante más de veinticuatro siglos, el pensamiento biológico dominante (debido a la herencia de Aristóteles y los aristotélicos) fue denominada *fijista*. Para estos *filósofos naturales* las llamadas *especies* animales y vegetales proceden unas de otras a lo largo de los tiempos por un proceso de *generación*, por el que los hijos se parecen a sus padres.

Después del tiempo recorrido por las teorías evolucionistas y, más concretamente por la teoría de la evolución de Darwin mediante selección natural, podemos citar nuevamente la reciente publicación de Gefaell y otros (pág. 2),[3] en la que se consensua una definición de lo que se entiende por evolución: «La evolución representa una teoría madura y bien establecida que puede explicar cómo los organismos evolucionan y se diferencian del último ancestro común universal (generalmente conocido como LUCA)» (pág. 2, traducido).

En este sentido en el que se concibe el proceso evolutivo, es muy relevante la enseñanza de la teoría evolutiva en los distintos niveles educativos, y a ello han contribuido quienes se ubican en el marco de la Didáctica de las ciencias —en el sentido europeo del área—.

Conectando con las reflexiones de este capítulo, algunas de las conclusiones que podemos establecer sobre la teoría evolutiva y su enseñanza y con las que cerramos el texto, pueden ser las siguientes:

El conocimiento, la aceptación y la transmisión en entornos educativos de la teoría de la evolución, no es nada fácil. Es un concepto difícil de incorporar a las representaciones mentales del mundo que las jóvenes generaciones ofrecen.

Una de las razones de la dificultad estriba en que la asimilación de una cosmovisión evolutiva del mundo se basa en que no se ha tratado interdisciplinarmente. Aceptar la evolución implica previamente que en el mapa conceptual de nuestra mente se han impreso determinados conceptos estructurantes[14], como son los de

---

14. En los años noventa del siglo XX, el «Equipo Terra» de didáctica de las Ciencias (del que formé parte) adoptamos este modelo que consideramos de gran poder explicativo. Atribuimos la noción de

cambio, irreversibilidad, tiempo geológico, sistema, complejidad, incertidumbre, emergente, enigmático, contingente. Conceptos con alto nivel de abstracción que no son fáciles de manejar y que creemos previos (o al menos paralelos) a la comprensión de la evolución.

El problema que se presenta a los profesores y educadores es este: ¿Cómo construir mentalmente la imagen de un universo enigmático, contingente, complejo, dinámico, con propiedades emergentes? ¿Un universo, en definitiva, evolutivo?

De aquí la necesidad de elaborar un proyecto curricular que incluya una relación de conceptos estructurantes en torno a los cuales *cristalizan* otros conceptos auxiliares. Pero hay más: es necesario elaborar materiales en los que se secuencian temporalmente los diversos conceptos y presentar herramientas de evaluación que puedan medir hasta qué punto ha sido posible *construir* mentalmente esta secuencia de conceptos que son complejos.

Hay una falta de consenso en el campo sobre los principales determinantes de la aceptación de la evolución. Para algunos autores, los obstáculos para aceptar la teoría evolutiva muestran particularidades que difieren de las relacionadas con otras teorías científicas bien establecidas. Estos aspectos se han atribuido al hecho de que ciertas visiones religiosas intransigentes chocan con las visiones evolutivas, junto con la variación en la religiosidad observada entre países o incluso grupos sociales dentro de un país determinado.[3]

Pero no solo existe la dificultad intrínseca del aprendizaje del concepto de *evolución* en el contexto interdisciplinar citado. Hay otros factores que dificultan el conocimiento y aceptación de la evolución: Sin embargo, —prosigue el trabajo citado— estudios empíricos generalmente han encontrado tres factores principales que determinan la aceptación de la evolución: la religiosidad, la comprensión de la evolución y la comprensión de la naturaleza de la ciencia (NOS), y el miedo a aceptar la inseguridad del cambio.[3]

En conclusión, un problema complejo como el de la enseñanza y aceptación de la teoría evolutiva, es muy probablemente multifactorial mientras que, al mismo tiempo, los diferentes factores involucrados pueden presumiblemente estar parcialmente correlacionados. Este es el camino de la teoría evolutiva que aún debe ser recorrido.

---

conceptos estructurantes al Dr. Raúl Gagliardi, quien desarrolló muchos de sus estudios en colaboración con André Giordan, en el Laboratorio de Didáctica y Epistemología de las Ciencias, de la Universidad de Ginebra. Este autor acuña la expresión conceptos estructurantes para referirse a «un concepto cuya construcción transforma el sistema cognitivo, permitiendo adquirir nuevos conocimientos, organizar los datos de otra manera, transformar incluso los conocimientos anteriores»[26]

Bibliografía recomendada

Para las obras completas de Darwin, consultar la página «Darwin online» (http://darwin-online.org.uk).

Para la problemática de encuentro y desencuentro entre la Evolución y la Teología, puede consultarse:

Lacadena, J-R., *Fe y Biología.* (Editorial PPC Madrid, 2001), Colección Cruce, nº 4, 129 pág.

Miller, K. B. (edit.) *Perspectivas on an Evolving Creation.* Eermann Publishing Co., Michigan, 2003, 526 pág.

Moscoso, Javier, *Materialismo y religión. Ciencias de la vida en la Europa ilustrada.* (Ediciones del Serbal, Barcelona, 2000), Colección «La estrella polar», 187 pág.

Ruse, M., *Darwin and Design. Does evolution a purpose?* Harvard University Press, Cambridge, Mass., 2003, 371 pp.

Ruse, M., *The evolution- Creation Struggle.* Harvard University Press, Cambridge, Mass., 2005, 327 pág.

Schmitz-Moormann, K., *Teología de la creación en un mundo en Evolución.* Editorial Verbo Divino, Estella, 2005, 295 pág.

Para las controversias entre catastrofismo y gradualismo, pueden consultarse:

Ellenberger, F. *Histoire de la Géologie.* Vol. II, Edit. Lavoisier, Paris, 1994, 381 pág.

Gould, S. J., "Eternal metaphors in palaeontology". En: Hallam, A., editor, *Patterns of Evolution.* Amsterdam, Elsevier Sciences Publications Co, 1977, pág. 1-26.

Gould, S. J., *La estructura de la Teoría de la Evolución.* Barcelona, Tusquets, colección Metatemas, 2004, 1426 pág.

Milner, R., *Diccionario de la Evolución. La Humanidad a la búsqueda de sus orígenes.* Prólogo de S. J. Gould. Barcelona, Bibliograf S. A. 1995, 685 pág.

Para las propuestas de S. J. Gould, véanse referencias como las siguientes:

Sequeiros, L. "Charles Lyell, entre la ciencia y la Biblia". *Proyección*, Granada, 185 (1997), 127-138.

Sequeiros, L., Pedrinaci, E., Berjillos, P. y Garcia de la Torre, E. "El bicentenario de Charles Lyell (1797-1875): consideraciones didácticas para Educación Secundaria". *Enseñanza de las Ciencias de la Tierra, AEPECT*, 5.1 (1997), 21-31.

Young, D., *El descubrimiento de la Evolución.* Barcelona, Ediciones del Serbal, 1998, Colección "La estrella Polar", 294 pág.

Otra bibliografía de interés se incluye a continuación:

Barnes, M. E, Dunlop, H. M, Holt, E. A, Zheng, Y., Brownell, S.E. (2019). Different evolution acceptance instruments lead to different research findings. Evo Edu Outreach. 2019;12: 4.

Bowler, P. J. Evolution: The History of an Idea. 3rd ed. Berkeley: University of California Press; 2003.

Buss, D. M. Evolutionary Psychology. 5th ed. London: Routledge; 2015.

Coyne, J. A. Why evolution is true. New York: Viking Books; 2009.

Dennet, D. C. Darwin's dangerous idea: Evolution and the meanings of life. New York: Simon & Schuster, 1995.

Dobzhansky, T. Nothing in biology makes sense except in the light of evolution. Am Biology Teach. 1973;35: 125–129.

Dubochet, J. Why is it so difficult to accept Darwin's theory of evolution? Bioessays. 2011;33: 240–242. pmid:21254153

Dunk, R. D, Petto, A. J., Wiles, J. R., Campbell, B. C. A multifactorial analysis of acceptance of evolution. Evo Edu Outreach. 2017;10: 4.

Dupré, J. Darwin's legacy: What evolution means today. Oxford: Oxford University Press; 2005.

Dupré, J. What the theory of evolution can't tell us. Crit Q. 2000;42: 18–34.

Glaze, A. L, Goldston M. J, Dantzler, J. Evolution in the southeastern USA: factors influencing acceptance and rejection in pre-service science teachers. Int J Sci Math Educ. 2014;13: 1189–1209.

Hawley, P. H., Short, S.D., McCune, L. A., Osman, M. R., Little, T. D. What's the matter with Kansas? The development and confirmation of the Evolutionary Attitudes and Literacy Survey (EALS). Evo Edu Outreach. 2011;4: 117–132.

Heddy, B.C., Nadelson, L. S. A global perspective of the variables associated with acceptance of evolution. Evo Edu Outreach. 2012;6: 3.

Hull, D. L. Darwin and his critics: The reception of Darwin's theory of evolution by the scientific community. Chicago: The University of Chicago Press; 1983.

Kelemen, D. Teleological minds: How natural intuition about agency and purpose influence learning about evolution. In: Rosengreen KS, Brem SK, Evans EM, Sinatra GM, editors. Evolution challenges. Oxford: Oxford University Press; 2012. pp. 66–92.

McComas, W. F. Understanding how science works: The nature of science as the foundation for science teaching and learning. Sch Sci Rev. 2017;98: 71–76.

Mead, L. S., Kohn, C., Warwick, A., Schwartz, K. Applying measurement standards to evolution education assessment instruments. Evo Edu Outreach. 2019;12: 5.

Mead, R, Hejmadi, M., Hurst, L. D. Scientific aptitude better explains poor responses to teaching of evolution than psychological conflicts. Nat Ecol Evol. 2018;2: 388–394. pmid:29311699

Metzger, K. J., Motplaisir, D., Haines, D., Nickodem, D. K. Investigating undergraduate health sciences students' acceptance of evolution using MATE and GAENE. Evo Edu Outreach. 2018;11: 10.

Miller, J. D, Scott, E. C, Okamoto, S. Public acceptance of evolution. Science. 2006;313: 765–766. pmid:16902112

Nadelson, L. S., Southerland, S. A. Examining the interaction of acceptance and understanding: How does the relationship change with a focus on macroevolution? Evo Edu Outreach. 2012;3: 82–88.

Pearce, B.K.D, Tupper, A. S, Pudritz, R. E, Higgs, P.G. Constraining the time interval for the origin of life on earth. Astrobiology. 2018;18: 1–22.

Perlman, R. L (2013). Evolution and Medicine. Oxford: Oxford University Press; 2013.

Rissler, L. J, Duncan, S. I, Caruso, N. M. The relative importance of religion and education on the university's students views of evolution in the Deep South and state science standards across the United States. Evo Edu Outreach. 2014;7: 24.

ROMINE, W. L., WALTER, E. M., BOSSE, E., TODD, A. N. Understanding patterns of evolution acceptance–a new implementation of the Measure of Acceptance of the Theory of Evolution (MATE) with Midwestern university students. J Res Sci Teach. 2017;54: 642–671.

ROMINE. W. L, TODD, A. N, WALTER, E. M. A closer look at the items within three measures of evolution acceptance: analysis of the MATE, I-SEA, and GAENE as a single corpus of items. Evo Edu Outreach. 2018;11: 17.

ROSENBERG, A. Darwinism in philosophy, social science and policy. Cambridge: Cambridge University Press; 2000.

RUSE, M. Taking Darwin seriously: A naturalistic approach to philosophy. Oxford: Basil Blackwell; 1985.

RUTLEDGE, M. L, SADLER, K. C. University students' acceptance of biological theories—Is evolution really different? J Coll Sci Teach. 2011;41: 38–43.

RUTLEDGE. M. L., WARDEN, M. A. The development and validation of the measure of acceptance of the theory of evolution instrument. Sch Sci Math. 1999;99: 13–8.

SINGER, P. A. Darwinian left: Politics, evolution and cooperation. London: Weidenfeld & Nicholson; 1999.

SMITH, M. U., SNYDER, S. W., DEVERAUX, R. S. The GAENE—Generalized Acceptance of EvolutioN Evaluation: Development of a new measure of Evolution acceptance. J Res Sci Teach. 2016;53: 1289–1315.

STAMOS, D. N. (2008). Evolution and the Big Questions: Sex, Race, Religion, and Other Matters. Hoboken, NJ: Wiley-Blackwell.

WILLIAMS, G. C., NESSE, R. M. The dawn of darwinian medicine. Q Rev Biol. 1991;66: 1–22. pmid:2052670

REFERENCIAS

1. Darnton, J. *El secreto de Darwin*. (Planeta, 2006).

2. Gonzáles, F. ¿Qué es un Paradigma? Análisis Teórico, Conceptual y Psicolingüístico del término. *Investigación y postgrado* (2005).

3. Gefaell, J. *et al.* Acceptance and knowledge of evolutionary theory among third-year university students in Spain. *PLoS One* **15**, e0238345 (2020).

4. Sequeiros, L. *La evolución biológica: historia y textos de un debate.* (Universidad de Zaragoza. Secretariado de Publicaciones, 1986).

5. Sequeiros, L. *Evolución de las teorías de la evolución:(1859-1986).* (Seminario de Paleontología, 1990).

6. Sequeiros, L. De la Evolución y el Medio Ambiente: La visión de un paleontólogo. in *El estado del Medio Ambiente en Andalucía* (eds. Domínguez, E., Navarro, M. & González Barrios, A. J.) (ENRESA, 1991).

7. Vázquez, J. Evolution vs. Creationism: An Introduction Eugenie C. Scott. *Am Biol Teach* **71**, (2009).

8. Templado, J. *Historia de las teorías evolucionistas, Alhambra, Madrid, 1974.* (Reimp, 1982).

9. Taton, R. *Historia general de las ciencias.* (Destino, 1973).

10. Giordan, A., Host, V., Tesi, D. & Gagliardi, R. *Conceptos de Biología 2. La Teoría Celular. La Fecundación. Los Cromosomas y los Genes. La Evolución.* (1987).

11. Glacken, C. J. Huellas en la playa de rodas. Naturaleza y cultura en el pensamiento occidental, desde la antigüedad al siglo XVIII. (1996).

12. González Bueno, A. *El príncipe de los botánicos: Linneo.* (Nivola, 2001).

13. Blunt, W. El naturalista: vida, obra y viajes de Carl von Linné (1707-1778). (1982).

14. Sequeiros San Román, L. La extinción de las especies biológicas: implicaciones didácticas. *Alambique: didáctica de las ciencias experimentales* (1996).

15. Sequeiros, L. Teología y Ciencias Naturales: las ideas sobre el Diluvio Universal y la extinción de las especies biológicas hasta el siglo XVIII. *Archivo Teológico Granadino* **63**, (2000).

16. Sequeiros, L. *La extinción de las especies biológicas. Construcción de un paradigma científico. Discurso de Ingreso en la Academia de Ciencias de Zaragoza.* vol. 21 (Academia de Ciencias de Zaragoza, 2000).

17. Kuhn, T. S. *La estructura de las revoluciones científicas, 4ª Edición.* (Fondo de Cultura Económica, 2013).

18. Sequeiros, L. Cosmovisiones científicas o macroparadigmas: Su impacto en la enseñanza de las Ciencias de la Tierra, Las. *Enseñanza de las Ciencias de la Tierra* **10**, 17–25 (2002).

19. San Román, L. La 'biología' cumple dos siglos: pervivencia de las ideas de Lamarck. *Proyección: Teología y mundo actual* **201**, 121–140 (2001).

20. Sequeiros, L. *¿Puede un cristiano ser evolucionista? El conflicto hoy entre darwinismo y religión.* vol. 22 (PPC EDITORIAL, 2010).

21. la Torre, E., Pedrinaci, E. & Román, L. Tectónica de placas y evolución biológica: construcción de un paradigma e implicaciones didácticas. *Enseñanza de las ciencias de la tierra* **3**, 14–22 (1995).

22. Sequeiros, L. *La extinción de las especies biológicas. Elaboración histórica de un paradigma científico.* (Bubok, 2023).

23. Yus, R. & Sequeiros, L. Los cambios en los sistemas biológicos. in *Educación Secundaria. Ciencias de la Naturaleza* (ed. Hierrezuelo, J.) (Edelvives, 1995).

24. European commission. Education and Training. *Key Competences for Lifelong Learning.* (Publications Office of the European Union, 2019).

25. *Recomendación del Consejo de 22 de mayo de 2018 relativa a las competencias clave para el aprendizaje permanente (Texto pertinente a efectos del EEE). Diario Oficial de la Unión Europea, C 189/2, 4/6/2018* (2018).

26. Gagliardi, R. Los conceptos estructurales en el aprendizaje por investigación. *Enseñanza de las Ciencias. Revista de investigación y experiencias didácticas* **4**, 30–35 (1986).

27. Kuhn, T. S. *The structure of scientific revolutions.* (University of Chicago Press, 1962).

28. L, V. V. A new evolutionary law. *Evol Theor* **30**, (1973).

29. Huxley, J. The three types of evolutionary process. *Nature* **180**, (1957).

30. Kimura, M. Evolutionary rate at the molecular level. *Nature* **217**, (1968).

31. Gould, S. J. *La estructura de la Teoría de la Evolución.* vol. 82 (Tusquest, 2004).

32. Ayala, F. J. & Valentine, J. W. *La evolución en acción.* (Alhambra Logman, 1983).

33. Valentine, J. W. The macroevolution of clade shape. in *Causes of Evolution: a Palaeontological perspective* (eds. Ross, R. M. & Allon, W. D.) 128–150 (University of Chicago Press, 2000).

34. Stanley, S. M. *El nuevo cómputo de la evolución. Fósiles, genes y origen de las especies.* (Solo XXI, 1986).

35. Sequeiros, L. La Evolución biológica ¿problema resuelto? *Razón y Fe* **186**, 368–373 (1980).

36. Lyell, C. *Principles of Geology: Being an Attempt to Explain the Former Changes of the Earth's Surface, by Reference to Causes Now in Operation.* vol. I (John Murray, 1830).

37. Cabezas, E. *La Tierra, un debate interminable.* (Prensas de la universidad de Zaragoza, 2002).

38. Sequeiros, L. Paleontología, Catástrofes y Extinciones en masa. *Razón y Fe* **221**, 54–62 (1990).

39. Sequeiros, L. Evolucionismo y creacionismo: la polémica continúa. Evolucionismo y creacionismo: la polémica continúa. *Razón y Fe* **212**, 89–95 (1987).

40. Sequeiros, L. Catastrofismo y extinción de las especies. *Razón y Fe* **213**, 86–92 (1986).

41. Sequeiros, L. La Evolución Biológica en Crisis. *Razón y Fe* **204 (1003)**, 586–593 (1981).

42. Gould, S. J. *La flecha del tiempo.* (Alianza Universidad, 1992).

43. Sequeiros, L. La creación divina, la evolución biológica y el Diluvio Universal. Contribuciones de los jesuitas Jose de Acosta (1540-1600) y Athanasius Kircher (1601-1680). *Revista Aragonesa de Teologia* **21**, 49–57 (2003).

44. Sequeiros, L. Teología y Ciencias Naturales: las ideas sobre el Diluvio Universal y la extinción de las especies biológicas hasta el siglo XVIII. *Archivo Teológico Granadino* **63**, 91–160 (2000).

45. Hooykaas, R. The principle of Uniformity in Geology. in *Patterns in Paleobiogeography* (eds. Leyden, E. & Brill, J.) (Elsevir, 1963).

46. Thomson, D. W. *On Growth and Form.* (Cambridge University Press, 1917).

47. Gould, S. J. D´Arcy Thompson and the science of form. *New Lit Hist* **2**, 229–258 (1971).

48. Eldredge, N. & Gould, S. J. Punctuated equilibria: an alternative to phyletic gradualism. *Models in paleobiology* **82**, (1972).

49. Gingerich, P. D. Paleontology and phylogeny; patterns of evolution at the species level in early Tertiary mammals. *Am J Sci* **276**, (1976).

50. Goldschmidt, R. *The Material Basis of Evolution. Science Education* (Yale University Press, 1940). doi:10.1002/sce.3730240740.

51. Darwin, C. R. *The descent of man and selection in relation to sex.* (John Murray, 1871).

52. Sequeiros, L. *La extinción de las especies biológicas. Elaboración histórica de un paradigma científico.* (Bubok Publicaciones, 2010).

53. Sequeiros, L. La 'biología' cumple dos siglos: pervivencia de las ideas de Lamarck. *Proyección* **201**, 121–140 (2001).

54. Sequeiros, L. *La extinción de las especies biológicas. Construcción de un paradigma científico.* (Academia de Ciencias de Zaragoza, 2002).

55. Sequeiros, L., Pedrinaci, E., Berjillos, P. & García, E. El bicentenario de charles Lyell (1797-1875). consideraciones didácticas para educación secundaria. *Enseñanza de las Ciencias de la Tierra* **5**, 25–31 (1997).

56. Sequeiros, L. Charles Lyell, entre la ciencia y la Biblia. *Proyección* **185**, 127–138 (1997).

57. Ellenberger, F. *Histoire de la Géologie.* vol. II (Lavoisier, 1994).

58. Gould, S. J. Is a new and general theory of evolution emerging? *Paleobiology* **1**, (1980).

59. Makinistian, A. A. *Desarrollo histórico de las ideas y teorías evolucionistas.* (Prensas Universitarias de Zaragoza, 2004).

60. Yvette Conry. *Introduction du darwinisme in France* . (PUF, 1972).

61. Sequeiros, L. 'El sentido de la Evolución' de Georges G. Simpson (1949). Cincuenta años de debates entre biología, filosofía y teología. *Proyección* **193**, 137–154 (1999).

62. Sequeiros, L. El método de los paradigmas de Kuhn interpela a las Ciencias Geológicas: notas para una geología sin dogmas. (1981).

63. Sequeiros, L. Popper y Kuhn: Veinte años después. Reflexión didáctica en el Centenario (1902-2002) del nacimiento de Karl R. Popper. *Enseñanza de las Ciencias de la Tierra* **9**, 2–12 (2001).

64. Sequeiros, L. La última lección de Thomas Kuhn. *Enseñanza de las Ciencias de la Tierra* (1996).

65. Sequeiros, Leandro., Pedrinaci, E., Alvarez, R. M. & Valdivia, J. James Hutton y su Teoría de la Tierra (1795): consideraciones didácticas para educación secundaria. *Enseñanza de las ciencias de la tierra* **5**, (1997).

¿Es necesaria una nueva teoría sintética de la evolución? La visión de la genética

Manuel Ruiz Rejón[1]

En la actualidad nuestras ideas sobre la evolución se enmarcan dentro de la llamada teoría sintética de la evolución (TSE). Esta teoría se enunció en los años 40 y 50 del siglo XX y viene a decir que la evolución es el resultado de la actuación de la selección natural darwiniana sobre las mutaciones que aparecen al azar en los genes mendelianos. Pero desde entonces se ha avanzado mucho en la parcela de la genética, habiéndose puesto de manifiesto que en los genes y los genomas existen algunas características que se podrían considerar fuera del marco de la teoría. En concreto, la teoría de la neutralidad de los genes y la complejidad de los genomas abre la puerta a la actuación de la deriva genética e, incluso, a una tercera fuerza —el impulso molecular— como alternativa a la selección natural como agente de cambio evolutivo. Y otros descubrimientos pueden cambiar las ideas básicas de la TSE y de la biología con respecto a la herencia. Serían los fenómenos de herencia horizontal o la herencia epigenética, aspectos ambos que pueden abrir de nuevo la puerta del lamarckismo en la evolución. Según algunos autores estos avances, y otros procedentes de campos como la paleontología, la ecología, la biología del desarrollo etc., hacen necesaria una nueva teoría sintética. Pero, ¿es realmente necesaria por los avances en genética?

La genética mendeliana como piedra angular de la teoría sintética

La teoría sintética de la evolución está basada, en primer lugar, en las ideas de Darwin explicitadas en su libro *El origen de las especies* publicado en 1859, pero que fue mejorando y ampliando —*evolucionando*, nunca mejor dicho— en sucesivas ediciones hasta la sexta publicada en 1872. En su obra defendía que la evolución de los seres vivos es el resultado de la selección a favor de ciertas variantes existentes en las poblaciones en comparación con otros. Si las primeras variantes, por sus características estructurales o funcionales, en un determinado lugar y tiempo tienen una supervivencia o fertilidad superior que los segundos, y, además, si tales variantes se heredan, todo ello dará lugar a los procesos evolutivos. Pero Darwin no tuvo muy claro cómo aparecen tales variantes y cómo se pueden heredar.

Por ello cuando, a principios del siglo XX, se redescubren los experimentos de Mendel, y se establece que las variantes de los seres vivos aparecen por mutaciones en los genes que se heredan siguiendo unas claras *reglas-leyes*, se comienza a pensar en su significado para la teoría evolutiva de Darwin. De hecho, al principio el mendelismo se contrapone a la teoría de Darwin por cuanto se piensa que la evolución tendría lugar sin necesidad de actuar la selección natural, únicamente por la aparición de variaciones hereditarias que son debidas a mutaciones en algunos genes concretos mendelianos. A esta teoría se le llamó *mutacionismo* y fue la primera confrontación de la genética con la teoría evolutiva de Darwin.

Aquí el problema era que la genética mendeliana, en principio, explicaba solamente cómo aparecen y se transmiten las *grandes* variaciones de los seres vivos, como son las variaciones discontinuas en el color y la forma de los guisantes estudiados por Mendel. Y, aparentemente, no explicaba lo que sucedía en caracteres en los que las variaciones son *pequeñas* y continuas. Pero el asunto se solucionó cuando en las primeras décadas del siglo XX genetistas como Ronald Fisher y otros demostraron que las variaciones *pequeñas* —como las variaciones en el tamaño y peso de plantas y animales— son debidas a la *reunión* de pequeñas variaciones en un conjunto de genes mendelianos —lo que se llamó un poligén— y que tales variaciones también se heredan, y pueden ser sometidos a la actuación de la selección natural determinando muchos procesos evolutivos.

Así las cosas, en los años 40 y 50 confluyeron una serie de científicos procedentes de diversos campos como la paleontología, la zoología, botánica, citología, sistemática, ecología, embriología, genética, etc., entre los que tuvo un papel preponderante el genetista TH Dobzhansky —recuérdese su famoso aforismo *nada tiene sentido en Biología si no es a la luz de la evolución*— y todos ellos establecen la TSE. En dicha teoría, además de muchos datos experimentales y de campo y razonamientos lógico-hipotético-deductivos procedentes de los mencionados campos, se incluía todo un conjunto de razonamientos matemáticos procedentes de un campo de la genética, la genética de poblaciones, que demostraban, con base en la genética mendeliana, cómo podían cambiar a lo largo de las generaciones las frecuencias de los diferentes variantes existentes dentro de los genes, determinando por ello los cambios evolutivos. Así, se proporcionaba una base científica *dura* a la TSE.

En el caso concreto de la genética, además de cómo se controlan genéticamente y cómo se transmiten las variaciones de los seres vivos, existían varias ideas importantes incluidas en la TSE. En primer lugar, que la selección natural es el agente evolutivo que actúa y cambia las variantes genéticos existentes en las poblaciones determinando su posterior herencia la adaptación al medio ambiente. Asimismo, que las mutaciones normalmente originan cambios pequeños en los caracteres de los seres vivos —se dice que la evolución es gradual—. Tampoco se contemplaba la posibilidad de que hubiera fenómenos de herencia *horizontal* por los que los organismos pudieran captar información genética de otros organismos que no fueran sus progenitores. Y mucho menos que pudiera heredarse información genética fuera de los genes, ni que se pudieran producir mutaciones directamente dirigidas a la adaptación de los organismos.[1]

Pero las ciencias, en este caso la genética, adelantan que es una *barbaridad*, y aparentemente al menos algunos descubrimientos de esta ciencia desde que se estableció la TSE podrían poner en duda algunas de estas ideas y, con ello, las posibles bases genéticas de esta teoría.

LA GENÉTICA MOLECULAR ABRE LA PUERTA A LA DERIVA GENÉTICA COMO ALTERNATIVA A LA SELECCIÓN NATURAL

La genética mendeliana, cuando se constituyó la TSE, lo más que llegaba a decir era que los genes eran unas *estructuras* —se pensaba que pudieran ser como las cuentas de un collar— que iban colocados de forma ordenada en los cromosomas de las células de los seres vivos. Pero no se sabía muy bien cómo funcionaban o variaban.

Todos estos enigmas se aclararon cuando, a partir de la segunda mitad del siglo XX, primero se estableció que los genes eran fragmentos de las largas macromoléculas del ácido nucleico ADN que va en los cromosomas. Luego, cuando se aclaró que los genes no intervienen directamente en los caracteres de los seres vivos, sino que a partir de ellos se sintetizaban otras moléculas más pequeñas de otro tipo de ácido nucleico, el ARN, que actuaban como mensajeros para que se pudieran sintetizar un tercer tipo de macromoléculas, las proteínas. Serían ya las proteínas las que, bien por ser estructurales o funcionales, intervienen en los caracteres de los seres vivos. Y, en tercer lugar, cuando se aclaró que las mutaciones de los genes son debidas a cambios en la secuencia de los componentes, los nucleótidos, que forman parte del ADN. Serían estos cambios los que originaron, a su vez, otros cambios en la secuencia de los aminoácidos que forman parte de las proteínas. Por estos cambios en las proteínas cambian sus propiedades estructurales o funcionales, lo que finalmente redunda en cambios en los caracteres que constituyen el fenotipo de los organismos.

Cuando se supo todo esto se comenzó a intentar aclarar la variabilidad genética existente en la naturaleza y cómo se mantiene. Y con los datos que se obtuvieron aplicando la técnica de electroforesis en gel —que era la que disponía entonces para tal objetivo, y que sólo detectaba cambios en los genes que originan cambios en la movilidad electroforética— se supo por primera vez que en los genes que controlan el conjunto de proteínas funcionales que se llaman enzimas —catalizadoras del metabolismo— existía una enorme variabilidad en la naturaleza. En una proporción alta de ellos existían distintas variantes —alelos— que se combinaban en distintos genotipos en homocigosis y heterocigosis.

Este hallazgo suponía un problema a la hora de explicar cómo se mantenía tan enorme variabilidad. Las explicaciones que entonces se tenían eran que la variabilidad genética se mantenía por la actuación de la selección natural a favor de ciertos genotipos homocigotos o heterocigotos en los genes. Esta explicación no tenía problema cuando se pensaba, como entonces, que había poca variabilidad: en los pocos genes variables la mayoría de los individuos serían portadores de los genotipos favorables —homocigotos o heterocigotos—, y sólo algunos serían portadores de genotipos desfavorecidos. Pero, cómo eran pocos, no habría mucha *carga* genética en las poblaciones. Ahora, cuando se supo que muchos genes eran variables había una alta posibilidad de que muchos individuos pudiesen llevar combinaciones desfavorables en muchos genes, con lo que, con esta explicación, la *carga genética* en las poblaciones sería muy alta, de hecho, insoportable.

Así las cosas, el año 1968 un genetista japonés, Motoo Kimura, propuso una hipótesis que ponía en cuestión la actuación de la selección natural sobre dichos genes. Es la teoría de la neutralidad de los genes. Según su hipótesis, en los genes mencionados las distintas variantes son igualmente funcionales y equivalentes frente a la selección natural. Por ello, la enorme variabilidad que en ellos existe sería debida a la aparición de mutaciones que, al ser neutras para la selección, serían barajadas junto con las ya existentes por fluctuaciones aleatorias en el tiempo, lo que se conoce como deriva genética al azar. Dentro de dicha teoría también se consideraba que en tales genes pudieran aparecer mutaciones deletéreas sobre las que actuaría la selección eliminándolas, pero serían minoritarias. Y, sobre todo, a diferencias de las teorías (pan)seleccionistas, también defendía que en estos genes no existirían prácticamente variaciones favorables, es decir, adaptativas.[2]

La teoría neutralista ha tenido continuidad en nuestros días ya con datos de secuencias aminoacídicas de las proteínas y de las nucleotídicas de genes y genomas en general. Pero, sobre todo, ha tenido una consecuencia muy interesante para las teorías evolutivas como es que ha permitido el establecimiento de relojes moleculares en los seres vivos. Y es que, según propone la teoría de Kimura, la fijación de variantes en los genes depende, en primer lugar, de un parámetro que se supone es constante, la tasa de aparición de mutaciones neutras, y, segundo, de la deriva genética acumulativa a lo largo del tiempo de evolución. Siguiendo esta idea se puede estimar el tiempo de divergencia de las especies a partir del número de diferencias genéticas que están fijadas entre ellas. Cuántas más diferencias tengan para un gen o genes dados más tiempo hace que se separaron evolutivamente, y cuántas menos diferencias existan menos tiempo hace que se separaron. Esto permite la construcción de árboles evolutivos de las distintas especies en los que se establece una relación lineal entre el número de diferencias y el tiempo de divergencia. En ellos, su paso a años de divergencia —en miles o millones de años— se puede realizar sabiendo el número de diferencias que presentan dos especies concretas cuya separación evolutiva esté bien datada en el registro fósil.

En esa época también se aplicó este razonamiento para realizar árboles filogenéticos de los seres vivos —en este caso incluyendo también microorganismos— a partir de las variaciones que se observaban al cortar con enzimas un tipo especial de ADN, el ribosómico (véase más adelante). De esta manera, se determinó que dentro del mundo de los procariotas —organismos unicelulares sin núcleo— en realidad existen dos tipos bien diferenciados: las bacterias y las arqueas, algo de mucha importancia evolutiva, incluso para el origen de la vida, y que después se ha confirmado desde distintos puntos de vista.

En conclusión, y en relación con la TSE, se puede decir que el nacimiento de la genética molecular en mitad del siglo XX puso en duda que la selección natural mantuviese la variabilidad genética a nivel molecular en todos los casos, abriéndose la puerta a la deriva genética al azar como agente evolutivo. Pero este sería el primer «encontronazo».

Al final del siglo XX y ya en el siglo XXI se han puesto a punto técnicas que están permitiendo conocer en muchos organismos las secuencias de sus genes y genomas (genómica), y de los ARN (transcriptómica), y proteínas (proteómica), que surgen de ellos. Y dentro de estos campos existen algunos descubrimientos que también pueden poner en cuestión diversos aspectos de la TSE, e incluso aclarar algunos no tratados hasta ahora. A continuación, mencionaremos algunos de los de más importantes.

LA COMPLEJIDAD DE LOS GENOMAS ABRE LA PUERTA A UNA POSIBLE TERCERA FUERZA: EL IMPULSO MOLECULAR

A principios del siglo XX se aceptó la teoría de los genes de Mendel como responsables de los fenómenos hereditarios de los seres vivos. Y posteriormente en mitad del siglo se aceptó dentro de la genética molecular que la *sustancia* de los genes eran las grandes macromoléculas de ADN que van en los cromosomas. Pero inmediatamente se comenzó a ver una inconsistencia que, desde el punto de vista evolutivo, existía con respecto a esta molécula. Era que no existía una correlación entre la cantidad de ADN que existe en los núcleos de los seres vivos con su complejidad evolutiva. Concretamente, se encontraba que había algunos organismos relativamente *sencillos* desde el punto de vista evolutivo, como insectos o reptiles o plantas, que tenían mucho más ADN que otros más complejos, como aves o mamíferos. Era la paradoja del valor C —la cantidad de ADN en picogramos existente en los núcleos—. Esta paradoja se ha aclarado con los estudios genómicos más amplios.

Con dichos estudios se ha comprobado que en los genomas de los seres vivos obviamente se encuentran muchos genes *canónicos* funcionales. Es decir, secuencias de ADN que se transcriben en ARN y que después se traducen en proteínas que intervienen en los caracteres de los organismos. Pero también en los genomas se están encontrando muchas secuencias no *génicas,* cuya función en algunos casos es difícil de precisar. Son los cambios en esta última parcela del material genético los que puede explicar la paradoja del valor C. Y ello, de nuevo, está poniendo en duda la actuación de la selección natural como mecanismo de mantenimiento y barajamiento de muchas de tales secuencias.

Empezando por los propios genes, alrededor de ellos existen diversas zonas que no son transcritas a ARN. Son los promotores, activadores, inhibidores etc. Por otro lado, al principio y al final de los genes e incluso en medio de los genes hay secuencias —los llamados intrones— que se transcriben a ARN, pero que no son traducidas a proteínas. De todas estas zonas fuera de los genes propiamente dichos se piensa que de una forma u otra contribuyen al funcionamiento de los genes, pero de algunos —como los intrones— no se termina de tener total seguridad.

Asimismo, fuera de los genes hay regiones de los genomas como son las regiones intergénicas y, sobre todo, los llamados ADN satélites que no son transcritos a ARN. Los ADN satélites están formados por la repetición en tándem y en diverso grado —desde unas pocas repeticiones hasta cientos o, incluso, miles— de una unidad básica que puede ir desde unos pocos nucleótidos —desde dos a tres hasta cientos— y que al tener por azar una proporción de bases nucleotídicas diferente al resto del genoma se separan como bandas más pequeñas del resto del ADN del genoma en gradientes de centrifugación —de ahí su nombre, *satélites*—.

De las regiones intergénicas se ha dicho que pueden servir como protección para los genes frente a mutaciones que supongan, por ejemplo, perdidas de fragmentos de secuencias nucleotídicas. Es decir, ocurrirían más en las secuencias intergénicas que son más largas. E incluso, recientemente se ha observado que en algunas de estas regiones se pueden originar nuevos genes, desde *cero*. De los ADN satélites que pueden constituir fracciones importantes de los genomas, se ha esgrimido que pueden servir para ayudar a los cromosomas en ciertos momentos —para su división, por ejemplo, en el caso de los centroméricos— o para determinar el tamaño de los núcleos y las células. Pero de ninguna de estas secuencias se acaba de encontrar una función clara.

Luego se está viendo que otra fracción de los genomas está constituida por secuencias nucleotídicas que solo se transcriben a ARN y no se traducen en proteínas. Dentro del campo de la genética molecular ya se conocían algunas de estas secuencias. Son las que sirven para sintetizar los ARN ribosómicos, que forman parte de los ribosomas donde se lleva a cabo la traducción en proteínas de la información que tienen los ARN mensajeros que surgen de los genes. Y las secuencias de ADN que sirven para sintetizar los ARN de transferencia que son los que transportan los aminoácidos a los ribosomas para formar las proteínas sobre las plantillas de los ARN mensajeros. Estas secuencias son obviamente funcionales y son sometidas a la actuación de la selección natural.

Pero también se tenía en las células todo un *pool* de moléculas de ARN —era lo que se llamaba el ARN heterogéneo— que aparentemente no son traducidas a proteínas y cuya posible función no era muy conocida. De hecho, al principio se pensaba que podía ser el resultado, por ejemplo, del procesado y degradación de los ARN mensajeros o procedentes de la transcripción esporádica de regiones intergénicas.

En la actualidad, sin embargo, se está comprobando que muchos de dichos ARN son funcionales. De hecho, en los genomas de los seres vivos cada vez más se están encontrando dos tipos de estos ARN a los que se está asignando función reguladora de la actividad génica al unirse a las regiones reguladores del funcionamiento de los genes. Así, habría multitud de ARN de pequeño tamaño —micro ARN—. y luego habría otras pocas moléculas más grandes de ARN —los ARN largos no codificadores de proteínas— que también pueden tener función reguladora de los genes. Pero no de todos estos ARN se termina de encontrar función.

Finalmente, una fracción importante del ADN no funcional de los genomas está relacionada con los llamados transposones. En estos casos se trata de unas secuencias nucleotídicas en cuyo interior existe información génica para dar proteínas que les permiten amplificarse y extenderse por los genomas, sin intervenir en ninguna otra característica de los organismos. Como estos transposones están presentes en los genomas de virus y bacterias cuando infectan las células eucariotas se pueden insertar en sus genomas, y allí comenzar a amplificarse, aunque perdiendo muchas de sus copias la información para transponerse. Estos transposones completos y sus secuencias relacionadas pueden constituir una fracción importante de los genomas.

Los transposones se consideran como parásitos genómicos que hasta un cierto nivel son tolerados por la maquinaria celular. De todas formas, la transposición esporádica de alguna de estas secuencias puede causar problemas de salud, por ejemplo, al insertarse en algún gen alterando su expresión. Y, excepcionalmente, a veces pueden originar efectos positivos. Pero una cosa son los efectos positivos que puedan tener *a posteriori* una vez que están presentes en los genomas, y otra explicar su origen y mantenimiento por estos efectos adaptativos-selectivos.

En relación con las partes de los genomas para los que no se ha encontrado una función clara se ha propuesto la hipótesis de que constituyen una fracción *egoísta* de los mismos. Se originarían por errores en los procesos de replicación del ADN. Y estando repetidos en tándem se amplificarían y homogenizarían por procesos como la recombinación desigual y la conversión génica que tienen lugar cuando los cromosomas homólogos se ponen en contacto en los procesos de formación de los gametos, es decir, en la meiosis. Según estos razonamientos todas estas secuencias serían *basura* génica que se mantiene en un cierto nivel mientras que no den problemas para la maquinaria de replicación y funcionamiento del ADN. En definitiva, toda esta fracción del genoma estaría mantenida por una fuerza molecular diferente de la selección natural y la deriva genética. A esta tercera *fuerza* se le ha llamado *Impulso Molecular* y fue propuesta en 1982 por el biólogo británico Gabriel Dover.[3] Esta fuerza molecular barajaría sobre todo el ADN satélite y también las secuencias

de ADN que están en tándem en el genoma como las familias multigénicas (véase
más adelante en epígrafe 5) o las que dan el ARN ribosómico.

FENÓMENOS DE HERENCIA *BLANDA*: ¿VUELVE EL LAMARCKISMO?

También recientemente la genómica y los otros campos asociados —transcriptómica, proteómica, etc....— están abriendo la posibilidad de que en los seres vivos
ocurran fenómenos por los que se puedan adquirir genes de otros con los que no
están emparentados. O heredar cambios que han ocurrido en sus antecesores por
influjo del medio ambiente. Estos fenómenos son la herencia horizontal de genes
y la herencia epigenética transgeneracional que abren de nuevo la puerta a ideas
lamarckistas de la evolución.[4,5]

Herencia horizontal

La comparación de los genomas de distintos organismos pone de manifiesto que
algunos genes de ciertos organismos en realidad vienen de otros no emparentados
con los que han coexistido. Lo que se ha llamado herencia horizontal o transferencia
génica horizontal. Este hallazgo pondría en duda una de los principios básicos de
la biología y de la genética: los organismos heredan sus genes sólo de sus progenitores —la herencia vertical—.

Y es que, desde el origen de la TSE, en el mundo de las bacterias se comenzaron a encontrar fenómenos de herencia horizontal. Porque normalmente las
bacterias heredan sus genes de forma vertical de sus antecesores mediante procesos
sencillos de división celular. Pero luego, las bacterias pueden coger información
genética de otras bacterias mediante procesos de captación de fragmentos del
ADN del medio —transformación— de otras bacterias mediante procesos de
conjugación, o incluso captando ADN de virus que se mueven entre distintas
bacterias —transducción—.

Ahora cuando se conocen los genomas de muchas bacterias y se pueden comparar
se encuentra que las bacterias y arqueas son mundos muy *promiscuos* que comparten
muchos genes entre sí. Por ejemplo, los análisis de los genomas de *nuestra Escherichia
coli* ponen de manifiesto que en algunas cepas hasta el 80 % de sus genes proceden
de otras especies de bacterias. Así, no es extraño que esta bacteria adquiera, por
ejemplo, genes de resistencia a antibióticos de otras especies.

Pero parecía más difícil de pensar que hubiera procesos de herencia horizontal
en organismos eucariotas —en los que el ADN está en un núcleo— sobre todo
si son pluricelulares. Sin embargo, los estudios genómicos actuales ponen de manifiesto que existen algunos casos que pueden ir en ese sentido. En primer lugar,
porque se ha comprobado que en el origen de los cloroplastos y mitocondrias por

simbiosis con algunas bacterias debió de haber mucha transferencia de genes de los orgánulos nacientes a los núcleos. De la misma forma, se están poniendo de manifiesto fenómenos de transferencia horizontal de genes en algunos casos de simbiosis posteriores e incluso de parasitismo.

Y más allá de procesos de simbiosis y parasitismo, el fenómeno de transferencia horizontal de genes es frecuente en eucariotas microscópicos como algas, levaduras o hongos. Así habrían captado muchos componentes del fitoplancton la información genética para llevar a cabo la fotosíntesis a partir de bacterias. U otros eucariotas microscópicos habrían captado la información para poder adaptarse a ambientes extremos.

Y pasando a eucariotas pluricelulares, se están encontrando casos en animales que van desde esponjas y cnidarios a artrópodos, pasando por rotíferos —un caso con mucha transferencia horizontal de genes— nemátodos y moluscos. También se han encontrado en plantas no habiéndose detectado en vertebrados. Hubo un hallazgo *fake* en el genoma humano cuando se tuvo su secuencia y comparándolo con los de otros eucariotas y bacterias se vio que había un buen puñado de genes, unos 200, que presentaban más homología con las bacterias que con los eucariotas. Después, cuando se tuvieron más datos genómicos de otros eucariotas, se vio que tales genes *bacterianos* tenían más homología con otros eucarióticos que con bacterias.

En eucariotas pluricelulares la mayoría de la transferencia horizontal es a partir de bacterias, aunque también se defiende que puede haber transferencia dentro de diferentes grupos de ellos, por ejemplo, animales que captan genes de vegetales y viceversa. Pero la transferencia génica horizontal no es muy importante en eucariotas pluricelulares. Para que este fenómeno fuese importante en ellos sería necesario que las bacterias u otros microorganismos transmisores de los genes infecten y estén presentes en las células de la línea germinal. La mayoría de las transferencias génicas horizontales en ellos ocurrían en las células somáticas y no se transmitirán a las siguientes generaciones.

La existencia de estos fenómenos pone en cuestión uno de los hallazgos más interesantes de la TSE: la realización de árboles filogenéticos. Si estos fenómenos de herencia *horizontal* fuesen frecuentes, en vez de árboles existiría toda una red (malla) entre los organismos que comparten genes. De hecho, esto es lo que sucede en procariotas.

También, la existencia de tales fenómenos ha revivido interpretaciones lamarckistas de la evolución. Concretamente, se dice que por ellos se adquieren características —en este caso, nuevos genes— del medio que suponen, además, un cambio brusco para los organismos receptores de tales genes. Pero lo que está claro es que para que estos fenómenos se asienten evolutivamente es necesario que tras la transferencia horizontal de los genes actúe la selección natural favoreciendo el funcionamiento equilibrado de los nuevos genes dentro del genoma que los recibe.

Herencia epigenética

La palabra *epigenética* tiene una historia larga. Se ha utilizado desde antiguo para explicar el desarrollo embrionario de los seres vivos. Con la epigénesis se describiría cómo en un embrión irían apareciendo las diversas estructuras del organismo a partir de algo que no existe. Esta idea se oponía a otra llamada preformación en la que se defendía que dichas estructuras estaban ya formadas en miniatura en el embrión original, desarrollándose posteriormente.

Ahora se habla de epigenética en otro sentido. Se describen, en este caso, las modificaciones que tienen lugar alrededor (*-epi* es por encima) del ADN de los seres vivos, pero sin cambiar su secuencia y sus *resultados* (la secuencia de las proteínas). Se trata, en primer lugar, de cambios *superficiales* en algunas bases nucleotídicas del ADN. Y, en segundo lugar, de cambios en las proteínas —fundamentalmente de tipo histona—que envuelven al ADN en el interior de los cromosomas.

Estas modificaciones estarían producidas por diversos factores ambientales (alimentación, contaminantes ambientales, diversos estreses, etc.). Por tales factores se introducen, bien en el ADN o en las histonas, pequeñas moléculas —como grupos metilos, acetilos, etc.—. Estas modificaciones, como decimos, no cambian finalmente la secuencia nucleotídica y aminoacídica de las proteínas que resultan de los genes, es decir, no originan mutaciones de los genes. Lo que originan son cambios en la expresión de los genes, siempre y cuando tengan lugar en las zonas que regulan la expresión de los genes —lo que se llaman promotores— o que cambien el empaquetamiento de los genes por parte de las histonas.

Estas modificaciones de la actividad génica debida a factores ambientales ocurren durante la vida de los seres vivos. El problema desde el punto de vista evolutivo es doble. En primer lugar, si estas modificaciones se pueden heredar de forma permanente constituyendo procesos de herencia epigenética transgeneracional. Y, sobre todo, si estas modificaciones en la expresión de los genes se producen *para* adaptarse de forma directa a los cambios ambientales que los originan, sin necesidad de que actúe la selección natural. Es decir que aquí se introduciría una idea puramente lamarckiana de la evolución.

¿Se heredan las modificaciones en la expresión de los genes que se producen durante la vida de los seres vivos? En principio, hay un problema y es que se necesita que los factores (alimentación, contaminantes, estreses, virus...) que producen las modificaciones *lleguen* a las células de la línea germinal, que son las que originan la siguiente generación. En la mayoría de las ocasiones estos factores sólo actúan, sobre todo en animales, sobre las células somáticas puesto que las germinales no están tan accesibles. Puede ser un poco diferente en el caso de vegetales donde la *floración* ocurre más en contacto con el medio ambiente. Y luego hay otro problema y es que, sobre todo en animales, en las células de la línea germinal tienen lugar procesos de eliminación y reconstitución posterior de las modificaciones epigenéticas que llevan los genes, con lo que se borran las posibles modificaciones que han podido experimentar a lo largo de la vida.

Por ello no es de extrañar que, aunque hay mucha bibliografía —la mayoría no muy científica— que defiende la existencia de fenómenos de herencia epigénetica transgeneracional, no existen muchos casos en que las posibles modificaciones epigenéticas se hayan mantenido de forma permanente a lo largo de las generaciones. En los casos en que sí se han observado su permanencia han sido pocas generaciones.

Y luego viene el problema de si estas modificaciones en la expresión de los genes tienen carácter lamarckiano. Es decir, si se producen directamente por los cambios del medio ambiente a fin de que los organismos se adapten directamente a los mismos. Y aquí habría que decir de nuevo, como en la herencia horizontal que, si existiese una modificación epigenética que persistiera lo largo de las generaciones y fuese favorable para los organismos, para establecerse definitivamente, sería necesario que actuase la selección natural sobre los organismos con tal modificación genética.

LA MACROEVOLUCIÓN Y LOS *MONSTRUOS ESPERANZADOS*

Por otro lado, la genómica está permitiendo aclarar qué tipo de mutaciones están en la base de los procesos macroevolutivos, algo que hasta ahora era difícil de investigar y para lo que había controversia dentro de la TSE.

De hecho, en la TSE se pensaba, de acuerdo con la genética mendeliana, que las variaciones fenotípicas sobre las que actúa la selección serían pequeñas y causadas por pequeñas mutaciones en los genes. Y cuando llegó la genética molecular y se comenzaron a ver que las variaciones de los seres vivos se deben a pequeñas mutaciones en el ADN se pensó que estas serían la norma. Serían mutaciones como sustituciones puntuales de unas bases nucleotídicas por otras, o la inserción o deleción de otras las que causan las variaciones sobre las que actuaría la selección natural originando procesos microevolutivos.

Pero no quedaba muy claro cómo pueden aparecer las grandes variaciones que han ocurrido a lo largo de la evolución. La TSE defendía que los procesos macroevolutivos ocurrirían por la acumulación en el tiempo de procesos microevolutivos. Pero frente a esta idea existía otra que defendía que los grandes cambios evolutivos —lo que se conoce como macroevolución— se deberían a mutaciones *revolucionarias* que producirían lo que se ha llamado *monstruos esperanzados*. Serían organismos portadores de grandes cambios en alguna característica —de hecho, como monstruosos con respecto a sus congéneres— y que aparecen en un solo paso por una gran mutación.

Ahora, cuando se analizan de forma comparativa los genomas de los seres vivos con diferentes caracteres morfológicos, fisiológicos, ecológicos, etc., además de mutaciones puntuales de nucleótidos, se están encontrando dentro de las especies y entre especies otras mutaciones de mayor entidad. Estas mutaciones van desde deleciones, inversiones y duplicaciones de genes y regiones de los cromosomas hasta duplicaciones completas de los genomas.

Por estas mutaciones —nada revolucionarias— se puede explicar, por ejemplo, un fenómeno macroevolutivo tan importante como es el aumento de genes que ha habido a lo largo de la evolución desde los organismos primitivos con muy pocos genes. Así las duplicaciones génicas que a veces tienen lugar en los organismos por fallos en los procesos de replicación o recombinación del ADN, pueden estar en la base de este incremento de genes a lo largo de la evolución. Y es que cuando un gen se duplica, los organismos disponen de una copia génica funcional y otra con la que pueden *experimentar*. De esta forma, por cambios posteriores en alguna de las copias pueden adquirir o una versión diferente del gen o, incluso, adquirir una función nueva.

Así se han adquirido, por ejemplo, en los genomas todo un conjunto de familias multigénicas, como es el caso de las globinas —mioglobinas y hemoglobinas— encargadas del intercambio y difusión del oxígeno en las células de los organismos pluricelulares.

A veces, en estos experimentos evolutivos propiciados por las duplicaciones génicas se originan algunos genes fallidos, los pseudogenes, que son inactivos y no funcionales. Esto ocurre porque algunas de las copias génicas duplicadas experimentan mutaciones que han tenido lugar en ellos y que impiden, o bien su transcripción en ARN, o bien su traducción a proteínas. Y así se han originado muchos de los pseudogenes que existen en los genomas de los seres vivos que se considera que pueden formar parte del ADN basura que hemos mencionado anteriormente. Sin embargo, recientemente se ha observado que algunos de estos pseudogenes pueden volver a la vida evolutiva experimentando otras mutaciones que restituyen su funcionamiento bien con la función antigua o una nueva.

Los procesos de duplicación génica son aún mayores cuando aparecen (macro) mutantes que tienen duplicados —o multiplicados— sus genomas con respecto a otros a partir de los que se originan. Este tipo de mutantes (poliploides) se originan por fallos en el proceso por el que se forman los gametos. Como es sabido, este proceso llamado meiosis, a diferencia de la división celular normal, la mitosis, conlleva una replicación del ADN y dos divisiones celulares, con lo que al final las células que salen (gametos) tienen la mitad de material genético que las células normales. Por ello se dice que los gametos son haploides. Posteriormente, la fecundación de los gametos masculinos y femeninos restablece en los cigotos la dotación normal (diploide). Pero, si la meiosis falla, se pueden originar gametos diploides que dan cigotos y posteriormente organismos adultos con un número incrementado de genomas: triploides, tetraploides, pentaploides, hexaploides…

Este tipo de macromutaciones ha tenido lugar en el origen de muchos grupos animales y ahora está presente en muchas plantas, teniendo efectos evolutivos muy importantes. En primer lugar, porque originan organismos que en un solo paso se aíslan de sus antecesores constituyendo nuevos grupos (especies). De hecho, los organismos poliploides presentan características fenotípicas diferentes de sus antecesores diploides. Pueden ser más grandes y productivos, reproducirse en épocas diferentes, etc. Y, en segundo lugar, porque las duplicaciones génicas que en general existen en sus genomas pueden permitir distintos caminos evolutivos. Así pueden retenerlas en algunos casos reforzando la actuación de ciertos genes, diversificando y originando nuevos genes e, incluso, perdiendo y ajustando algunas copias.

En cuanto a modificaciones macroevolutivas concretas ocurridas a partir de fenómenos de duplicación génica, hace tiempo que se conoce que las mutaciones en el conjunto de los genes homeóticos han tenido un gran papel en el origen de las diferentes morfologías de los seres vivos. Y muy recientemente los estudios comparativos de los genomas de los seres vivos están comenzando a aclarar las mutaciones que hay detrás de cambios macroevolutivos concretos, como son los que originan las extremidades de los vertebrados. Así, cuando se comparan los genomas de algunas especies de peces que presentan aletas con otros que no las presentan se comprueba la existencia de un conjunto de variaciones genéticas, que no son en absoluto *revolucionarias*. Son mutaciones *normales* en el interior de los genes o en regiones intergénicas que conllevan, sobre todo, cambios de regulación de los genes.[6]

Por lo tanto, aquí vemos cómo no se necesitan mutaciones revolucionarias para explicar el origen de los fenómenos macroevolutivos.

MUTACIONES DIRIGIDAS

Algunos estudios han puesto en duda un principio básico de la TSE, como es que las mutaciones ocurren al azar con respecto a la adaptación: primero ocurren las mutaciones y después se seleccionan.

Este principio se estableció con experimentos en bacterias en los años en que se constituyó la TSE. Concretamente, la idea de que las mutaciones son preadaptativas está basada sobre todo en un experimento en bacterias llevado a cabo por Luria y Delbruck en el año 1943 y que, en parte, les valió el premio Nobel en 1969. Según este experimento, en un cultivo de bacterias sensibles al ataque del bacteriófago T1 la aparición de mutantes resistentes ocurre antes de exponerlas a dicho agente selectivo.

Sin embargo, posteriormente se han llevado a cabo algunos experimentos también en bacterias que aparentemente apuntan a que en determinadas condiciones algunas mutaciones pueden aparecer de forma dirigida, es decir, aparecen para adaptarse directamente a posibles cambios del medio ambiente. De nuevo, un componente lamarckiano en la evolución.

Concretamente, algunos de estos experimentos sugieren que cuando se cultivan bacterias en condiciones de estrés metabólico —en un medio pobre en nutrientes— aumentan las mutaciones para poder crecer en dicho ambiente. Aunque se han tratado de extender este tipo de experimentos a otras situaciones, se han explicado todos dentro de la ortodoxia de la TSE. Se ha dicho, por ejemplo, que en realidad en condiciones de estrés aumenta la tasa de mutación de las bacterias porque tienen problemas para dividirse, y en ellas se ponen en marcha mecanismos de reparación, recombinación e incluso amplificación del ADN. Estos mecanismos son propensos a cometer errores, con lo que aumenta la frecuencia de mutación de los genes relacionados con el crecimiento.[7]

Conclusión

Estos son algunos de los avances más importantes producidos en el campo de la Genética desde que, en la primera mitad del siglo XX, se constituyó la teoría sintética y que, como hemos visto, en algunos casos parecen poner en duda algunos de los principios básicos de la misma.

Todos estos posibles fenómenos y argumentos han conducido a algunos autores a proponer que, como mínimo, hay que ampliar o extender la TSE, e incluso a algunos a defender una nueva síntesis.[8] Pero, ¿es necesaria desde el punto de vista de la genética?

En el caso de los datos de la genética aparentemente fuera del *tiesto* de la TSE, la cosa no llega a tanto, habiendo argumentos que les restan importancia. Así, en el caso de la teoría de la neutralidad de los genes, esta teoría se atemperó por los propios proponentes al abrir la posibilidad de que quizás las diferentes variantes de los genes no son totalmente neutros, es decir igualmente, adaptativos, sino que pueden ser cuasi (neutros), un poco mejores o peores los unos con respecto a los otros desde el punto de vista adaptativo, con lo cual se abría de nuevo la posibilidad de la actuación de la selección natural sobre ellos. El propio Kimura hubo de aceptar que la selección natural ejerce un papel fundamental actuando sobre los genes que proporcionan la adaptación del fenotipo de los organismos a su ambiente. De todas formas, en la TSE se admitía que la deriva genética podía actuar como mecanismo de cambio, sobre todo en poblaciones pequeñas.

Por lo que se refiere a que los genomas estén llenos de elementos no funcionales que son barajados por una tercera fuerza evolutiva —el impulso molecular—, recientemente se ha defendido que, en realidad, aunque no produzcan ARN o proteínas todos los genomas están llenos de secuencias *funcionales* mantenidas por la actuación de la selección natural. Se trata del proyecto ENCODE (en inglés, *Encyclopedia of DNA Elements*) en el que se ha determinado que gran parte del genoma humano (más del 80 %) sería funcional. Y aquí irían muchas secuencias en intrones o en regiones intergénicas que dan ARN, aunque sean muy pequeños. O muchas secuencias que se unen a proteínas, por lo que tendrían actividad reguladora de la actividad génica. Sin embargo, esta idea ha levantado una gran polémica por cuanto se piensa que con toda esa cantidad de secuencias mantenidas por selección se engendraría un gran lastre genético.

Con respecto a la posibilidad de que existan fenómenos de herencia *blanda* —herencia horizontal y epigenética—, aunque se puedan dar no serían muy amplios en la naturaleza, sobre todo en eucariotas y concretamente en animales. Y lo más importante, es que sería un exceso semántico interpretar que estos fenómenos raros de herencia, así como las posibles mutaciones dirigidas, reviven la idea lamarckiana de adquisición directa por parte de los organismos de una característica adaptativa. Sobre todo, porque Lamarck defendía que los caracteres adquiridos ocurren por el uso y desuso del carácter, y en estos casos no sucede tal cosa. Finalmente, la comparación de los genomas de los seres vivos sigue negando la posibilidad de que la macroevolución tenga lugar por procesos y mutaciones distintos a los que tienen lugar en la microevolución.

Por todo ello, lo que finalmente podemos decir por lo que se refiere a la genética es que la TSE continúa vigente. Solo se necesita seguir profundizando en ella.

Referencias

1. Soler, M. *Evolución: la base de la biología.* (Proyecto Sur, 2002).
2. Barbadilla, A., Casillas, S. & Ruiz, A. La teoría neutralista de la evolución molecular, medio siglo después. *Investigación y Ciencia (Scientific American)* **FEBRERO**, (2019).
3. Dover, G. A. & Tautz, D. Conservation and divergence in multigene families: alternatives to selection and drift. *Philos Trans R Soc Lond B Biol Sci* **312**, (1986).
4. Boto López, L. Transferencia de genes entre especies. Herencia horizontal y transmisión vertical de genes adquiridos. in *La Herencia del Mendelismo, La Genética 200 años después del nacimiento de Gregor Mendel* (eds. Ruiz Rejón, C., Navajas Pérez, R., Robles López, F. & De la Herran Moreno, R.) 145–160 (Editorial Universidad de Granada, 2022).
5. Rebordinos, L. Transferencia de genes entre especies y transmisión vertical de genes adquiridos. in *La Herencia del Mendelismo, La Genética 200 años después del nacimiento de Gregor Mendel* (eds. Ruiz Rejón, C., Navajas Pérez, R., Robles López, F. & De la Herrán Moreno, R.) 181–198 (Editorial Universidad de Granada, 2022).
6. Chen, H. I., Turakhia, Y., Bejerano, G. & Kingsley, D. M. Whole-genome comparisons identify repeated regulatory changes underlying convergent appendage evolution in diverse fish lineages. *bioRxiv* 2023.01.30.526059 (2023) doi:10.1101/2023.01.30.526059.
7. Lenski, R. E., Slatkin, M. & Ayala, F. J. Mutation and selection in bacterial populations: Alternatives to the hypothesis of directed mutation. *Proc Natl Acad Sci U S A* **86**, (1989).
8. Moreno, J. *Los retos actuales del darwinismo:¿ una teoría en crisis?* (Síntesis, 2008).

Nuevas tendencias en biología evolutiva: el caso de la síntesis evolutiva extendida

Juan Gefaell y Emilio Rolán-Alvarez[1]

Introducción

Uno de los atributos más característicos de la ciencia es el cambio: al menos una parte de las teorías e hipótesis aceptadas por la comunidad científica en un momento determinado son modificadas a medida que la investigación avanza y se acumulan nuevas evidencias. En este sentido, la biología evolutiva no es una excepción. Durante la última década, un pequeño número de distinguidos biólogos ha venido sosteniendo que ha llegado el momento de revisar la teoría evolutiva estándar (de ahora en adelante, TEE), heredera directa de la síntesis moderna de los años 1930 y 1940.[1] Su principal argumento es que a lo largo de las últimas décadas se han producido nuevos descubrimientos que ponen en cuestión algunos principios fundamentales de esta teoría. Para incorporar dichos descubrimientos, estos biólogos han propuesto un marco teórico alternativo, al que han denominado síntesis evolutiva extendida (a partir de ahora, SEE). La SEE se nutre de nuevas ideas relativas a la evo-devo, la plasticidad fenotípica, la herencia inclusiva y la construcción de nicho, y supone un cambio de énfasis en relación a la clase de hipótesis y problemas de investigación que son habituales bajo las aproximaciones más tradicionales al estudio de la evolución. La SEE ha suscitado una gran controversia a lo largo de los últimos años, con prominentes biólogos evolutivos enfrentados en torno a la conveniencia de esta revisión teórica.[1–6]

En el presente capítulo pretendemos introducir y evaluar este nuevo marco teórico, centrándonos especialmente en la evidencia que lo sustenta. Poner el foco sobre los datos empíricos constituye un enfoque complementario al puramente conceptual o filosófico que abunda en la literatura académica sobre la SEE. De cara a esta tarea, el capítulo está estructurado de la siguiente manera: en primer lugar, hacemos una breve introducción a la historia y características principales de la TEE, con el objetivo de entender mejor en qué aspectos se aleja de esta la SEE.

---

1. Juan Gefaell: Investigador predoctoral, Universidad de Vigo. Emilio Rolán-Alvarez: Catedrático de Genética, Universidad de Vigo.

A continuación, exponemos la SEE tal y como es entendida por sus partidarios más destacables, centrándonos en su origen, componentes y estructura. Acto seguido, presentamos algunas predicciones de la SEE, y discutimos algunos ejemplos que las ilustran. Por último, finalizamos el capítulo realizando una evaluación preliminar de la madurez conceptual y el grado de apoyo empírico de esta nueva propuesta teórica, deteniéndonos a discutir si constituye una reforma o una revolución en la biología evolutiva contemporánea.

A modo de avance, nuestra principal conclusión es que la SEE es una propuesta teórica madura que cuenta con un cierto grado de evidencia a su favor, si bien esta evidencia es desigual dependiendo de la hipótesis concreta a la que nos refiramos. Aunque algunas hipótesis de la SEE apoyan una interpretación del proceso evolutivo que se aleja sustancialmente de las visiones más tradicionales, no está claro que dichas hipótesis no puedan ser incorporadas en el futuro al núcleo de la TEE. Por todo lo anterior, aunque la SEE constituya una aportación teórica de gran valor, por el momento no está justificado afirmar que esta supone una ruptura total con el modelo estándar.

La teoría evolutiva estándar (TEE)

El camino hacia la TEE

La SEE se plantea en contraposición directa a lo que hemos denominado, siguiendo a algunos autores (ej., Laland et al.[4]; Baedke et al.[7]), la TEE. La TEE tiene su origen remoto en la genética de poblaciones inaugurada por J. B. S. Haldane, Ronald A. Fisher y Sewall Wright,[8] que consiguió resolver el que a principios del siglo XX era el principal problema para los estudiosos de la evolución, a saber, la reconciliación entre la genética mendeliana y la teoría de la selección natural de Darwin.[9] La mayor parte de biólogos y naturalistas de la época consideraban imposible compatibilizar la naturaleza discreta de los caracteres heredables postulados por las leyes de Mendel con la acción gradual sobre rasgos continuos de la selección natural, lo cual generó duras disputas entre mendelianos y neodarwinistas. En líneas generales, lo que Haldane, Fisher, Wright y otros precursores mostraron con la ayuda de nuevos abordajes matemáticos y experimentales fue que ambas teorías (la genética mendeliana y la selección natural) no eran en realidad incompatibles. Para ello, la clave consistió en asumir que la variación fenotípica en un carácter continuo es el resultado acumulado de varios *loci* mendelianos de pequeño efecto (lo que se conoce como modelo infinitesimal o poligénico).[10]

El marco de la genética de poblaciones resultó ser de enorme utilidad. Con él, por ejemplo, Haldane[11] pudo calcular con un grado de precisión pocas veces visto hasta el momento cuál era el coeficiente de selección de la variedad melánica de la mariposa de los abedules (*Biston betularia*) (para un resumen véase Ridley).[12]

El desarrollo de la genética de poblaciones, junto a los avances en la comprensión de la naturaleza de las mutaciones por parte de Thomas H. Morgan y otros, sentó las bases de la primera gran teoría unificada de la biología evolutiva, la síntesis moderna, ascendiente directa de la actual TEE.

La síntesis moderna (de ahora en adelante, SM) fue el resultado de la expansión de la genética de poblaciones a toda una serie de disciplinas biológicas aledañas en las décadas de 1930 y 1940.[9,13] El impulso inicial para esta expansión fue obra del carismático biólogo evolutivo Theodosius Dobzhansky, quien aplicó por primera vez de forma sistemática la genética de poblaciones al estudio de la variación natural, empleando para ello la mosca *Drosophila pseudoobscura*. Inspirados por el influyente libro *Genetics and the origin of species*,[14] a lo largo de los siguientes años una serie de biólogos evolutivos fueron publicando diversas obras en las que el marco de la genética de poblaciones se aplicaba a disciplinas biológicas como la taxonomía,[15] la paleontología[16] o la botánica.[17]

A partir de la década de 1950, una vez consolidada como marco teórico dominante, la SM experimentó una serie de desarrollos análogo al de otras teorías científicas maduras[18,19]. Sin embargo, no puede decirse que la SM gozase de la aceptación unánime de los biólogos evolutivos. Por el contrario, desde el primer momento la SM fue también objeto de críticas por parte de una minoría destacada de biólogos. Estos biólogos denunciaban algunas asunciones cuestionables y olvidos teóricos en los que había incurrido esta teoría. Dejando a un lado a pioneros como Conrad H. Waddington o Richard Goldschmidt, especialmente relevantes fueron las críticas realizadas por Motoo Kimura[20] y Stephen Jay Gould.[21,22] Ambos autores contribuyeron a rebajar el papel explicativo de la selección natural en favor de los procesos moleculares selectivamente neutrales y el desarrollo.

Componentes y estructura de la TEE

La TEE actual es el resultado de la evolución de la SM para hacer frente e incorporar algunas evidencias e innovaciones teóricas realizadas a lo largo de la segunda mitad del siglo XX, incluidas las de Kimura y Gould. Sin embargo, debido al papel central que sigue jugando la genética de poblaciones en la TEE, su parecido con la SM sigue siendo muy grande, tal y como muestra un vistazo rápido a los principales manuales contemporáneos de biología evolutiva.[12,23,24]

Ahora bien, ¿cómo entiende la TEE el cambio evolutivo? Normalmente, bajo esta teoría se asume que la evolución es el cambio en la composición genética de las poblaciones a lo largo de las generaciones.[23] De forma abreviada, las principales hipótesis que dan cuerpo a la TEE y conforman su modelo de cambio evolutivo son las siguientes (véase también la figura 1):

1. La mayor parte de la variación fenotípica heredable presente en las poblaciones depende en última instancia de la variabilidad genética. Si bien muchas variaciones fenotípicas se deben en parte a la acción de la plasticidad fenotípica, esta está subordinada a los genes en la medida en que: (a) la magnitud con la que un rasgo puede variar plásticamente está controlada genéticamente, y (b) los rasgos plásticos no se heredan fielmente a las siguientes generaciones, a diferencia de los genes.[24]

2. La diversidad genética de la que depende la variabilidad fenotípica se genera por mutaciones azarosas. Por *azarosas* se entiende *preadaptativas*, es decir, que estas mutaciones surgen independientemente de las necesidades del organismo. Junto a las mutaciones, los mecanismos de recombinación genética, transferencia genética horizontal o introgresión también contribuyen a la diversidad genética de las poblaciones. Aunque inicialmente se asumía que las mutaciones se producían en los genes codificantes, hoy en día se acepta que estas también pueden afectar a genes reguladores (incluidos aquellos que coordinan el desarrollo).

3. Sobre la variación genética generada por mutaciones azarosas actúan tres fuerzas evolutivas, que determinan las frecuencias alélicas de la siguiente generación: el flujo genético, la deriva genética y la selección. El flujo genético es el efecto de la migración, y consiste en la transferencia de nueva variación genética desde una población a otra, con la consiguiente alteración de las frecuencias alélicas en las poblaciones de partida y de llegada. Por su parte, la deriva genética consiste en el cambio en las frecuencias de alelos debido al azar. Cuando las variantes genéticas son neutrales o cuasineutrales, su fijación en una población depende en última instancia de procesos estocásticos. Por último, la selección consiste en la reproducción diferencial no aleatoria de individuos con determinadas variantes alélicas, lo cual hace que la frecuencia de estas últimas en la composición genética de la siguiente generación aumente. La selección ocupa un papel privilegiado entre los mecanismos evolutivos en la medida en que es el único de ellos que permite explicar el surgimiento de las adaptaciones.[24]

Figura 1. Estructura de la TEE. En ella se enfatiza la variación genética y cómo esta se filtra a través de la selección, la deriva y la migración.

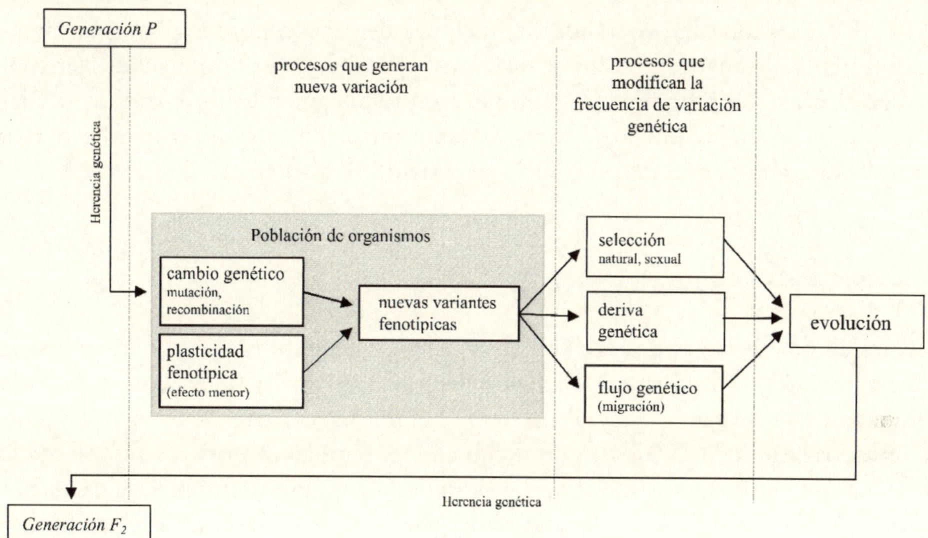

Así pues, la TEE hace un gran énfasis en la variación genética y en cómo esta es filtrada de generación en generación. Más allá de este núcleo central, la TEE incluye otras hipótesis, tales como el denominado por Gould *extrapolacionismo*,[25] esto es, la idea de que el cambio macroevolutivo es explicado por los procesos microevolutivos (aquellos que provocan el cambio de frecuencias alélicas entre generaciones) actuando a lo largo de grandes periodos de tiempo. Sin embargo, mantiene una postura abierta acerca de multitud de cuestiones relacionadas, como el ritmo al que se produce la evolución o si puede haber especiación simpátrida en circunstancias concretas.[24]

La mayor parte de hipótesis de la TEE están bien establecidas, y hay ingentes cantidades de evidencia empírica que las apoyan. Con respecto al origen genético de los fenotipos, por estudios de heredabilidad se sabe que al menos una parte de la variación que presentan los rasgos morfológicos y relacionados con la historia de vida a nivel poblacional se explica por la variación al nivel de los genes.[26] En cuanto al papel de las mutaciones azarosas, al menos desde los clásicos experimentos de Luria y Delbrück se sabe que la inmensa mayoría de variación genética surge, en efecto, de forma independiente a los requisitos adaptativos de los organismos.[27] Por último, en lo que se refiere a las fuerzas evolutivas, existen multitud de ejemplos de la acción del flujo genético, la deriva genética y selección en la naturaleza. Muchos de estos ejemplos muestran cómo la selección no solo promueve la evolución de adaptaciones, sino que también contribuye a los procesos de especiación y diversificación ecológica.[24,28,29]

La síntesis evolutiva extendida (SEE)

La SEE cuestiona la generalidad de algunas de estas hipótesis, y amplía significativamente el rango de escenarios evolutivos posibles. A continuación, veremos en qué consiste su propuesta de cambio evolutivo siguiendo un esquema similar al empleado para la TEE: nos detendremos primero en el camino que llevó a su formulación, abordando después sus componentes y estructura.

El camino hacia la SEE

Aunque desde finales de los años 80 el número de publicaciones críticas con la TEE aumentó (ej., Endler y McLellan,[28] Jablonka y Lamb,[30] y Oyama et al.[31]), la etiqueta *SEE* en su sentido actual comenzó a emplearse a partir de un par de publicaciones realizadas en 2007. Así, en dicho año, el biólogo evolutivo y filósofo de la ciencia Massimo Pigliucci publicó en *Evolution* un artículo discutiendo la necesidad de extender la TEE,[32] a la vez que el biólogo evolutivo del desarrollo Gerd Müller hizo una reivindicación similar en un comentario de opinión en *Nature Reviews Genetics*.[33] A raíz de sendas publicaciones, ambos autores organizaron en el verano de 2008 un taller de investigación en el Konrad Lorenz Institute con la intención de profundizar en la posible extensión de la TEE.[34,35] De dicho taller surgió el primer libro monográfico sobre el tema, titulado *Evolution. The extended synthesis*.[36]

El libro monográfico de Pigliucci y Müller incluía capítulos dedicados a cada uno de los procesos novedosos que, a juicio de los editores, debían ser incluidos en una hipotética SEE. Entre estos procesos se encontraban la evolucionabilidad, la plasticidad fenotípica, la epigenética, la teoría de la complejidad, la variación facilitada, y algunos otros. Sin embargo, en dicho libro no se profundizaba en cómo se relacionaban todos estos procesos entre sí. En este sentido, la propuesta de Pigliucci y Müller se encontraba todavía en un estado muy incipiente de desarrollo, constituyendo poco más que una *lista de la compra*, por utilizar una expresión empleada por Welch.[37]

La primera versión más o menos articulada de la SEE no llegaría sino unos pocos años más tarde, de la mano de los biólogos evolutivos Kevin N. Laland (ahora *Lala*) y Tobias Uller. Además de en sus respectivas investigaciones empíricas, Lala y Uller habían venido trabajando de forma más o menos paralela a Pigliucci y Müller en los fundamentos conceptuales de la biología evolutiva (en concreto, en la crítica a la famosa dicotomía de Ernst Mayr entre las causas proximales y últimas).[38-40]

Tras un pequeño artículo de debate en *Nature*,[4] ambos biólogos trataron de articular en una nueva publicación su visión de la SEE. Para ello, sumaron al propio Gerd Müller y a otros autores a su proyecto. De dicho esfuerzo surgió la publicación con la cual se proveería por primera vez a la SEE de una estructura y predicciones precisas,[1] además del primer proyecto de investigación dedicado a ponerlas a prueba, financiado en su mayoría por la controvertida John Templeton Foundation.[41]

Componentes y estructura de la SEE

Dicho esto, ¿en qué consiste la SEE? Conocer los componentes y estructura de esta teoría es crucial para evaluar cuánto se distancia de la TEE, así como qué predicciones se derivan de la misma. La SEE tal y como la entienden Laland et al.[1] está constituida por cuatro procesos o aproximaciones clave: la evo-devo, la plasticidad fenotípica, la herencia inclusiva y la construcción de nicho.

Evo-devo. Los partidarios de la SEE recogen de Gould[21] y otros (ej., Alberch,[42] Raff[43] o Gilbert et al.[44]) el énfasis en la importancia del desarrollo para entender la evolución. Esto no pasa únicamente por reconocer el rol de las mutaciones en los genes reguladores del desarrollo, tal y como se acepta hoy en día desde la TEE, sino por enfatizar el papel de los llamados sesgos del desarrollo en la determinación del curso de la evolución.[45,46] Los sesgos del desarrollo son todos aquellos procesos ontogenéticos que favorecen el surgimiento de ciertas variantes fenotípicas frente a otras teóricamente posibles. Para los partidarios de la SEE, los sesgos del desarrollo no solo tendrían un rol negativo (como constrictores de la variación), sino también positivo, al promover los cambios evolutivos en una determinada dirección del morfoespacio.[45–47]

Plasticidad fenotípica. La plasticidad fenotípica es la capacidad de los genotipos de dar lugar a distintos fenotipos en función de los estímulos ambientales a los que se expongan.[48] Desde el punto de vista de la TEE, la plasticidad fenotípica suele entenderse como una consecuencia de la evolución. Los partidarios de la SEE, por el contrario, entienden que la plasticidad fenotípica puede ser también su causa directa, actuando como promotora de los procesos evolutivos.[49] Debido a este énfasis en la plasticidad, la SEE incorpora muchas innovaciones de la fisiología que suelen ignorarse en la TEE.

Herencia inclusiva. La TEE asume que los genes son el único canal de herencia evolutivamente relevante. Los partidarios de la SEE, por el contrario, sostienen que hay otras vías de herencia con consecuencias evolutivas más allá de los genes.[1,50] Estos canales alternativos abarcan desde los efectos maternales hasta la variación epigenética, pasando las herencias ecológica y cultural.[51,52]

Construcción de nicho. Por construcción de nicho se entiende el conjunto de procesos y conductas por medio del cual los organismos modifican o estabilizan el ambiente en el que viven, alterando de esta forma las presiones selectivas a las que están sujetos ellos mismos y otros organismos que con los que cohabitan.[1,53] Cabe destacar que estos procesos no necesariamente tienen por qué modificar el entorno en una dirección adaptativa para los organismos constructores, sino que es suficiente con que lo hagan de manera no aleatoria o sesgada sistemáticamente. Así pues, aunque *a priori* pueda asumirse que la construcción de nicho adaptativa es más sugerente que la no adaptativa, toda ella es importante evolutivamente.[54] El énfasis en la construcción de nicho hace que la SEE muestre un interés renovado por las aportaciones de la etología.

Estos cuatro procesos o aproximaciones se relacionan entre ellos de múltiples maneras, siendo en ocasiones difícil separarlos en compartimentos estancos. De todas maneras, Laland et al.[1] proporcionan un modelo esquemático de cuáles serían las conexiones principales entre todos ellos (véase la figura 2). Por hacer la comparación con la TEE más sencilla, podría decirse que la SEE introduce dos novedades clave en la forma de entender la evolución: en primer lugar, amplía el abanico de mecanismos de generación de novedades fenotípicas heredables (que podrían ser también inducidas ambientalmente), y, en segundo lugar, añade una nueva clase de procesos que sesgan la forma en la que la selección natural y otros mecanismos evolutivos clásicos operan.

Figura 2. Estructura de la SEE, según la propuesta de Laland et al.[1] Para facilitar la comparación con la TEE, se exponen en negrita los procesos o aproximaciones más novedosos de la SEE. Las principales innovaciones de esta teoría tienen que ver con los mecanismos de generación de variación fenotípica y con los procesos que sesgan la manera en que actúa la selección y el resto de mecanismos evolutivos clásicos. Figura tomada y modificada de Laland et al.[1]

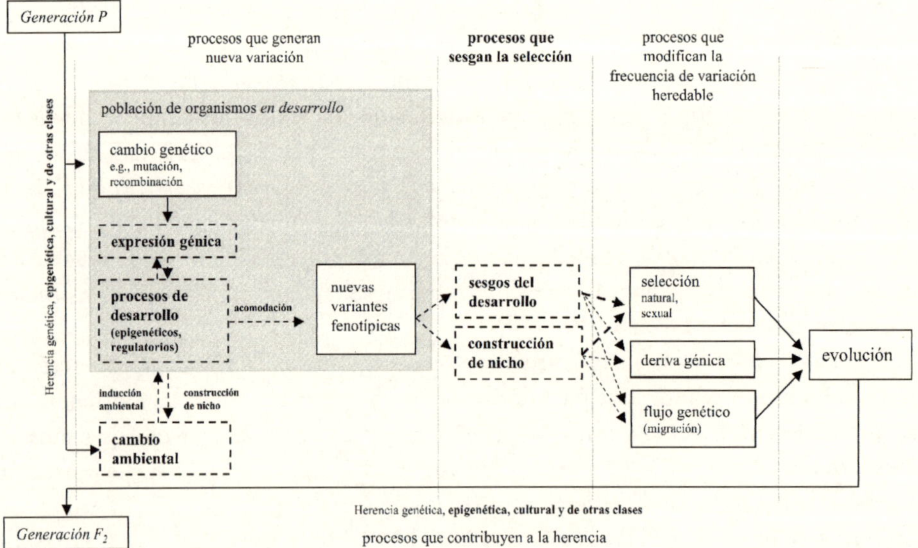

Predicciones y ejemplos ilustrativos de la SEE

De la anterior estructura teórica se derivan una serie de predicciones que van desde lo más modesto hasta lo más ambicioso (véase la tabla 3 en Laland et al.[1]). Aquí presentamos solamente un subconjunto de ellas que a nuestro juicio ilustran de forma clara las principales innovaciones teóricas de la SEE:

—P_1: La evolución paralela o convergente se produce por la acción concertada de los sesgos del desarrollo y la selección, y no solo por la acción de esta última.

—P_2: El cambio fenotípico puede preceder al cambio genotípico en la evolución adaptativa, y no siempre a la inversa. Es decir, puede existir asimilación genética de rasgos surgidos por plasticidad fenotípica.

—P_3: Existe herencia evolutivamente relevante independiente de los genes.

—P_4: Algunas adaptaciones son el resultado de la acción conjunta de la construcción de nicho y la selección, y no solo de esta última.

En las publicaciones de la SEE, estas predicciones suelen ir acompañadas de ejemplos que las ilustran descritos con mayor o menor detalle, de forma que se pueda entender mejor su alcance. En lo que sigue presentaremos algunos de estos ejemplos, junto con otros seleccionados de la literatura científica reciente.

Sesgos del desarrollo y evolución convergente

La primera de las predicciones tiene que ver con la supuesta contribución de los sesgos del desarrollo a los procesos de convergencia evolutiva[2]. Aunque el desarrollo suele incluirse en las discusiones acerca de la convergencia evolutiva,[55] lo cierto es que es difícil encontrar ejemplos concretos que ilustren su importancia en este proceso. Un estudio clásico que podría citarse en este sentido es el realizado por Raup,[56] que mostró cómo la forma de la concha de los gasterópodos en la naturaleza se limita a un pequeño porcentaje de todas aquellas formas teóricamente posibles, dando lugar en ocasiones a semejanzas de distintos linajes. Esto se debería, en parte, a la manera en la que estaría organizado el desarrollo de estos animales, que impediría el surgimiento de otras variantes. El problema con ejemplos como este, tal y como señalan Uller et al.,[46] es que la mera ausencia de formas en la naturaleza no constituye evidencia concluyente a favor de la importancia de los sesgos del desarrollo en la evolución, debido a que otros mecanismos evolutivos —particularmente la selección— predicen resultados similares. Por tanto, para evaluar esta predicción se hacen necesarios casos que vinculen los fenotipos convergentes con

---

2. Siguiendo a Arendt y Reznick,[94] no distinguimos entre evolución convergente y paralela.

ciertas propiedades inherentes al desarrollo que promuevan la evolución de ciertas formas frente a otras.

En la principal publicación de la SEE[1,46] se pone como ejemplo putativo de la importancia de los sesgos del desarrollo en la evolución convergente la radiación evolutiva de los peces cíclidos de los lagos Malaui y Tanganica, dos de los Grandes Lagos de África. Este linaje de peces ha evolucionado múltiples especies similares de forma independiente en ambos lagos, llegando a un nivel de convergencia sorprendente en las morfologías de todos ellos (véase una muestra en la figura 3).

Figura 3. Dos especies de los lagos Malaui y Tanganica que muestran una similitud morfológica muy evidente: (A) *Cyrtocara moorii* (lago Malaui) y (B) *Cyphotilapia frontosa* (lago Tanganica). Ambos ocupan nichos ecológicos similares, habitando en la zona bentónica de sendos lagos. Los partidarios de la SEE sugieren que la convergencia evolutiva mostrada por estos y otros peces cíclidos de Malaui y Tanganica podría deberse en parte a la influencia de los sesgos del desarrollo. Fotografías de Brian Gratwicke *(C. moorii)* y Hectonichus *(C. frontosa)*, tomadas y modificadas de Wikimedia Commons.

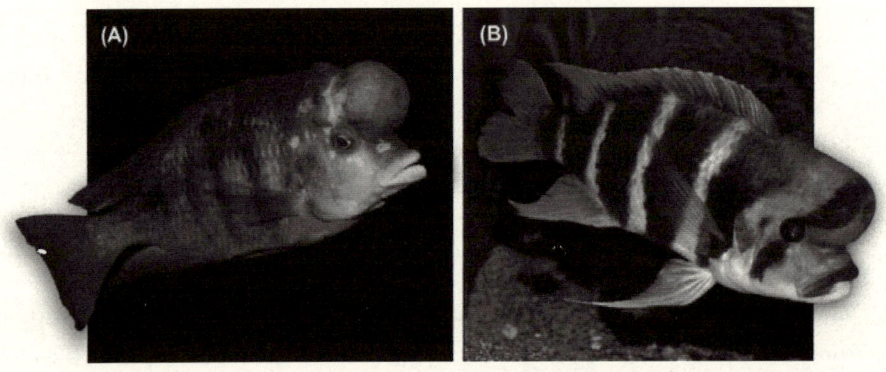

Aunque habitualmente se asume que dicha convergencia se ha producido únicamente por selección, Laland et al.[1] defienden que los cíclidos de Malaui y Tanganica presentan ciertas propiedades ontogenéticas que los hacen más proclives a evolucionar en determinadas direcciones del morfoespacio, alcanzando así más fácilmente su parecido morfológico. A pesar de lo sugerente de este caso, lo cierto es que es difícil concebirlo como un apoyo directo a la predicción de la SEE. De hecho, cuando se discute en la publicación de Laland et al.[1] apenas se dan detalles acerca del mismo. Más aún, las citas que lo acompañan[57,58] tampoco se refieren de forma explícita al papel de los sesgos del desarrollo en la convergencia evolutiva de los cíclidos, o lo hacen de un modo muy superficial, sin proporcionar datos directos que hayan sido obtenidos contrastando explícitamente dicha hipótesis. Por otro lado, en el informe final del proyecto de investigación de la SEE no se incluye ninguna valoración general acerca del resultado de la contrastación de esta predicción,[59] y los estudios citados al respecto tampoco abordan directamente la cuestión de la convergencia evolutiva. Una excepción en este sentido podría ser

Feiner et al.,[60] que en cualquier caso obtuvo un resultado negativo al poner a prueba una hipótesis similar en el género de lagartos *Anolis*. Por todo ello, el ejemplo proporcionado por los partidarios de la SEE solo constituye, en el mejor de los casos, un apoyo parcial y limitado a la predicción de que los sesgos del desarrollo pueden contribuir a promover la convergencia evolutiva.

Evolución dirigida por plasticidad

Otras predicciones cuentan, no obstante, con ejemplos más claros a su favor. La SEE establece que el cambio fenotípico puede preceder al cambio genotípico en la evolución de las poblaciones. La adaptación a un hábitat novedoso no tiene por qué producirse necesariamente a través de la selección de determinadas variantes genéticas. Puede ocurrir, por el contrario, que la adaptación se produzca inicialmente por plasticidad fenotípica, y que esta plasticidad sea luego de alguna manera canalizada a nivel genético.[49] Este fenómeno, conocido como asimilación genética, fue estudiado originalmente por Conrad H. Waddington en una serie de experimentos clásicos realizados en *Drosophila*.[61,62] Los partidarios de la SEE han reavivado el interés por este fenómeno al proponerlo como hipótesis alternativa de cambio evolutivo.

A pesar de lo difícil que es detectar la asimilación genética en la naturaleza (pues se presupone que este fenómeno ocurre a unas escalas temporales muy pequeñas), hay algunos ejemplos putativos de la misma en la literatura científica. Uno de estos ejemplos involucra a las serpientes tigre (*Notechis scutatus*) que habitan en diversas islas del este y sur de Australia.[63] Las distintas islas en las que habitan estas serpientes fueron colonizadas por las mismas en diferentes momentos de la historia reciente, que van desde los alrededor de 9000 años (como en el caso de la isla de Williams) hasta los 30-40 años (como en la isla de Trefoil). Es decir, las poblaciones de serpiente tigre de las diferentes islas muestran distinto grado de antigüedad en lo que a su colonización se refiere: algunas islas fueron colonizadas muy recientemente, mientras que otras lo han sido hace mucho tiempo.

La colonización de las islas ha generado sobre las serpientes tigre una presión selectiva muy fuerte a favor de tamaños mandibulares grandes, ya que el tamaño promedio de las presas en las mismas (mayoritariamente ratones) es mayor que en el continente (en un caso de gigantismo insular). De hecho, se observa que el tamaño mandibular promedio de las serpientes es mayor en las islas cuya colonización se produjo en fechas más remotas que en aquellas que fueron colonizadas más recientemente.

Aubret y Shine[63] pusieron a prueba la hipótesis de que el cambio en el tamaño mandibular observado en las poblaciones colonizadoras más antiguas se produjo inicialmente por plasticidad fenotípica, para ser más adelante fijado a nivel genético, en un caso de asimilación genética. De ser cierta esta hipótesis, debería esperarse que el grado de plasticidad para el tamaño de las mandíbulas fuese mayor en las poblaciones colonizadoras *jóvenes* (que habitan en islas que fueron colonizadas hace muy poco tiempo) que en las más antiguas. En el caso de estas últimas, el rasgo en cuestión (el mayor tamaño de las mandíbulas) debería haber dejado de ser plástico y haber pasado a un control genético más rígido.

Para poner a prueba esta hipótesis, los investigadores tomaron crías de serpiente de un total de siete localidades (cinco provenientes de islas con distinto grado de antigüedad en su colonización, y dos del continente a modo de control). A continuación, dividieron las crías de cada localidad en dos grupos: a uno de estos grupos lo alimentaron con presas de tamaño pequeño, y al otro con presas de una magnitud mayor que la de su propia mandíbula (siempre teniendo en cuenta el tamaño promedio de las serpientes de cada isla y la etapa del desarrollo en la que estas se encontraban). Con este último tratamiento, los investigadores pretendían simular el tipo de presas que suelen encontrarse las serpientes en las islas colonizadas. A intervalos regulares, los investigadores fueron midiendo el tamaño mandibular de las serpientes de ambos tratamientos (alimentadas con presas pequeñas vs. presas grandes). A partir de dichos datos, calcularon la pendiente de la recta de regresión del tamaño mandibular cruzado con la edad de las serpientes para ambos grupos experimentales y las siete localidades. Después, estimaron el grado de plasticidad fenotípica de las poblaciones de serpientes a partir de la diferencia entre las pendientes de regresión de ambos grupos (presas pequeñas vs. grandes) para cada localidad. Los resultados que obtuvieron en este experimento fueron concordantes con la hipótesis de la asimilación genética (véase la figura 4).

Figura 4. Estimación del nivel de plasticidad para el tamaño de la mandíbula de las cinco poblaciones de serpiente tigre *(Notechis sculatus)* de isla sometidas al experimento de Aubret y Shine.[63] Se observa cómo el nivel de plasticidad es mayor en las poblaciones colonizadoras más recientes. Figura modificada de Aubret y Shine,[63] con una fotografía de la serpiente en cuestión de Matt Clancy, tomada y modificada de Wikimedia Commons.

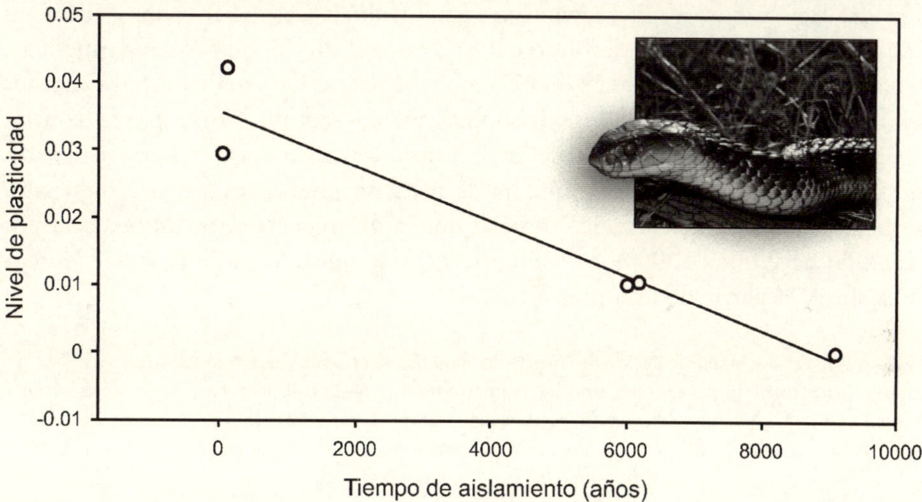

Así, en las poblaciones colonizadoras jóvenes, la diferencia entre las pendientes de regresión de ambos tratamientos (es decir, la magnitud de la plasticidad) era relativamente alta, mientras que esta disminuía conforme la antigüedad de colonización de las distintas poblaciones aumentaba. Esto quiere decir que el efecto de la dieta en el tamaño mandibular de las serpientes fue mucho mayor en las poblaciones de colonización reciente que en las de colonización más antigua. En las primeras poblaciones, el tamaño mandibular parece ser así un rasgo plástico que es susceptible de modificarse en función de los estímulos ambientales que reciba. Sin embargo, en las poblaciones colonizadoras antiguas, aunque el tamaño mandibular promedio es más grande, este se comporta de una manera mucho más rígida. Por lo tanto, parece que estamos ante un rasgo inicialmente plástico que poco a poco fue fijándose a nivel genético.

Herencia no genética evolutivamente relevante

Tal y como vimos, los partidarios de la SEE afirman que hay canales de herencia independientes de los genes que tienen relevancia evolutiva. Para ilustrar este fenómeno, nos centraremos en un caso en que se pone de manifiesto el rol de la herencia epigenética en las etapas iniciales de la especiación, actuando a favor de la diversificación de forma simultánea a los mecanismos genéticos.[64] En el estudio que describiremos se investigaron las bases epigenéticas de una radiación evolutiva reciente en peces cíclidos de la especie *Astatotilapia calliptera* del Lago Masoko (situado en un cráter en el sur de Tanzania)[3].

Tal y como revelan los análisis filogenéticos, estos peces se separaron de sus parientes más cercanos (cíclidos del sistema fluvial Mbaka) hace unos 10000 años. Los *A. calliptera* del lago Masoko presentan dos ecotipos que habitan en distintas zonas del lago y que se diferencian en su morfología corporal, color y dieta. El ecotipo bentónico habita en el fondo del lago (a unos 20-30 metros de la superficie, lo cual implica menos cantidad de oxígeno disuelto en el agua), muestra machos azules y presenta una dieta rica en zooplancton. El ecotipo litoral, por el contrario, vive a no más de 10 metros de la superficie (en aguas más ricas en oxígeno), muestra machos amarillos y se alimenta de macroinvertebrados (véase la figura 5). Los análisis genómicos realizados indican que la divergencia entre ambos ecotipos se produjo hace unos 1000 años (200-350 generaciones), cuando la variedad bentónica surgió a partir de la litoral.

Figura 5. Representación de los distintos ecotipos de *A. calliptera* del lago Masoko y de las características principales de cada uno de sus hábitats. La figura está inspirada en la figura 4 de Vernaz et al.[64] incluyendo dibujos de los dos ecotipos de *A. calliptera* de Julie Johnson extraídos del mismo artículo. Las siluetas de los macroinvertebrados y del zooplancton están tomadas de Phylopic (https://www.phylopic.org).

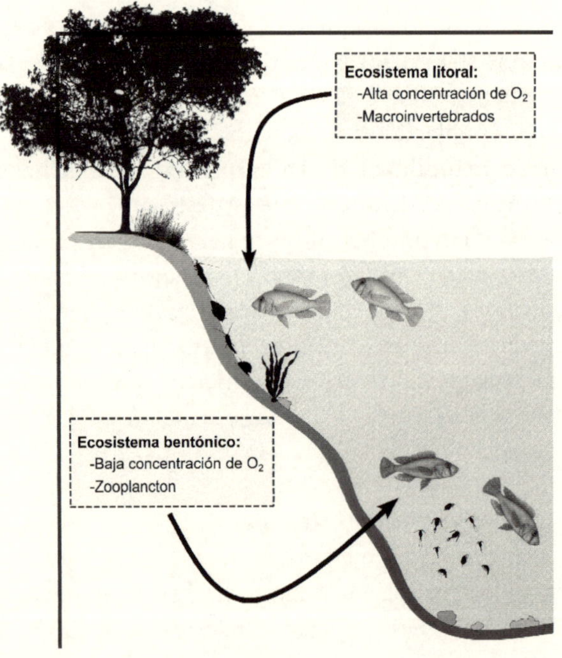

3. Para el rol de los genes en esta radiación puede verse Malinsky et al.[95]

Dichos análisis también revelan que el genoma de estos dos ecotipos es muy parecido, con la salvedad de ciertas regiones relacionadas con rasgos potencialmente sujetos a selección diferencial en los que la divergencia es bastante elevada (F_{ST}>0.3). Pero además de las diferencias genéticas, ambos ecotipos muestran también divergencia a nivel epigenético. Estudiando el metiloma hepático de los ecotipos bentónico y litoral, Vernaz et al. [64] encontraron 341 regiones diferencialmente metiladas entre ambos.[4] Estas diferencias involucraban mayores niveles de metilación en los peces bentónicos frente a los litorales, algo consistente con su reciente colonización del hábitat del fondo del lago. El estudio del transcriptoma de los distintos ecotipos de Masoko mostró además expresión diferencial significativa en 119 genes. Muchos de estos genes diferencialmente expresados estaban relacionados con el metabolismo del oxígeno y los ácidos grasos, algo esperable en la medida en que, tal y como vimos, la colonización del ambiente bentónico implicó un cambio en la concentración de oxígeno disuelto y la dieta de estos peces.

Para descartar la posibilidad de que estas diferencias epigenéticas entre ecotipos se debieran a la plasticidad fenotípica inducida ambientalmente, Vernaz et al.[64] realizaron un experimento en el que criaron a los dos ecotipos de cíclidos de Masoko (junto a la variedad fluvial de Mbaka) en un entorno similar durante una generación. Este experimento reveló que, aunque tras el paso de dicha generación la mayoría de cambios epigenéticos diferenciales (el 88.8%) entre las variedades bentónica y litoral del lago Masoko desaparecieron, un 11.2% de las regiones diferencialmente metiladas se mantuvieron. Más aún, el análisis de estas regiones sugiere a los investigadores que estas están asociadas con genes reguladores del desarrollo, la embriogénesis y la diferenciación celular, algo que podría vincularse con todas aquellas adaptaciones necesarias para la colonización de los distintos ambientes del lago Masoko.

Así pues, en conjunto estos resultados apuntan a que un porcentaje pequeño pero significativo de cambios epigenéticos asociados a la colonización de nuevos hábitats es estable y se hereda entre generaciones. Estos cambios epigenéticos podrían estar involucrados en la eficacia biológica de sus portadores y favorecer la divergencia evolutiva de las poblaciones.

Adaptación por construcción de nicho

La última de las predicciones novedosas establecidas por la SEE que enunciamos al inicio de esta sección es que la modificación del entorno por parte de los propios

---

4. La elección del hígado como órgano diana para el estudio de las marcas epigenéticas se debe a que este órgano, altamente homogéneo, juega un papel clave en procesos metabólicos que podrían estar implicados en la colonización de nuevos hábitats (como el metabolismo dietético, la producción de hormonas o la hematopoyesis, relacionada esta última con el transporte de oxígeno en sangre).

organismos puede favorecer la adaptación conjuntamente con la selección.[1,53] Un ejemplo de esto involucra a los escarabajos peloteros del género *Onthophagus*. Estos escarabajos crían sus larvas en el estiércol, en cuyo interior construyen cámaras huecas. En dichas cámaras, las hembras de *Onthophagus* confeccionan pedestales a partir de sus propias heces, sobre los cuales instalan sus huevos. Cuando los huevos eclosionan, las larvas se alimentan de dicho pedestal, adquiriendo de esta forma la microbiota fecal de su madre. Una vez terminan de comer el pedestal, las larvas pasan entonces a alimentarse de la propia cámara de cría hecha de estiércol, de nuevo ingiriendo más microbiota. Schwab et al.[65] realizaron una serie de experimentos para comprobar el efecto de esta microbiota (dependiente en última instancia de la construcción de nicho de la madre) sobre el desarrollo de las larvas de *Onthophagus gazella*, una especie de este género de escarabajos peloteros.

En un primer experimento, los autores eliminaron por medio de esterilización las comunidades microbianas de la superficie de los huevos de *O. gazella* y del estiércol de las cámaras de cría, a la vez que también retiraron los pedestales. Después, compararon el desempeño de las larvas surgidas de dichos huevos con el de aquellas sometidas a un tratamiento de control, en el cual ni los huevos, ni el estiércol, ni los pedestales fueron esterilizados o retirados. Más en concreto, Schwab et al.[65] midieron el tiempo requerido para alcanzar la adultez, el tamaño de los adultos resultantes, y otra serie de parámetros relacionados, encontrando diferencias significativas en la mayoría de ellos entre los individuos control y los no expuestos a la microbiota. Así, entre otras cosas, estos últimos mostraron un mayor número de días hasta alcanzar la adultez y un menor tamaño de adultos (véase la figura 6).

Figura 6. (A) Tiempo en días hasta alcanzar la adultez por las larvas de *O. gazella* en el tratamiento experimental con la microbiota inalterada *(M[+])* y con la microbiota ausente *(M[-])*. (B) Tamaño corporal adulto en milímetros de ambas condiciones experimentales. *** indica P < 0.001 en el test-t (A) y en la prueba U de Mann-Whitney (B) para la comparación entre tratamientos. Figura modificada de Schwab et al.[65] con una fotografía de *O. gazella* del CSIRO, tomada de Wikimedia Commons.

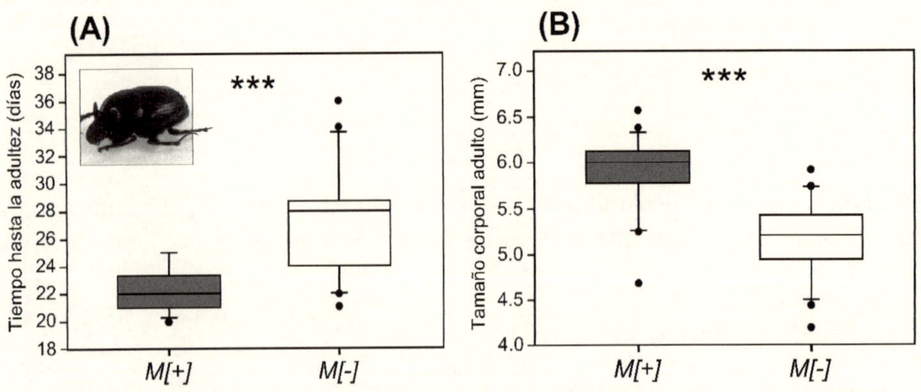

Si bien en un segundo experimento Schwab et al.[65] no consiguieron determinar de forma concluyente qué microbiota (si la del pedestal o la del estiércol) era la más importante para el desarrollo, un tercer experimento mostró claramente que la microbiota del pedestal es más importante que los nutrientes contenidos en este o que la microbiota general que se encuentra en el hábitat natural de *Onthophagus*. Para ello, inocularon sobre estiércol esterilizado o bien la microbiota del pedestal, o bien la microbiota extraída de un suelo local, o bien un control a base de solución salina tamponada con fosfato estéril. Después, criaron huevos de *O. gazella* sobre dichos estiércoles. De nuevo, estos investigadores obtuvieron que todos los anteriores parámetros de desarrollo eran mejores en el caso de los huevos criados sobre estiércol inoculado con la microbiota del pedestal. Unos resultados similares se obtuvieron, además, cuando se sometió a huevos con o sin microbiota a condiciones de estrés térmico y desecación.[65]

¿Cómo interpretar estos resultados? Parece claro, a la luz de la evidencia obtenida, que la microbiota transmitida por las madres de escarabajo pelotero contribuye al normal desarrollo de una serie de rasgos relacionados con la historia de vida de la especie y susceptibles de afectar a la eficacia biológica. Lo interesante de este caso es que, a diferencia de otros ejemplos de transmisión maternal de recursos, las madres transmiten a sus larvas microbios simbiontes necesarios para el correcto desarrollo a través de su comportamiento de construcción de nicho. Sin el decidido impulso de las madres por crear un hábitat seguro y próspero para sus crías, la transferencia de microbiota a las larvas (y, por tanto, su correcto desarrollo) no sería posible, y, con ello, la eficacia biológica de las mismas se vería comprometida. Así pues, este ejemplo muestra que, en efecto, la construcción de nicho contribuye a generar adaptaciones, en este caso relacionadas con la viabilidad de las crías.

EVALUANDO LA SEE

En los anteriores apartados hemos visto los componentes y estructura de la SEE, así como algunas de sus predicciones y ejemplos ilustrativos. Queda, por lo tanto, realizar una evaluación general de la misma. Para ello, emplearemos un enfoque inspirado en Pigliucci,[80] según el cual para evaluar una propuesta teórica han de estimarse dos parámetros: su grado de madurez conceptual y su nivel de apoyo empírico. Nuestra evaluación intentará no ser comparativa (TEE vs. SEE), si no que procuraremos centrarnos —siempre que sea posible— únicamente en la SEE. Para evaluaciones comparativas de ambas aproximaciones teóricas puede consultarse Pigliucci[66] o Baedke et al.[7]

Evaluando la teoría

El grado de madurez conceptual de una teoría científica se evalúa estableciendo qué tan bien satisface una serie de condiciones formales que caracterizan a las buenas teorías. En la literatura filosófica se conoce a estas condiciones como valores epistémicos o virtudes teóricas (ejs., Kuhn,[67] Schindler[68]). La lista de virtudes teóricas varía de un autor a otro, pero una lista de consenso podría estar formada por las siguientes (véase Schindler[68]): contrastabilidad, precisión, consistencia, alcance, simplicidad y fecundidad. A estas nos permitimos sumarle la capacidad explicativa.

Contrastabilidad y precisión. Las buenas teorías científicas son contrastables, es decir, están formuladas de tal manera que las afirmaciones que realizan se pueden poner a prueba empírica. La contrastabilidad requiere a su vez que se cumplan otra serie de requisitos, como que los conceptos que la conforman sean claros, precisos, acotados y directamente conectables con los hechos del mundo (es decir, operacionalizables). La SEE es claramente una teoría contrastable, tal y como se puede deducir de las predicciones que hemos expuesto más arriba. Sus conceptos son claros, precisos, y están razonablemente bien acotados y operacionalizados. Si bien su precisión no suele llegar al nivel de la mostrada por las hipótesis y conceptos de la genética de poblaciones (formulados en su mayoría matemáticamente), al menos sí es suficiente como para ser útil a la hora de hacer ciencia, y equiparable a la que muestran muchas otras ideas clave de la biología evolutiva. La única excepción en este sentido podría constituirla la construcción de nicho, que en algunas publicaciones se define de una manera tan genérica que hace que se parezca más a una cosmovisión que a un proceso bien delimitado (véase Dawkins,[69] Scott-Phillips et al.,[70] Laland[54]). A pesar de esto, incluso de la construcción de nicho es posible derivar predicciones precisas y contrastables empíricamente acerca de su impacto ecológico y evolutivo.

Consistencia. La consistencia de una teoría científica tiene que ver con en qué medida sus postulados encajan bien entre sí (es decir, si la teoría en cuestión posee una estructura coherente y detallada o no, propiedad también conocida como *consistencia interna*), así como qué tan bien encajan con el conjunto de disciplinas y conocimientos existentes (esto es, su *consistencia externa*). Tal y como hemos visto a lo largo de este capítulo, la SEE presenta una estructura teórica razonablemente bien delimitada que establece las principales conexiones entre las distintas hipótesis evolutivas que plantea (véase la figura 2). En cuanto a la coherencia externa, si bien puede haber sospechas de que algunos de sus presupuestos más básicos chocan con algunas asunciones de la TEE, la SEE no contradice los conocimientos asentados de la mayoría de disciplinas biológicas relevantes para entender la evolución.

Alcance y simplicidad. El alcance de una teoría científica equivale a su capacidad para unificar fenómenos o aproximaciones que hasta el momento se consideraban independientes o inconexos. La SEE parece también satisfacer este criterio en la medida en que no solo permite aunar una buena parte del conocimiento establecido por la TEE, sino que también incorpora multitud de conceptos e ideas de la biología del desarrollo, la fisiología o la etología que esta última dejaba a un lado. Ahora bien, la SEE hace esto a base de multiplicar significativamente el número de conceptos evolutivamente relevantes. En este sentido, la SEE es claramente menos simple y parsimoniosa que la TEE, que consigue explicar multitud de fenómenos a partir de un núcleo reducido de preceptos, haciendo más manejable el estudio de la evolución.

Capacidad explicativa. Entendemos por capacidad explicativa el poder de una teoría para revelar los mecanismos que hacen funcionar a las cosas. Una teoría con capacidad explicativa no se contenta con describir las regularidades que rigen el comportamiento de los objetos, sino que además trata de revelar sus causas. La SEE propone hipótesis ambiciosas acerca de los mecanismos ontogenéticos, fisiológicos y conductuales del cambio y la novedad evolutivos, completando así a los mecanismos poblacionales o estrictamente genéticos postulados por la TEE. Sin embargo, y tal y como acabamos de ver, de nuevo esto lo hace a costa de complicar significativamente sus modelos de cambio evolutivo.

Fecundidad. La fecundidad es la capacidad para impulsar nuevas líneas de investigación. Los partidarios de la SEE están interesados en una serie de problemas ajenos a las líneas de investigación tradicionales de la genética de poblaciones. Precisamente en la medida en que esta teoría propone nuevos mecanismos de generación de variación fenotípica y cambio evolutivo, puede decirse que presenta una gran fecundidad. Después de todo, todos esos mecanismos deben ser puestos a prueba empíricamente para determinar su validez, y eso abre nuevas e interesantes vías de estudio.

En suma, parece que la SEE satisface en un grado razonable la mayoría de requisitos formales que han de poseer las buenas teorías científicas. Si bien esta teoría muestra un bajo grado de simplicidad, ya que postula un gran número de mecanismos evolutivos difícilmente reducibles a unos pocos principios, al menos compensa este punto débil con explicaciones más detalladas en términos causales.[7]

Evaluando la evidencia

En base a las anteriores consideraciones, puede concluirse que la SEE es una propuesta teórica solvente. Solo por ello, merece ser tenida en cuenta. Ahora bien, esto no implica que deba ser automáticamente aceptada. En la ciencia, la aceptación de una teoría depende no solo de sus rasgos formales, sino también, y sobre todo, del apoyo empírico que la sustente. La evidencia empírica es la clave de bóveda de la ciencia. No importa lo sofisticado o innovador que sea un marco teórico; en última instancia, lo que determina su éxito o fracaso en el medio y largo plazo es la cantidad de pruebas empíricas que lo avalen. Por ello, es necesario evaluar de una forma más global la evidencia detrás de la SEE.

Evaluar la evidencia que apoya una teoría no es tarea sencilla, en parte debido a que en algunas ocasiones una evidencia concreta puede ser compatible con más de una teoría.[71] Sin embargo, creemos que es posible hacer una primera aproximación a este asunto valorando cuatro aspectos: cuál es la calidad de la evidencia que apoya una teoría, cuál es su cantidad, su diversidad, y, por último, su significancia relativa[5].

Calidad de la evidencia. Podemos definir la calidad de una evidencia como la fuerza con la que esta apoya una determinada hipótesis. Esta calidad suele concretarse en una serie de recomendaciones, tales como que, en igualdad de condiciones, la evidencia experimental es generalmente preferible a la estadística o correlacional, o que cuanto más naturales sean las condiciones que reproducen los experimentos, tanto mejor. Además, cuanta más calidad tenga una evidencia para una determinada hipótesis, más difícil será de compatibilizar con otras hipótesis alternativas.

Basándonos en los anteriores criterios, determinar de forma directa cuál es la calidad de la evidencia que respalda las distintas hipótesis que componen la SEE es una tarea enormemente difícil. Por ello, una forma indirecta de hacerlo es valorar en qué revistas se publica esta evidencia. Podemos asumir que cuanto mejores son estas revistas, mejor es la evidencia que en ellas se publica. Si hacemos esto, podemos constatar que la mayor parte de descubrimientos favorables a la SEE están publicados en revistas alto impacto análogas a aquellas en las que se publican los estudios favorables a la TEE, tales como *Current Biology*, *Nature Ecology and Evolution* o *The American Naturalist*. Esto apoyaría *a priori* la idea de que la evidencia detrás de la SEE es de una razonable calidad, pues de lo contrario no podría estar publicada en revistas como las anteriores. Aunque a la hora de aceptar un artículo en estas revistas se tienen en cuenta diversos criterios (entre ellos, la novedad), lo cierto es que un estudio no se publicaría fácilmente en *The American Naturalist* o *Current Biology* si no estuviera bien respaldado en términos de evidencia. En este sentido, podemos concluir que la calidad de la evidencia que respalda a la SEE es homologable a la que está detrás de la TEE.

Cantidad de evidencia. La cantidad de evidencia a favor de una hipótesis equivale al monto total de datos que la avalan. Según una lógica confirmacionista[72,73] (véase también Diéguez),[74] cada nueva adición de evidencia favorable a una hipótesis aumenta la probabilidad de que sea correcta. Llegados a un punto, sin embargo, la adición de nueva evidencia apenas altera esta probabilidad, y la hipótesis puede considerarse entonces confirmada más allá de toda duda razonable. Al igual que pasa con la evaluación de la calidad, un estudio sistemático de la cantidad de evidencia que apoya a las distintas hipótesis de la SEE está fuera de nuestro alcance. A lo sumo, se podría utilizar como indicador de dicha cantidad el número de estudios confirmatorios publicados. Si hiciéramos esto, probablemente observaríamos que

---

5. El tema de la evaluación del apoyo empírico de una teoría se introduce en Hempel[96] (cap. 4), si bien aquí no siempre hemos seguido su aproximación.

las distintas hipótesis de la SEE cuentan con un número desigual de evidencia favorable. Por ejemplo, mientras que la hipótesis de que la convergencia evolutiva está condicionada por los sesgos del desarrollo parece contar con más bien poca evidencia directa a su favor (o incluso con cierta evidencia en contra; ej., Feiner et al.),[60] otras, como la relativa a la existencia de herencia no genética evolutivamente relevante o aquella que enfatiza la importancia de la construcción de nicho para la adaptación, cuentan con bastante (ejs., Jablonka y Raz,[75] Laland y Chiu[76]). Entre medias podría situarse la asimilación genética, que parece contar con algunas evidencias favorables,[77] si bien en ningún caso parecen ser concluyentes. Así pues, da la impresión de que la SEE cuenta con una cantidad de evidencia desigual dependiendo de la hipótesis concreta que se considere.

Diversidad de la evidencia. La diversidad de la evidencia se refiere a cuán variadas son las metodologías con las que se ha obtenido la evidencia favorable a una hipótesis. En general, suele aceptarse que cuanto más diversa es la evidencia a favor de una hipótesis, tanto mejor. La biología evolutiva moderna hace uso de un gran número de herramientas para recolectar sus datos, yendo desde los experimentos de laboratorio hasta los estudios genómicos, pasando por las simulaciones por ordenador. Aunque la evidencia descrita en los apartados anteriores es mayoritariamente de naturaleza experimental o molecular, las distintas hipótesis de la SEE cuentan también con otros tipos de evidencia a su favor. Por ejemplo, se ha defendido la utilidad de los métodos computacionales para el estudio acerca de cómo condicionan los sesgos del desarrollo el transcurso de la evolución.[46] Precisamente debido al énfasis concedido a la biología del desarrollo, la fisiología y la etología en la SEE (cada una de ellas con sus métodos característicos), es razonable asumir que sus hipótesis están avaladas por una gran diversidad de metodologías.

Significancia relativa. La significancia relativa se refiere al porcentaje de casos concretos de una clase de fenómenos que una teoría explica. El concepto de significancia relativa fue introducido por el filósofo John Beatty para explicar la naturaleza de las disputas en biología[78] (véase también Craig[79]). En biología, un mismo fenómeno puede ocurrir por medio de mecanismos muy distintos. Por ello, Beatty considera que más que intentar elaborar una única teoría para dar cuenta de todos los casos de una misma clase de fenómeno, es mejor tratar de determinar cuántos de dichos casos explica la teoría A y cuántos explican las teorías alternativas B, C o D. Por ejemplo, en vez de tratar de averiguar si la evolución ocurre por gradualismo estricto o por equilibrio puntuado, es más apropiado determinar cuál es el porcentaje de linajes que han evolucionado por un mecanismo, y cuál es el porcentaje que lo ha hecho por el otro.

Algunos biólogos evolutivos críticos con la SEE se han quejado de que sus partidarios elevan a categoría general mecanismos que en realidad constituyen más bien excepciones.[3,37] Esta queja debe ser tomada en serio, pues si no tenemos en cuenta el problema de la significancia relativa podemos llevarnos a engaño al sobreestimar la importancia de un mecanismo evolutivo alternativo. En este sentido, para tener una visión de conjunto del apoyo empírico a favor de la SEE, es necesario saber qué porcentaje de casos de un mismo fenómeno es explicado por las hipótesis novedosas frente a las clásicas. Por ejemplo, ¿a cuántas adaptaciones contribuye la construcción de nicho frente aquellos casos en los que actúa únicamente la selección? Preguntas similares se pueden plantear acerca del papel de los sesgos del desarrollo en la convergencia evolutiva o de la asimilación genética en la adaptación a hábitats novedosos.

Dada la diversidad taxonómica de especies que existen, una evaluación sistemática de la significancia relativa de los mecanismos de la SEE debería empezar por valorar cuántos grupos de organismos y rasgos evolucionan por medio de los mismos. Idealmente, a esto debería incluirse también una evaluación de la importancia de dichos rasgos: ¿son estos rasgos importantes para la eficacia biológica, o más bien secundarios? *A priori*, la impresión que da el estudio de las publicaciones de los partidarios de la SEE es que la significancia relativa de sus mecanismos es más bien baja, con la posible excepción de la construcción de nicho. Esto quiere decir que, al menos por el momento, estos mecanismos constituyen más bien excepciones a los mecanismos clásicos. Esto es esperable en la medida en que dichos mecanismos han sido mucho menos estudiados que los tradicionales.

En suma, la evidencia a favor de la SEE tiene una buena calidad y es ciertamente diversa. Sin embargo, la cantidad de pruebas a favor de las distintas hipótesis es desigual, pudiendo considerarse algunas de ellas como confirmadas más allá de toda duda razonable (por ejemplo, la herencia no genética evolutivamente relevante o el impacto evolutivo de la construcción de nicho) y otras como posibilidades sugerentes cuyo alcance está todavía por determinar (por ejemplo, la importancia de los sesgos del desarrollo en la convergencia evolutiva o la asimilación genética). Además, la evidencia a favor de los mecanismos de la SEE sugiere que su significancia relativa es por el momento más bien baja en términos generales, no siendo posible actualmente considerarlos representativos del modo general en el que se produce la evolución.

¿Reforma o revolución?

Hay para quienes la SEE constituye una serie de adiciones menores a la forma convencional de entender la evolución, análogas a las que en el pasado experimentó la SM en su transición a la TEE. Otros, por el contrario, ofrecen varios argumentos de naturaleza conceptual acerca de por qué la SEE constituye un marco teórico completamente novedoso y alternativo a la TEE. En algunas publicaciones de la SEE, incluido el artículo de Laland et al.,[1] sus partidarios incluyen junto a las propuestas teóricas más concretas toda una visión general alternativa de los organismos y la evolución. Esta visión es en buena medida incompatible con la TEE, ya que parte de unas premisas muy distintas acerca de qué clase de entidades son los organismos, o acerca de cuál es la naturaleza de la causalidad.[81,82] Por ejemplo, muchos partidarios de la SEE asumen que los organismos son entidades autónomas y dirigidas a fines (es decir, teleológicas) o que puede existir causación descendente, en la cual los niveles superiores de organización (células, tejidos) provocan cambios sobre los niveles inferiores (genes y otras macromoléculas biológicas).[1,83,84] Esto contrasta con la visión más bien mecanicista de la causalidad y los organismos que asume la TEE.

Más allá de esta serie de aspectos filosóficos, el análisis realizado en los apartados anteriores nos permite concluir que la SEE es un marco teórico con un alto grado de madurez conceptual y que cuenta con cierta evidencia a su favor, si bien es posible que muchas de las afirmaciones más ambiciosas y rupturistas de algunos de sus defensores no estén por el momento suficientemente justificadas. Esto se debe principalmente a dos razones. En primer lugar, tal y como ya sugerimos, la evidencia a favor de las distintas hipótesis de la SEE es muy desigual. Dado que las propuestas más ambiciosas de este marco teórico dependen del éxito de sus hipótesis concretas, hasta que estas últimas no hayan sido plenamente corroboradas, y su significancia relativa establecida, es mejor mantenerse escépticos acerca de sus implicaciones. Y, en segundo lugar, no está claro que, tal y como afirman algunos simpatizantes de la SEE,[85] las nuevas hipótesis evolutivas propuestas por esta teoría no puedan ser acomodadas bajo una visión más clásica de la evolución. Por ejemplo, no está claro que la herencia epigenética no pueda ser incorporada a los modelos clásicos de genética de poblaciones (Day y Bonduriansky;[86] Charlesworth et al.[2]), o que la construcción de nicho no pueda ser interpretada desde un punto de vista genocentrista como un caso de fenotipo extendido.[69,87] Por otra parte, hay quienes consideran que la evo-devo, con todas sus hipótesis asociadas, puede encajar de una manera relativamente cómoda con los supuestos de la TEE.[88] Lo mismo podría decirse de ciertos casos de evolución promovida por plasticidad: no tiene por qué haber contradicción entre la selección sobre variación genética y la plasticidad fenotípica, tal y como muestran las discusiones en torno a lo que se conoce como el *potencial epigenético* (la variación genética en las islas CpG, que se correlaciona con la capacidad para mostrar plasticidad fenotípica mediada por marcas epigenéticas).[89] La idea de que es posible que al menos algunas hipótesis de la SEE sean compatibles con la TEE se ve reforzada, además, por la manera no excluyente en la que se formulan muchas de estas hipótesis (por ejemplo, «la adaptación se produce por construcción de nicho *más* selección natural, y *no solo* por selección natural»). La SEE, como cualquier otra teoría científica, está estructurada de forma modular. Por ello, no sería descabellado que algunas partes de la SEE acabaran siendo integradas en la TEE con el paso del tiempo, a la vez que otras partes fueran descartadas. Llegado el caso, no haría falta comprometerse con la SEE como un todo: se podrían rechazar ciertas partes de la misma a la vez que se aceptasen otras.

En definitiva, todo lo visto sugiere que el escenario revolucionario está, al menos por el momento, descartado. Ahora bien, esto no implica que la SEE carezca de valor. Probablemente, este marco teórico constituya una de las innovaciones más destacadas (si no la que más) en la biología evolutiva de las últimas décadas. Los partidarios de la SEE han conseguido formular una visión alternativa y ampliada de cómo puede producirse el cambio evolutivo, que además hace énfasis en una serie de aspectos que habían sido ciertamente descuidados por las aproximaciones evolutivas más clásicas. La literatura científica en biología evolutiva publicada a lo largo de la última década muestra claramente cómo, al igual que en otros casos de controversia científica,[90] la SEE ha estimulado la acumulación de nueva evidencia, ha contribuido a reevaluar buena parte de la evidencia existente y ha impulsado a muchos científicos a revisar algunas asunciones cuestionables de la TEE. Todas estas tareas constituyen elementos clave del progreso científico, y por ello deben ser bienvenidas.

Conclusiones

En este capítulo hemos hecho una introducción general a la SEE, centrándonos especialmente en ilustrar con ejemplos algunas de sus predicciones más novedosas. Hemos llevado a cabo también una evaluación preliminar de la madurez conceptual y el grado de apoyo empírico de esta propuesta teórica, y hemos discutido si debe ser considerada una reforma o una revolución con respecto a la TEE. Hemos concluido que la SEE es una propuesta teórica formalmente madura, si bien la evidencia que tiene detrás, aunque de gran calidad, no es por el momento suficientemente abundante y relevante como para demandar su aceptación unánime. Tras este recorrido, nos gustaría finalizar haciendo un llamamiento a favor de la actitud científica.[91] La actitud científica consiste en la predisposición a tomarse en serio la evidencia y a modificar nuestras teorías conforme a la misma, tratando de ser lo más neutrales posible con respecto a nuestras inclinaciones personales. El debate acerca de la SEE ha hecho aflorar las emociones a muchos biólogos evolutivos, que en ocasiones han llegado a emplear palabras gruesas y descalificativos personales refiriéndose a sus supuestos rivales (un caso paradigmático en este sentido podría ser Gupta et al.[92]). Los ha habido que han sido demasiado ambiciosos en sus afirmaciones, y quienes han descalificado *a priori* cualquier innovación teórica, independientemente de lo sustanciada que estuviera. Ante esta situación, bien convendría recordar que lo que distingue a la ciencia de otras formas de conocimiento es toda aquella serie de valores que garantizan que la evidencia sea tenida en cuenta y ocupe un papel central en sus indagaciones.[90,93] Aplicado a esta situación, esto implica que los partidarios de la SEE no deberían exagerar los logros de su propuesta de forma prematura, y los biólogos evolutivos más escépticos deberían adoptar una postura abierta y constructiva acerca de las nuevas propuestas rigurosas que lleguen a su campo. De esta manera será más sencillo acercarnos a la meta común que como biólogos evolutivos todos tenemos: entender cómo funciona realmente la evolución.

Agradecimientos

Los autores agradecen a José Gijón Puerta la organización de las I Jornadas sobre Educación científica de la ciudadanía (Universidad de Granada), así como a todos los profesores e investigadores que participaron en ellas. Juan Gefaell agradece además a las audiencias de las reuniones del Grupo de Filosofía de la Biología y la Medicina de la UNED y de los Seminarios XB2 de Genética y Evolución de la Universidade de Vigo por sus comentarios y sugerencias sobre las versiones previas de este capítulo. También quiere agradecer a Tobias Uller, Nathalie Feiner y su grupo en la Lund University por sus conversaciones sobre la SEE y por ser claros ejemplos de actitud científica en acción. Por último, agradece a Julie Johnson y Martin Genner su permiso para utilizar los dibujos de *A. calliptera*.

Financiación

Juan Gefaell recibe financiación de un contrato predoctoral de la Xunta de Galicia (ED481A-2021/274). Emilio Rolán-Alvarez recibe financiación del Ministerio de Ciencia e Innovación (PID2021-124930NB-I00).

Referencias

1. Laland, K. N. *et al.* The extended evolutionary synthesis: its structure, assumptions and predictions. *Proc R Soc B,* **282** (2015).
2. Charlesworth, D., Barton, N. H. & Charlesworth, B. The sources of adaptive variation. in *Proc R Soc B,* **284** (2017).
3. Futuyma, D. J. Evolutionary biology today and the call for an extended synthesis. *Interface Focus* **7** (2017).
4. Laland, K. N. *et al.* Does evolutionary theory need a rethink? *Nature* **514**, (2014).
5. Müller, G. B. Why an extended evolutionary synthesis is necessary. *Interface Focus* **7** (2017).
6. Chiu, L. Extended evolutionary synthesis. A review of the latest scientific research. John Templeton Foundation. *https://www.templeton.org/wp-content/uploads/2023/01/EES-Final-Report-1.23.23.pdf* (2022).
7. Baedke, J., Fábregas-Tejeda, A. & Vergara-Silva, F. Does the extended evolutionary synthesis entail extended explanatory power? *Biol Philos* **35**, (2020).
8. Provine, W. B. *The origins of theoretical population genetics.* (The University of Chicago Press, 2001).
9. Bowler, P. J. *Evolution: the history of an idea (3rd. ed.).* (University of California Press, 2003).
10. Caballero, A. *Quantitative genetics,* Cambridge Univerity Press, 2020.
11. Haldane, J. B. S. A mathematical theory of natural and artificial selection. Part I. *Trans Cambridge Philos Soc* **23**, 19–41 (1924).

12. Ridley, M. *Evolution*. (Blackwell Publishing, 2003).

13. Smocovitis, V. B. Unifying biology: the evolutionary synthesis and evolutionary biology. *J Hist Biol* **25**, (1992).

14. Dobzhansky, T. *Genetics and the origin of species*. (Columbia University Press, 1937).

15. Mayr, E. *Systematics and the origin of species from the viewpoint of a zoologist*. (Columbia University Press, 1942).

16. Simpson, G. G. *Tempo and mode in evolution*. (Columbia University Press, 1944).

17. Stebbins, G. L. *Variation and evolution in plants* (Columbia University Press, 1950).

18. Kuhn, T. S. *The structure of scientific revolutions*. (University of Chicago Press, 1962).

19. Gefaell, J. Análisis kuhniano de la biología evolutiva moderna. Trabajo Final de Máster. (UNED, 2019).

20. Kimura, M. Evolutionary rate at the molecular level. *Nature* **217**, (1968).

21. Gould, S. J. *Ontogeny and phylogeny*. (Harvard University Press, 1977).

22. Gould, S. J. & Lewontin, R. C. The spandrels of San Marco and the Panglossian paradigm: a critique of the adaptationist programme. *Proc R Soc of Lond B Biol Sci* **205**, (1979).

23. Freeman, S. & Herron J. C. *Evolutionary analysis*. (Pearson, 2004).

24. Futuyma, D. J. & Kirkpatrick, M. *Evolution* (Sinauer, 2017).

25. Gould, S. J. *The structure of evolutionary theory*. (Harvard University Press, 2002).

26. Visscher, P. M., Hill, W. G. & Wray, N. R. Heritability in the genomics era - concepts and misconceptions. *Nat Rev Genet* **9**, (2008).

27. Luria, S. E. & Delbrück, M. Mutations of bacteria from virus sensitivity to virus resistance. *Genetics* **28**, (1943).

28. Endler, J. A. & McLellan, T. The processes of evolution: toward a newer synthesis. *Annu Rev Ecol Syst.* **19** (1988).

29. Endler, J. A. *Natural selection in the wild. Monographs in population biology, vol. 21.* (Princeton University Press, 1986).

30. Jablonka, E. & Lamb, M. J. *Epigenetic inheritance and evolution*. (Oxford University Press, 1995).

31. Oyama, S., Gray, R. D. & Griffiths, P. E. *Cycles of contingency: developmental systems and evolution*. (The MIT Press, 2003).

32. Pigliucci, M. Do we need an extended evolutionary synthesis? *Evolution* **61**, (2007).

33. Müller, G. B. Evo-devo: Extending the evolutionary synthesis. *Nat Rev Genet* **8**, (2007).

34. Pennisi, E. Evolution: modernizing the modern synthesis. *Science* **321**, (2008).

35. Whitfield, J. Biological theory: postmodern evolution? *Nature* **455**, (2008).

36. Pigliucci, M. & Müller, G. B. *Evolution. The extended synthesis.* (The MIT Press, 2010).

37. Welch, J. J. What's wrong with evolutionary biology? *Biol Philos* **32**, (2017).

38. Laland, K. N., Odling-Smee, J., Hoppitt, W. & Uller, T. More on how and why: cause and effect in biology revisited. *Biol Philos* **28**, (2013).

39. Laland, K. N., Sterelny, K., Odling-Smee, J., Hoppitt, W. & Uller, T. Cause and effect in biology revisited: is Mayr's proximate-ultimate dichotomy still useful? *Science* **334**, (2011).

40. Mayr, E. Cause and effect in biology. *Science* **134** (1961).

41. Pennisi, E. Templeton grant funds evolution rethink. *Science* **352**, (2016).

42. Alberch, P. The logic of monsters: evidence for internal constraint in development and evolution. *Geobios* **22**, (1989).

43. Raff, R. A. *The shape of life* (The university of Chicago Press). (1996).

44. Gilbert, S. F., Opitz, J. M. & Raff, R. A. Resynthesizing evolutionary and developmental biology. *Dev Biol* **173**, (1996).

45. Arthur, W. *Biased embryos and evolution.* (Cambridge University Press, 2004).

46. Uller, T., Moczek, A. P., Watson, R. A., Brakefield, P. M. & Laland, K. N. Developmental bias and evolution: a regulatory network perspective. *Genetics* **209**, (2018).

47. Arthur, W. Developmental drive: an important determinant of the direction of phenotypic evolution. *Evol Dev* **3**, (2001).

48. Fusco, G. & Minelli, A. Phenotypic plasticity in development and evolution: facts and concepts. *Proc R Soc B* **365**, (2010).

49. West-Eberhard, M. J. *Developmental plasticity and evolution.* (Oxford University Press, 2003).

50. Bonduriansky, R. & Day, T. *Extended heredity: a new understanding of inheritance and evolution* (Princeton University Press, 2018).

51. Danchin, É. *et al.* Beyond DNA: Integrating inclusive inheritance into an extended theory of evolution. *Nat Rev Genet* **12**, (2011).

52. Odling-Smee, J. & Laland, K. N. Ecological inheritance and cultural inheritance: what are they and how do they differ? *Biol Theory* **6**, (2011).

53. Odling-Smee, J., Laland, K. N. & Feldman, M. W. *Niche construction. The neglected process in evolution.* (Princeton University Press, 2003).

54. Laland, K. N. Defining niche construction. Extended Evolutionary Synthesis Blog. *https://extendedevolutionarysynthesis.com/defining-niche-construction/* (2017).

55. Blount, Z. D., Lenski, R. E. & Losos, J. B. Contingency and determinism in evolution: replaying life's tape. *Science* **362** (2018).

56. Raup, D. M. Geometric analysis of shell coiling: general problems. *J Palentol* **40**, (1966).

57. Albertson, R. C. & Kocher, T. D. Genetic and developmental basis of cichlid trophic diversity. *Heredity* **97** (2006).

58. Brakefield, P. M. Evo-devo and constraints on selection. *Trends Ecol Evol* **21** (2006).

59. Laland, K. N. & Uller, T. Putting the extended evolutionary synthesis to the test: a final report. *https://extendedevolutionarysynthesis.com/wp-content/uploads/2022/02/Final-Report-singlepage-compressed.pdf* (2021).

60. Feiner, N., Jackson, I. S. C., Munch, K. L., Radersma, R. & Uller, T. Plasticity and evolutionary convergence in the locomotor skeleton of Greater Antillean *Anolis* lizards. *Elife* **9**, (2020).

61. Waddington, C. H. Genetic assimilation of an acquired character. *Evolution* **7** (1953).

62. Waddington. C. H. Canalization of development and the inheritance of acquired characters. *Nature* **150** (1942).

63. Aubret, F. & Shine, R. Genetic assimilation and the postcolonization erosion of phenotypic plasticity in island tiger snakes. *Curr Biol* **19**, (2009).

64. Vernaz, G. *et al.* Epigenetic divergence during early stages of speciation in an African crater lake cichlid fish. *Nat Ecol Evol* **6**, (2022).

65. Schwab, D. B., Riggs, H. E., Newton, I. L. G. & Moczek, A. P. Developmental and ecological benefits of the maternally transmitted microbiota in a dung beetle. *Am Nat* **188**, (2016).

66. Pigliucci, M. Darwinism after the modern synthesis. in *The Darwinian tradition in context: research programs in evolutionary biology.* (ed. Delisle, R. G.) 89–103 (Springer International Publishing, 2017).

67. Kuhn, T. S. Objectivity, value judgment, and theory choice. In *The essential tension: selected studies in scientific tradition and change.* (ed. Kuhn, T. S.) 320–339 (The University of Chicago Press, 1977).

68. Schindler, S. *Theoretical virtues in science: uncovering reality through theory* (Cambridge University Press, 2018).

69. Dawkins, R. Extended phenotype - But not too extended. A reply to Laland, Turner and Jablonka. *Biol Philos* **19**, (2004).

70. Scott-Phillips, T. C., Laland, K. N., Shuker, D. M., Dickins, T. E. & West, S. A. The niche construction perspective: a critical appraisal. *Evolution* **68**, (2014).

71. Stanford, K. 'Underdetermination of scientific theory', The Stanford Encyclopedia of Philosophy (Summer 2023 Edition). *https://plato.stanford.edu/archives/sum2023/entries/scientific-underdetermination/.* (2023).

72. Carnap, R. Testability and meaning. *Philos Sci* **3**, (1936).

73. Carnap, R. Testability and meaning— Continued. *Philos Sci* **4**, (1937).

74. Diéguez, A. *Filosofía de la ciencia.* (Biblioteca Nueva, 2005).

75. Jablonka, E. V. A. & Raz, G. A. L. Transgenerational epigenetic inheritance: prevalence, mechanisms, and implications for the study of heredity and evolution. *Q Rev Biol* **84**, (2009).

76. Laland, K. N. & Chiu, L. Niche construction: Resources. *https://nicheconstruction.com/resources/* (2020).

77. Ehrenreich, I. M. & Pfennig, D. W. Genetic assimilation: a review of its potential proximate causes and evolutionary consequences. *Ann Bot* **117**, (2016).

78. Beatty, J. Why do biologists argue like they do? *Philos Sci* **64**, (1997).

79. Craig, L. R. Neo-darwinism and evo-devo: an argument for theoretical pluralism in evolutionary biology. *Perspect Sci* **23**, (2015).

80. Pigliucci, M. An extended synthesis for evolutionary biology. *Ann N Y Acad Sci* **1168**, (2009).

81. Gefaell, J. & Saborido, C. Incommensurability in evolutionary biology: the extended evolutionary synthesis controversy. In *Life and mind: new directions in the philosophy of biology and cognitive sciences (Interdisciplinary evolution research, vol. 8).* 165-183. (eds. Viejo, J. M. & Sanjuán, M.). (Springer, 2023).

82. Gefaell, J. & Saborido, C. Incommensurability and the extended evolutionary synthesis: taking Kuhn seriously. *Eur J Philos Sci* **12**, (2022).

83. Noble, D. A theory of biological relativity: no privileged level of causation. *Interface Focus* **2**, (2012).

84. Walsh, D. M. *Organisms, agency, and evolution* (Cambridge University Press, 2015).

85. Noble, D. Evolution beyond neo-darwinism: a new conceptual framework. *J Exp Biol* **218**, (2015).

86. Day, T. & Bonduriansky, R. A unified approach to the evolutionary consequences of genetic and nongenetic inheritance. *Am Nat* **178**, (2011).

87. Dawkins, R. *The extended phenotype,* (Oxford University Press, 1982).

88. Minelli, A. Evolutionary developmental biology does not offer a significant challenge to the neo-darwinian paradigm. In *Contemporary debates in philosophy of biology* (eds. Ayala, F. J. & Arp, R.) 213–226 (Wiley-Blackwell, 2009).

89. Kilvitis, H. J., Hanson, H., Schrey, A. W. & Martin, L. B. Epigenetic potential as a mechanism of phenotypic plasticity in vertebrate range expansions. *Integr Comp Biol* **57** (2017).

90. De Cruz, H. & De Smedt, J. The value of epistemic disagreement in scientific practice. The case of *Homo floresiensis*. *Stud Hist Philos Sci A* **44**, (2013).

91. McIntyre, L. *The scientific attitude: defending science from denial, fraud, and pseudoscience*. (The MIT Press, 2019).

92. Gupta, M., Prasad, N. G., Dey, S., Joshi, A. & Vidya, T. N. C. Niche construction in evolutionary theory: the construction of an academic niche? *J Genet* **96**, (2017).

93. Pennock, R. T. *An instinct for truth: curiosity and the moral character of science*. (The MIT Press, 2019).

94. Arendt, J. & Reznick, D. Convergence and parallelism reconsidered: what have we learned about the genetics of adaptation? *Trends Ecol Evol* **23** (2008).

95. Malinsky, M. *et al.* Genomic islands of speciation separate cichlid ecomorphs in an East African crater lake. *Science* **350**, (2015).

96. Hempel, C. G. *Filosofía de la ciencia natural*. (Alianza Editorial, 2021).

Tratamiento curricular e investigaciones educativas sobre la teoría de la evolución

Francisco González García[1]

Las dificultades en la enseñanza-aprendizaje de la evolución biológica

En el campo de la investigación educativa uno de los tópicos más habituales y por los que se inician muchos estudios es la revisión de las concepciones alternativas o ideas previas de los estudiantes en torno al tema de estudio. Siendo la evolución uno de los fundamentos básicos, si no el principal, de la biología, no es extraño que uno de los temas más estudiados en la investigación didáctica de la biología sea la temática de las concepciones erróneas que sobre el proceso evolutivo tienen todos los estudiantes, y destaquemos que tampoco los profesores están exentos de los mismos errores.

Comentemos los errores más habituales que se han descrito en la amplísima bibliografía existente (al final de este capítulo se recoge una muestra no exhaustiva y ceñida tan solo a los últimos años y que puede ser orientativa de su extensión).

Podemos sintetizar en cinco grandes dificultades a superar durante el proceso de enseñanza de la evolución, a modo de dificultades u obstáculos epistemológicos (en el sentido tradicional que se proporciona en la didáctica de las ciencias a tales obstáculos).

Primera. Interferencias con conceptos cotidianos

El primer obstáculo en la enseñanza-aprendizaje de la evolución surge de las interferencias entre el vocabulario común y el significado que las ciencias biológicas otorgan a muchos conceptos de la teoría evolutiva. Esto se puede ilustrar con la misma expresión *teoría de la evolución*, pues suele hacerse mal uso del vocablo *teoría*, ya que en el lenguaje común no se corresponde con el significado utilizado en ciencia, de modo que los estudiantes pueden entender que al referirse a la *teoría de la evolución* estamos hablando de hechos que no están contrastados científicamente

---

1. Profesor titular del Dpto. de Didáctica de las Ciencias Experimentales de la Universidad de Granada

o son meramente especulativos, tal como se entienden en el lenguaje común. Por el contrario, en ciencia, una teoría es una idea aceptada y comprobada por la comunidad científica. En el caso de no estar comprobada se diría que tan sólo es una *hipótesis*. Por eso es importante que los estudiantes comprendan en qué consiste el método científico, donde se diferencia claramente entre teoría e hipótesis.

Esta confusión también se produce con otros términos muy habituales en el proceso de enseñanza de la teoría evolutiva. Por ejemplo, suele haber confusión entre mutantes y mutación, asociando siempre ambos vocablos a elementos negativos y por ello dificultando la comprensión del importante papel que las mutaciones pueden tener en los cambios evolutivos.

Quizás el vocablo más conflictivo sea el de *adaptación*. En el lenguaje diario se suele hablar del proceso individual de adaptarse, haciendo referencia a las reacciones individuales de *adaptabilidad* fisiológica que son muy cotidianos. Se produce una confusión con el estado poblacional fijado genéticamente en una población de individuos, que también se denomina adaptación o estar adaptado y que con más propiedad debería llamarse *adaptatividad*.

Segunda. La herencia de los caracteres adquiridos

Probablemente, la confusión entre adaptarse (individualmente) y estar adaptada (una población o especie), sea fuente muy importante del error más común entre todas las personas cuando se inician en el estudio de la evolución. Error que corresponde a una de las explicaciones históricas más conocidas en la historia de la biología. Nos referimos a la explicación que Jean Baptiste de Monet, caballero de Lamarck (1744-1829) propuso para el cambio evolutivo. Una explicación en que interviene el medio externo, la herencia y la duración en el mecanismo evolutivo, la conocida herencia de los caracteres adquiridos. Según esta idea, los individuos *se adaptan* al medio ambiente en que viven y transmiten esta adaptación a su descendencia. El uso continuado de un órgano lo fortalece y los hijos heredarán ese órgano más robusto o bien, si el órgano no se usa, se reduce hasta desaparecer en la descendencia. Tal es el clásico ejemplo de la jirafa, que se habría diferenciado a partir de un antílope primitivo, a causa de adaptarse a ramonear las hojas de los árboles, y por ello habría aumentado gradualmente y en generaciones sucesivas la longitud del cuello y de la lengua. Este concepto de la herencia de los caracteres adquiridos es una idea causal simple (causa cercana en el tiempo y en el espacio) que se entiende fácilmente. En cambio, la selección natural requiere entender el origen de la variación, la selección natural propiamente dicha y comprender el concepto poblacional asociado a la variabilidad intraespecífica. Las ideas del *uso y desuso de los órganos* y de la *herencia de caracteres adquiridos* son muy comunes entre toda la población e incluso han resurgido en numerosas ocasiones a lo largo de la historia de la biología. Peter J. Bowler,[1] en su clásico texto sobre la idea de la evolución, afirmaba (página 104): «El lamarckismo atrae, tanto ahora como entonces, porque nos permite creer que la vitalidad y la creatividad, que casi todo el mundo considera como los caracteres fundamentales de la vida, son las auténticas fuerzas motoras de la naturaleza». Esta presencia del pensamiento de Lamarck ha emergido de nuevo fruto de las investigaciones en epigenética, cuyas resonancias lamarquistas son evidentes.

TERCERA. LA BASE GENÉTICA DEL PROCESO EVOLUTIVO (O SU CARENCIA)

La comprensión de los mecanismos que conducen a la aparición de nuevas especies es un tema realmente complejo, es frecuente que los estudiantes piensen que las nuevas especies surgen a partir del cruce de especies preexistentes, como si se tratara de una hibridación, y no se piensa en la mutación como el mecanismo encargado de proporcionar nuevo material genético a los seres vivos. Cuando se trata el tema de las mutaciones y su relación con la evolución de las especies, usualmente se piensa que las mutaciones son algo perjudicial para la salud, que pueden provocar seres mutantes, extraños o deformes. Es decir, se desvirtúa el concepto científico, frecuentemente debido a influencias culturales, de los medios de comunicación. También, por desconocimiento de los mecanismos que producen las mutaciones y de cómo se heredan, es frecuente pensar que todas las mutaciones son heredadas por los descendientes con independencia de las células a las que afecte. Otra confusión frecuente en el alumnado se produce entre el término mutación y otros que indican cambios sufridos por los seres vivos a lo largo del tiempo (crecimiento, metamorfosis, etc.).

Tampoco se considera la variación genética intraespecífica como algo esencial para el proceso evolutivo, ni se consideran las diferencias en el éxito reproductivo. Todas estas consideraciones son parte del estudio de la genética poblacional. Genética que generalmente no se estudia en ningún momento de los estudios obligatorios establecidos en el curriculum de ciencias, tal como comentaremos posteriormente. Podemos afirmar que los estudiantes se encuentran con las mismas dificultades para entender los mecanismos evolutivos que el mismo Lamarck y Darwin, a saber, carecer de una correcta explicación de los mecanismos de la herencia biológica.

Se da, por tanto, una doble complicación y problema, siendo la genética uno de los contenidos de la biología más complejos y difíciles de aprender y que queda relegado, en el caso de España, al último curso de la enseñanza secundaria de forma optativa.

CUARTA. EL PENSAMIENTO TELEOLÓGICO Y NUESTRO ANTROPOCENTRISMO

Una concepción errónea común entre todas las personas al explicar multitud de fenómenos biológicos, y la evolución no escapa a ello, es aplicar el pensamiento teleológico y entender que la evolución tiene un fin determinado. La teleología se inicia en una tradición aristotélica, continuada por los escolásticos medievales, la *doctrina de las causas finales,* que considera al ser humano como el producto final y más acabado de la naturaleza. Los escolásticos sentaron el principio de que *todo lo que se hace, se hace con algún fin*, y Aristóteles planteó su doctrina teleológica en la frase *nada en vano*. Los alumnos suelen tener una visión teleológica sobre los fenómenos naturales, identificando causas con propósitos finales. Los propios expertos describen la evolución en términos teleológicos, debido a que hablan metafóricamente, lo cual a veces confunde a los estudiantes.

El pensamiento teleológico se entrelaza con el antropocentrismo y conlleva el error de considerar a la evolución como un proceso de cambio progresivo unidireccional, mediante una sucesión de pasos sucesivos en un orden lineal, siempre progresivo y en mejora.

Esta idea lineal y en ascenso es muy difundida, desde sus orígenes en la *Escala de la naturaleza* de origen aristotélico hasta las comunes representaciones en los textos de imágenes lineales en la evolución de los vertebrados (desde los peces a los mamíferos) para finalizar, por supuesto, en el ser humano. Incluso la evolución de los homínidos se suele presentar como una escala progresiva que finaliza en el *Homo sapiens*, siendo en realidad los procesos evolutivos muy diversos y ramificados.

Superar el antropocentrismo, supone poner en cuestión la presunta superioridad del ser humano y negar la ancestral idea de que somos superiores al resto de las formas vivas. Tan solo recientemente, y fruto de la conciencia de la degradación medioambiental provocada por acción humana, se ha ido incorporando al pensamiento común la idea de que los animales son sujetos de derechos. Y en la evolución humana, los avances en los estudios de ADN fósil han permitido comprobar que en nuestro acervo génico han colaborado otras especies de *Homo* y que nuestro origen no es tan lineal como considerábamos.

Podemos considerar una derivación del pensamiento antropocéntrico nuestra dificultad para comprender la extensión del tiempo geológico, esencial para la comprensión del proceso evolutivo. A los estudiantes les es muy difícil establecer una relación significativa entre la edad de la Tierra y el proceso de la evolución, ya que la evolución de las especies es un proceso lento y no observable a la escala temporal de la vida humana.

Quinta. El problema de la religión

Dejamos para el final la superación del conflicto entre evolución y creencias religiosas, origen de multitud de investigaciones, no solo educativas, sino de pensamiento y enfrentamientos de todo tipo. Desde el mismo momento de la publicación de la obra de Darwin, y él mismo era consciente de ello, la idea de la evolución se enfrentaba radicalmente a la explicación bíblica del origen de las especies vivas y, por supuesto, del ser humano.

Este conflicto con el campo de las creencias religiosas se ha trasladado habitualmente al campo de la enseñanza y ha originado el problema de la inclusión o exclusión de la enseñanza de la teoría evolutiva en el curriculum educativo de los países. El caso más conocido es su enseñanza en los Estados Unidos de América, donde desde hace un siglo (en torno a 1920) surgió un movimiento religioso fundamentalista que llevó al establecimiento de leyes antievolucionistas en varios estados. Sus objetivos se focalizaron en eliminar o restringir la enseñanza del evolucionismo de las aulas de diversos niveles educativos o incluir la enseñanza del creacionismo en la educación científica de los estudiantes. Este movimiento ha tenido diferentes expresiones, manifestándose en la actualidad en la denominada teoría del diseño inteligente. Los puntos de vista de la mayoría de científicos se posicionan radicalmente opuestos al diseño inteligente, aunque entre la población de los Estados Unidos hay una gran proporción que no creen que la especie humana provenga de otras especies y rechazan la evolución a favor del dogma religioso. La enseñanza del creacionismo en la educación pública estadounidense es inconstitucional en virtud de su constitución que prohíbe la presencia de la religión en las escuelas públicas, sin embargo, sigue impartiéndose y continúa sembrando debates públicos. Debido a esto un gran número de científicos y sociedades científicas reclaman que la evolución debe ser enseñada en clases de ciencias puesto que hoy día es la única explicación científica sobre el origen de la vida, su diversidad y la existencia del universo.

Esta controversia en la enseñanza de la biología se ha producido —y continúa produciéndose— en muchos países. Comentaremos, en la asegunda parte de este trabajo, tres ejemplos estudiados por nosotros en Argentina, Chile y España.

Concluyamos esta rápida visión de las dificultades en la enseñanza-aprendizaje de la evolución, remarcando que mientras se hacen esfuerzos por llevar a todos los niveles los avances de la biología molecular y todas sus revolucionarias aplicaciones en multitud de campos como la agricultura o la salud humana, resulta que la enseñanza de la evolución sigue siendo polémica en muchos países.

En el pasado la disyuntiva *evolución sí o evolución no* en los curriculum educativos parecía un problema de una u otra religión, pero el problema actualmente no parece tanto ser un problema cristiano o musulmán, es un problema global que se manifiesta de formas diversas en muchos países, pero con un factor común, a saber, la erosión hacia el conocimiento científico y su forma de representar el mundo natural por medio de la crítica y la argumentación razonada.

Pareciera que allá dónde se imponen poderes autocráticos la evolución y su enseñanza no son bien recibidos. Si, en todo caso, los gobiernos no son rígidos en el control de los curriculum, los movimientos antievolución ganan fuerza y propugnan su eliminación cde las escuelas. La enseñanza de la evolución parece actuar como un indicador del poder del autoritarismo y de los ataques a la ciencia y su comprensión por la ciudadanía. Mientras una decrece, sus contrarios engruesan y ganan terreno.

La evolución en los curriculum educativos

Comentamos a continuación el azaroso devenir de la evolución en los curriculum de tres países, Argentina, Chile y España, con especial atención a los cambios fruto de las modificaciones legislativas cuyo origen no puede atribuirse a cambios de orden científico sino a las orientaciones políticas de los gobiernos y a la mayor o menor influencia de aquellos que consideran no deseable la enseñanza de la teoría evolutiva.

Argentina

La revisión realizada sobre sus planes de estudio nos permitió ver que en los planes estatales aprobados durante el siglo XX hay una completa ausencia de referencias a la evolución hasta el plan de 1972; y su presencia posterior es muy escasa, habitualmente ubicada en el último curso. No es hasta 1995 cuando se incorpora a los Contenidos Básicos Comunes (CBC) de la Educación General Básica (etapa 6 a 14 años) y en 1997 a la Educación Polimodal (15 a 18 años). Fueron sectores eclesiásticos los que presionaron para reformular contenidos referentes a la evolución sin que mediara conocimiento de la comunidad educativa que había participado anteriormente en la aprobación de los CBC. Resulta particularmente preocupante la situación de la formación de los docentes de biología, pues la formación docente no incluía ninguna materia que trabajara con la evolución, en 1974 se incluyó una materia de Evolución, Anatomía Comparada y Paleontología. En 1979, en la formación docente de Ciencias Naturales para la enseñanza privada esa materia no aparece, pero sí hay mención explícita a la importancia de comprender la naturaleza como creación de Dios (entre los objetivos de su plan de formación de docentes). Con la reforma de 1995-97 la formación docente mejoró, pero persisten los problemas, como se evidencia cuando se estudian las concepciones de los docentes acerca del tema evolutivo o se les pregunta por las posibilidades de implementar en sus clases la temática evolutiva. Entre la mitad y los dos tercios de los profesores declaran no haber podido actualizar su formación en el tema ni mejorar sus capacidades didácticas para su enseñanza, declarando falta de formación específica. Incluso, hasta un 14% de los docentes indica haber recibido prohibiciones expresas de sus autoridades educativas para explicar el tema de la evolución (en instituciones religiosas). Cabe concluir que estamos ante un problema mal entendido, sigue persistiendo una idea ajena a que ciencia y religión son dos magisterios distintos que no deben porque interferir, visión aceptada desde las propias autoridades religiosas.[2]

Chile

La presencia de la teoría evolutiva en los programas oficiales en el transcurso del siglo XX puede seguirse con cierta facilidad estudiando las ediciones de los textos recomendados por las autoridades educativas, textos que tendían a adoptar los contenidos oficiales y que podían adoptar una postura favorable a un enfoque evolutivo o claramente contrario, según el posicionamiento ideológico de los autores. Según Tamayo y González-García[3] la posición de los autores de textos de estudio frente al tema de la evolución biológica se puede clasificar en cuatro categorías: (1) Evolucionistas, que consideran que la evolución biológica es un proceso real, ampliamente demostrado; (2) Evolucionistas teístas, que aceptan la evolución, que sería un proceso desarrollado por Dios, pero que en general son antidarwinistas, porque no aceptan la selección natural; (3) Antievolucionistas o Fijistas, que opinan que las pruebas a favor de la evolución son inconsistentes o erróneas, que el evolucionismo surgió como una postura filosófica antirreligiosa al margen de la Ciencia y consideran que las especies fueron creadas por Dios, en su forma definitiva; y (4) Neutrales, que estiman que las pruebas a favor del evolucionismo son sugerentes, pero no definitivas, que el proceso evolutivo es hipotético y la Ciencia no está en condiciones de afirmar que ocurra, algunos opinan que nunca podrá ser confirmado.

Evidentemente, las posiciones teístas, fijistas y neutrales deben situarse y entenderse en la época histórica en que se producen los mayores enfrentamientos entre religión y ciencia, es decir, desde la aparición de la teoría de Darwin en 1859 hasta finales de la década de 60 del siglo XX. Actualmente los autores de texto no se posicionan, admitiendo en general la teoría evolutiva como imprescindible en la redacción de un texto de enseñanza de la biología. La ideología de los autores influye sin duda en sus posiciones frente al tema evolutivo. En general, con pocas excepciones, los autores más modernos se limitan a exponer los contenidos biológicos sin entregar trasfondo extracientífico alguno. En cambio, en los textos más antiguos se descubren, directa o veladamente, posiciones filosóficas o ideológicas que orientan el tratamiento de la materia.

A nivel curricular se aprecian cambios significativos según los gobiernos. Así, durante la reforma educacional de 1966, de Eduardo Frei, se eliminó el tema *Evolución* de los programas de Biología de enseñanza media en Chile. Hay fuertes razones para pensar que la eliminación de la evolución de los programas educativos pudo deberse a presiones de sectores religiosos ultraconservadores. La reforma educativa de Salvador Allende no entró en vigor y la ausencia se mantuvo hasta la nueva reforma educativa de 1984. Desde 1990, con el retorno del sistema democrático, se observa que en diferentes gobiernos ha cambiado la posición oficial de las autoridades educativas frente a las corrientes antievolucionistas. En 1998 se produce una nueva reforma y el nuevo programa de estudio comenzó a aplicarse en el año 2001. En los primeros años del nuevo siglo los contenidos evolutivos han fluctuado entre ser comunes a todos los estudiantes o bien estar presentes sólo en los cursos donde la materia biológica es optativa para los estudiantes del último curso de la enseñanza obligatoria (entre tercer y cuarto curso de la enseñanza media), situación bastante similar a la que se presenta en el curriculum español.

España

La enseñanza de la evolución también ha sufrido una enorme presión política derivada del adoctrinamiento religioso. Desde 1939 el curriculum de biología español estuvo totalmente influenciado por grupos sociales poderosos que declinaron la enseñanza hacia el adoctrinamiento, y la teoría evolutiva estuvo excluida de los programas educativos hasta principios de los años 70, cuando apareció tímidamente. En la reforma de 1990 se observa que la evolución sólo se incluye en secundaria en el curso final y en una materia que es optativa, con lo que no todo el alumnado la puede cursar. En los diferentes curricula del siglo XXI se ha incluido la evolución de forma más amplia en dos cursos y en varias asignaturas, pero debemos hacer hincapié en la escasez de contenidos sobre evolución que se imparten a los alumnos de la orientación de humanidades, en particular al desaparecer asignaturas como "Ciencias para el mundo Contemporáneo". Por lo tanto, ampliar estos temas es de vital importancia, no sólo exclusivamente en la formación de los estudiantes de orientación científica sino en la del resto de alumnos. Todo el alumnado debe tener la oportunidad de aprender una de las teorías más importantes en la historia del pensamiento humano.

Lo cierto es que, más allá de las continuas reformas educativas, se mantiene en todas ellas el carácter optativo de la Biología en el cuarto curso de la educación secundaria obligatoria, curso en el que se abordan con cierta profundidad los temas de evolución. Con anterioridad la evolución se enfoca desde el punto de vista de la biodiversidad y su origen, siendo este el único momento en que se trata en el curriculum obligatorio para toda la población.

Ciertamente que los movimientos antievolucionistas en España no tienen la fuerza que en otros países. En un estudio realizado entre estudiantes universitarios constatamos que la mayora de la población aceptaba el hecho evolutivo en sí mismo, aunque su conocimiento de los conceptos clave fuera muy mejorable.[4] Se comprueba la permanencia general de los problemas y dificultades comentados en la primera parte de este artículo. Tanto los estudiantes de Humanidades de Bachillerato como de Magisterio manifiestan que tienen poco conocimiento de los procesos evolutivos (expresan que saben que no saben, aunque en realidad sus conocimientos no son tan débiles); mientras que los estudiantes de Ciencias, en particular los universitarios, creen saber más de lo que en realidad conocen (digamos que no saben que no saben). La mayoría de los estudiantes declara aceptar en su totalidad o en su mayor parte la teoría de la evolución, aunque entre los estudiantes del Bachillerato de Humanidades es donde se aprecian mayores reticencias a aceptar la importancia de esta teoría científica, en particular en lo relacionado con la evolución de la especie humana. Pareciera que perdura el *horror* a la creencia de que procedamos de seres inferiores.

En buena medida la enseñanza de la evolución en las aulas queda muy en manos de los libros de texto, donde el tratamiento de conceptos evolutivos clave como son *especie, adaptación, variabilidad, extinción*, entre otros, es muy diverso. Incluso hay textos donde se equiparan el diseño inteligente, el creacionismo y las teorías evolutivas, como teorías que explican el origen de la diversidad de los seres vivos, colocando en un nivel de pretendido paralelismo científico a todas ellas.

Esta situación no tiene equivalencia en ningún otro campo de las Ciencias. En ningún texto escolar podemos encontrar que se explique la estructura del sistema solar con la perspectiva geocéntrica del mundo medieval, o la interacción de la materia con las ideas de la alquimia de esa misma época, o el origen de las enfermedades con las teorías trasnochadas de la influencia de los aires o miasmas. Esta situación la describió G.G. Simpson,[5] con las siguientes palabras:

> Supón que el principio más general y básico de una ciencia se conoce desde hace más de un siglo y que desde entonces se ha convertido en el fundamento principal para la comprensión y la investigación de los científicos de ese campo. Es lógico que asumas que todos considerarían ese principio parte esencial de la disciplina, incluso aquellos que no posean más que un conocimiento superficial de esa ciencia. Obviamente, en todas partes sería enseñado como fundamental para la ciencia en cualquier nivel educativo. Si crees que esto es así en biología, estás equivocado.

Así, en España nos encontramos que, por un lado, las numerosas reformas educativas producen una pérdida de protagonismo de las ciencias y, a nivel de descripción curricular, siempre se mantiene la enseñanza de la evolución dentro de una materia optativa del último curso de la educación secundaria. Incluso en los bachilleratos de ciencias la teoría de la evolución no recibe un buen tratamiento curricular. En el primer curso la Biología divide su tiempo con la Geología y la evolución ocupa un bloque de contenidos dentro de los seis o siete en que se divide en los textos y es generalmente aplicada a explicar la biodiversidad. En segundo año, la Biología es en realidad una Biología Molecular de la Célula con algunos apéndices de Inmunología y Microbiología Aplicada. Este segundo curso de Bachillerato va dirigido esencialmente, si no exclusivamente, a preparar la prueba de acceso a la universidad. Hemos constatado que los contenidos evolutivos tienen una muy escasa presencia en dichas pruebas y, por tanto, son poco explicados por el profesorado en ese curso,[6] siguiendo la máxima que lo que no se pregunta en la PAU o no se explica o, simplemente, no se estudia y casi ni existe.

En definitiva, la evolución sigue siendo mal tratada en los planes de estudio de muchos países, tal como ponen de manifiesto Deniz y Borgerding[7] en una revisión de diferentes países, aunque no incluyen en su estudio a los tres aquí comentados. Y España no es una excepción en ese maltrato.

REFERENCIAS

1. Bowler, P. J. (1975). The changing meaning of" evolution". *Journal of the History of Ideas,* **36**, 95–114.
2. Draghi, C. (2004). Darwin y la enseñanza: docentes aplazados en evolución. *Exactamente (Buenos Aires)* **10**, 42–45.
3. Tamayo Hurtado, M. y González García, F. (2010). La enseñanza de la evolución en Chile. Historia de un conflicto documentado en los textos de estudio de enseñanza media. *Investigações em Ensino de Ciências* **15**, 310–336.
4. Rivas, M. L. & González-García, F. (2016). ¿Comprenden y aceptan los estudiantes la evolución? Un estudio en bachillerato y universidad. *Revista Eureka sobre Enseñanza y Divulgación de las Ciencias,* **13 (2),** 248-263. DOI: 10498/18287
5. Simpson, G. G. (1961) One hundred years without Darwin are enough. *Teachers College Records,* **62**, 1–10.
6. Sánchez-Pérez, M. J. y González García, F. (2023). Análisis de los contenidos de Genética en las pruebas de acceso a la universidad (2010-2019). *Revista Eureka sobre Enseñanza y Divulgación de las Ciencias* **20 (2),** https://doi.org/10.25267/Rev_Eureka_ensen_divulg_cienc.2023.v20.i2.2104
7. Deniz, H. and Borgerding, L. A. (2018). Evolutionary theory as a controversial topic in science curriculum around the globe. *Evolution education around the globe* 3–11.

Referencias bibliográficas sobre estudios en las dificultades sobre enseñanza-aprendizaje de la evolución

Alters, B.J. (2002). Perspective: Teaching evolution in higher education. *Evolution,* 56, 1891-1901.

Anderson, D. L., Fisher, K. M., & Norman, G. J. (2002). Development and evaluation of the conceptual inventory of natural selection. *Journal of Research in Science Teaching,* 39 (10), 952-978.

Antolin, M.F. & Herbers, J.M. (2001). Perspective: evolution's struggle for existence in america's public schools. *Evolution,* 55 (12): 2379-2388.

Asghar, A., & Wiles, J. R. (2007). Canadian pre-service elementary teachers' conceptions of biological evolution and evolution education. *McGill Journal of Education,* 42(2), 189-209.

Astuti, R., Solomon, G. E. A., & Carey, S. (2004). *Constraints on conceptual development:* II. study 1. adults: Family resemblance and group identity. Monographs of the Society for Research in Child Development, 69 (3), 25-53.

Astuti, R., Solomon, G. E. A., & Carey, S. (2004). *Constraints on conceptual development:* IV. study 3. adolescents: Family resemblance and group identity. Monographs of the Society for Research in Child Development, 69 (3), 75-89.

Astuti, R., Solomon, G. E. A., & Carey, S. (2004). *Constraints on conceptual development:* III. Study 2. Children: Family resemblance and group identity. Monographs of the Society for Research in Child Development, 69 (3), 54-74.

Astuti, R., Solomon, G. E. A., & Carey, S. (2004). *Constraints on conceptual development: V. study 4. reasoning about animals and species kind.* Monographs of the Society for Research in Child Development, 69 (3), 90-102.

Bandoli, H. J. (2008). Do State Science Standards Matter? Comparing Student Perceptions of the Coverage of Evolution in Indiana and Ohio Public High Schools *The American Biology Teacher*, 70 (4), 212.

Bateson, P. P. G., & Gluckman, P. (2011). *Plasticity, robustness, development and evolution* [electronic book] Cambridge: Cambridge University Press, 2011.

Baumgartner, E. & Duncan, K. (2009). Evolution of student's ideas about natural selection through a constructivist framework. *The American Biology Teacher.*71 (4), 218.

Bennett, E.L. (2000). Timber Certification: Where is the Voice of the Biologist? *Conservation Biology*, 14: 921-923.

Berti, A. E., Toneatti, L., & Rosati, V. (2010). Children's conceptions about the origin of species: A study of Italian children's conceptions with and without instruction. *Journal of the Learning Sciences*, 19(4), 506-538.

Blackwell, W., Powell, M., & Dukes, G. (2003). The problem of student acceptance of evolution. *Journal of Biological Education*, 37, 58-67.

Bracey, G., Locke, S., & Johnson, K. (2012). Assessment of pre-service teachers' conceptions in the geosciences using the geoscience concept inventory. *Congres Geologique International, Resumes,* 34, 976-976.

Brem, S., Ranney, M., & Schindel, J. (2003). The problem of student acceptance of evolution. *Science Education*, 87, 181-206.

Brumby, M.N. (1984). Misconceptions about the concept of natural selection by medical biology students. *Science Education*, 68 (4): 493-503.

Byrne, J., Grace, M. & Hanley, P. (2009). Children's anthropomorphic and anthropocentric ideas about micro-organisms, *Journal of Biological Education*, 44:1, 37-43.

Cheek, K. A. (2013). Exploring the relationship between students' understanding of conventional time and deep (geologic) time. *International Journal of Science Education*, 35 (11) 1925-1945.

Chin, C., & Teou, L. (2010). Formative assessment: Using concept cartoon, pupils' drawings, and group discussions to tackle children's ideas about biological inheritance. *Journal of Biological Education*, 44(3), 108-115.

Coley, J. D. & Muratore, T.M. (2012). Trees, fish and other fictions, In *Evolution challenges: Integrating research and practice in teaching and learning about evolution.* (Eds.), Rosengren, K. S.,

Da-Silva, C., Mellado, V. Ruiz, C. & Porlán, R. (2007). Evolution of the conceptions of a secondary education biology teacher: Longitudinal analysis using cognitive maps. *Science Education*, 91(3), 461- 491.

Desantis, L. R. G. (2009). Teaching evolution trough inquiry based lessons of uncontroversial Science. *The American Biology Teacher*, 71 (2), 106.

De Souza, R. F., de Carvalho, M., Matsuo, T., & Zaia, D. A. M. (2010). Study on the opinion of university students about the themes of the origin of universe and evolution of life. *International Journal of Astrobiology*, 9 (2), 109-117.

Duit, R., (2007). Bibliography-STCSE: *Students' and teachers' conceptions and science education.* Leibniz Institute for Science Education at the University of Kiel, Keil, Germany.

Engel Clough, E., & Wood-Robinson, C. (1985). Children's understanding of inheritance. *Journal of Biological Education*, 19 (4), 304-310.

Ergazaki, M., Alexaki,A., Papadopoulou, C., & Kalpakiori, M. (2014) . Young children's reasoning about physical and behavioural family resemblance: Is there a place for a precursor model of inheritance? *Science & Education*, 23 (2), 303-323.

Evans, M.M., Rosengren, K.S., Lane, J.D. & Price. K.L.S. (2012). *Encountering Counterintuitive Ideas I*n Rosengren, K. S., Brem, S. K., Evans, E. M., & Sinatra, G (Eds.), Evolution challenges: Integrating research and practice in teaching and learning about evolution. Oxford Scholarship Online doi: 10.1093/acprof:oso/9780199730421.003.0008

Evans, E. M. (2000). The emergence of beliefs about the origins of species in school-age children. *Merrill - Palmer Quarterly*, 46(2), 221.

Evans, E. (2005). *Teaching and learning about evolution*. In Diamond, J. (Ed.) Chapter 3 The Virus and the Whale: Explore Evolution in Creatures Small and Large. NSTA Press: Arlington, V.

Evans, E. M. (2008). *Conceptual change and evolutionary biology: A developmental analysis*. International Handbook of Research on Conceptual Change, 263-294. New York: Routledge.

Friedman, W. (1982). *Conventional time concepts and children's structuring of time*. In W. Friedman (Ed.), The developmental psychology of time. 171–208. New York: Academic Press.

Friedman, W. (2005). Developmental and cognitive perspectives on humans' sense of the times of past and future events. *Learning and Motivation*, 36, 145–158.

Gándara, M.G., Gil, M.J. y Sanmartí, N. (2002). Del modelo científico de adaptación biológica al modelo de adaptación biológica en los libros de texto de enseñanza secundaria obligatoria. *Enseñanza de las Ciencias*, 20 (2): 303-314.

Gelman, S.A. & Rhodes, M. (Ed.). (2012). Two-thousand years of stasis. Ch.1 In *Evolution challenges: Integrating research and practice in teaching and learning about evolution* (Eds.), Rosengren K.S., Brem S.K., Evans E. M, and Sinatra G.M. (Eds.) Published to Oxford Scholarship Online: Sep-12 DOI: 10.1093/acprof:oso/9780199730421.001.0001.

Gelman, S. A., & Wellman, H. M. (1991). Insides and essences: Early understandings of the nonobvious. *Cognition*, 38, 213–244.

Gimenez, M., & Harris, P. L. (2002). Understanding constraints on inheritance: Evidence for biological thinking in early childhood. *British Journal of Developmental Psychology*, 29, 307-324.

Gregory, T. R., & Ellis, C. A. J. (2009). Conceptions of evolution among science graduate students. *Bioscience*, 59(9), 792-799.

Hatano, G., & Inagaki, K. (1994). Young children's naive theory of biology. *Cognition*, 50 (1–3), 171- 188.

Herrmann, P. A., French, J. A., DeHart, G. B., & Rosengren, K. S. (2013). Essentialist reasoning and knowledge effects on biological reasoning in young children. *Merrill-Palmer Quarterly*, 59 (2), 198- 220.

Hutton, J.M. & Leader-Williams, N. (2003). Sustainable use and incentive-driven conservation: realigning human and conservation interests. *Oryx*, 37: 215-226.

Janssen, S., Chessa, A., & Murre, J. (2006). Memory for time: How people date events. *Memory and Cognition*, 34(1), 138–147.

Jimenez-Tejada, M., Sanchez-Monsalve, C., & Gonzalez-Garcia, F. (2013). How Spanish primary school students interpret the concepts of population and species. *Journal of Biological Education*, 47 (4), 232-239.

Johnson, S.C., & Solomon, G.E.A. (1997). Why dogs have puppies and cats have kittens: The role of birth in young children's understanding of biological origins. *Child Development*, 68, (3) 404-419.

Jordan, R., & Duncan, R. G. (2009). Student teachers' images of science in ecology and genetics. *Journal of Biological Education*, 43(2), 62-69.

Kattmann, U. (2001). Aquatics, flyers, creepers and terrestrials--students' conceptions of animal classifications. *Journal of Biological Education*, 35(3), 141.

Kargbo, D. B., Hobbs, E. D., & Erickson, G. L. (1980). Children's beliefs about inherited characteristics. *Journal of Biological Education*, 14(2), 137-146.

Kelemen, D. (2004). Are children "intuitive theists"? Reasoning about purpose and design in nature. *Psychological Science*, 15, 295–301.

Kibuka-Sebitosi, E. (2007). Understanding genetics and inheritance in rural schools. *Journal of Biological Education*, 41(2), 56-61.

Legare, C. H., Lane, J. D., & Evans, E. M. (2013). Anthropomorphizing science: How does it affect the development of evolutionary concepts? Merrill-Palmer Quarterly: *Journal of Developmental Psychology*, 59(2), 168-197.

Lewis, J., Leach, J., & Wood-Robinson, C. (2000). All in the genes? Young people's understanding of the nature of genes. *Journal of Biological Education*, 34(2), 74.

Lewis, J., & Kattmann, U. (2004). Traits, genes, particles and information: Re-visiting students' understandings of genetics. *International Journal of Science Education*, 26(2), 195-206. doi: 10.1080/0950069032000072782

Libarkin, J. C., Kurdziel, J. P., & Anderson, S. W. (2007). College student conceptions of geological time and the disconnect between ordering and scale. Journal of *Geoscience Education*, 55(5), 413.

Marques, L., & Thompson, D. (1997). Portuguese students' understanding at ages 10-11 and 14-15 of the origin and nature of the earth and the development of life. *Research in Science & Technological Education*, 15(1), 29-51.

Meir, E. Perry, J. Herron, J.C., & Kingsolver, J. (2007). College students' misconceptions about evolutionary trees. *The American Biology Teacher* Online, 69(7), 71–76.

Moore, R. (2000). The revival of creationism in the United States. *Journal of Biological Education*, 35 (1): 17-21.

Moore, R. (2004). When a biology teacher refuses to teach evolution: A talk with Rod LeVake. *The American Biology Teacher*, 66(4), 246-250.

Mull, M. S., & Evans, E. M. (2010). Did she mean to do it? Acquiring a folk theory of intentionality. *Journal of Experimental Child Psychology*, 107, 207–228. doi:10.1016/j.jecp.2010.04.001.

Nadelson, L. S., & Southerland, S. A. (2009). Development and preliminary evaluation of the measure of understanding of macroevolution: Introducing the MUM. *The Journal of Experimental Education*, 78(2), 151-190.

Nehm, R. H., & Schonfeld, I. S. (2007). Measuring knowledge of natural selection: A comparison of the CINS, an open-response instrument, and an oral interview. *Journal of Research in Science Teaching*, 45(10), 1131-1160.

Nehm, R. H. y Schonfeld, I. S. (2007).Does Increasing Biology Teacher Knowledge of Evolution and the Nature of Science Lead to Greater Preference for the Teaching of Evolution in Schools?. *Journal of Science Teacher Education*, 18: 699–723.

Opfer, J. E., & Siegler, R. S. (2004). Revisiting preschoolers' living things concept: A microgenetic analysis of conceptual change in basic biology. *Cognitive Psychology*, 49, 301-332.

Osif, B. A. (1997). Evolution and religious beliefs: A survey of Pennsylvania high school teachers. *The American Biology Teacher*. 59, 552-556.

Prinou, L., Halkia, L., & Skordoulis, C. (2008). What conceptions do Greek school students form about biological evolution? *Evolution Education and Outreach*, 1(3), 312-317.

Ranney, M.A. (2012). Why Don't Americans Accept Evolution as Much as People in Peer Nations Do? A Theory (Reinforced Theistic Manifest Destiny) and Some Pertinent Evidence, In Rosengren K.S., Brem S.K., Evans E. M, and Sinatra G.M. (Eds.), *Evolution Challenges: Integrating Research and Practice in Teaching and Learning about Evolution* Published to Oxford Scholarship Online: Sep-12 DOI: 10.1093/acprof:o so/9780199730421.001.0001

Ramorogo, G., & Wood-Robinson, C. (1995). Botswana children's understanding of biological inheritance. *Journal of Biological Education*, 29(1), 60.

Rutledge, M. L., & Mitchell, M. A. (2002). High school biology teachers' knowledge structure, acceptance and teaching of evolution. *American Biology Teacher*, 64(1), 21-28.

Saka, A., Cerrah, L., Akdeniz, A. R., & Ayas, A. (2006). A cross-age study of the understanding of three genetic concepts: How do they image the gene, DNA and chromosome? *Journal of Science Education & Technology*, 15(2), 192-202.

Samarapungavan, A., & Wiers, R. W. (1997). Children's thoughts on the origin of species: A study of explanatory coherence. *Cognitive Science*, 21(2), 147-177.

Sandoval, W. A., & Reiser, B. J. (2003). Explanation-driven inquiry: Integrating conceptual and epistemic scaffolds for scientific inquiry. *Science Education*, 88(3), 345 - 372.

Schilders, M., Sloep, P., Peled, E., & Boersma, K. (2009). Worldviews and evolution in the biology classroom. *Journal of Biological Education*, 43 (3), 115-120.

Shtulman, A., & Calabi, P. (2012). Cognitive constraints on the understanding and acceptance of evolution In Rosengren K.S., Brem S.K., Evans E. M, and Sinatra G.M. (Eds.), *Evolution Challenges: Integrating Research and Practice in Teaching and Learning about Evolution*. Published to Oxford Scholarship Online: Sep-12 DOI: 10.1093/ac prof:oso/9780199730421.001.0001

Shtulman, A., & Calabi, P. (2013). Tuition vs. intuition: Effects of instruction on naïve theories of evolution. *Merrill-Palmer Quarterly*, 59 (2), 141-167.

Siegal, M., & Peterson, C. (1999). *Children's understanding of biology and health* [electronic book] Cambridge : Cambridge University Press, 1999.

Solomon, G. E. A., Johnson, S. C., Zaitchik, D., & Carey, S. (1996). Like father, like son: Young children's understanding of how and why offspring resemble their parents. *Child Development*, 67 (1), 151-171.

Sousa, P., Atran, S., & Medin, D. (2002). Essentialism and folk biology: Evidence from Brazil. *Journal of Cognition and Culture*, 2, 195–223.

Swarts, F. A; Anderson, O. R. & Swetz, F. J. (1994). Evolution in secondary school biology textbooks of the PRC, the USA and latter stages of the USSR. *Journal of Research in Science Teaching*, 31: 475 – 506.

Trend, R. (1998). An investigation into understanding of geological time among 10-and 11-year-old children. *International Journal of Science Education*, 20 (8), 973-988.

Trend, R. (2000). Conceptions of geological time among primary teacher trainees, with reference to their engagement with geoscience, history, and science. *International Journal of Science Education*, 22 (5), 539-555.

Trend, R. D. (2001). Deep time framework: A preliminary study of U.K. primary teachers' conceptions of geological time and perceptions of geoscience. *Journal of Research in Science Teaching*, 38 (2), 191 - 221.

Uttal, D. H. (2013). Introduction to the special issue. *Merrill-Palmer Quarterly*, 59(2), 133-140.

van Dijk, E. M., & Reydon, T. A. C. (2010). A conceptual analysis of evolutionary theory for teacher education. *Science & Education*, 19(6-8), 655-677.

Waxman, S., Medin, D., & Ross, N. (2007). Folk biological reasoning from a cross-cultural developmental perspective: Early essentialist notions are shaped by cultural beliefs. *Developmental Psychology*, 43 (2), 294-308.

Yates, T.B, & Marek, E.A. (2013). Is Oklahoma really OK? A regional study of the prevalence of biological evolution-related misconceptions held by introductory biology teachers. Evolution: 20 *Education & Outreach*, 6 (1), 1–20.

Educar sobre evolución ¿asignatura pendiente? Conocimiento y aceptación de la teoría de la evolución en Latinoamérica

Lucía Torres-Muros y José M. Sánchez-Robles[1]

La teoría de la evolución es una de las teorías más importantes en la biología y en la ciencia en general[1][2]. Fue propuesta por primera vez por Charles Darwin en su libro *El origen de las especies* en 1859, y desde entonces ha sido ampliamente aceptada y apoyada por la evidencia científica[3]. Tener un conocimiento adecuado sobre la teoría de la evolución promueve una mejor comprensión de la ciencia y los procesos que se dan en la naturaleza, fortaleciendo nuestra conexión con el mundo natural. Esto puede tener implicaciones positivas a favor de un diálogo constructivo entre ciencia y sociedad, fomentando la toma de decisiones a favor de la conservación de los ecosistemas presentes en nuestro planeta, acción más que necesaria en el contexto global actual. No obstante, y a pesar de su importancia, existen diferentes niveles de aceptación y comprensión entre la sociedad, hecho que depende, a su vez, de factores de diversa índole.

La teoría de la evolución y la importancia de educar en evolución

La teoría de la evolución por selección natural es una explicación científica del proceso por el cual las especies cambian y se adaptan a lo largo del tiempo. Fue propuesta por primera vez por Charles Darwin en 1859 en su obra *On the Origin of Species by Means of Natural Selection, or the Preservation of Favoured Races in the Struggle for Life* (*Sobre el origen de las especies por medio de la selección natural, o la preservación de las razas favorecidas en la lucha por la vida*), o más conocida por el título modificado de su sexta edición (1872) *On the Origin of Species* (*El origen de las especies*). Según esta teoría, la variación genética natural que existe dentro de una población, combinada con la selección natural de los rasgos que mejoran la supervivencia y la reproducción de los individuos, puede llevar a cambios en la

---

1. Lucía Torres-Muros, Dpto. de Didáctica de las CC Experimentales, Universidad de Granada, y Universidad Nacional de Educación del Ecuador. José M. Sánchez-Robles, Dpto. de Educación, Universidad de Almería.

composición genética de la población a lo largo del tiempo. Los individuos que poseen rasgos que les permiten sobrevivir y reproducirse en su entorno tienen más probabilidades de dejar descendencia y transmitir sus genes a las generaciones futuras. Con el tiempo, estos cambios acumulativos, pueden conducir a la formación de nuevas especies, que se adaptan mejor a sus entornos cambiantes. La selección natural también puede dar lugar a la evolución convergente, donde especies separadas evolucionan en dirección similar debido a presiones ambientales similares.

Dicha teoría presenta una importancia trascendental por muchos motivos. En primer lugar, porque proporciona una *explicación científica sólida de la diversidad de la vida*, proporcionando una explicación científica de cómo han surgido y se han diversificado las diferentes formas de vida en la Tierra a lo largo del tiempo, y cómo lo siguen haciendo ahora, ayudando a comprender de qué manera los organismos vivos han evolucionado y se han adaptado a su entorno a través de procesos como la selección natural y la variación genética. Por otro lado, esta teoría se hace fundamental en la biología moderna, proporcionando un *marco teórico para comprender en profundidad la anatomía, la fisiología, la genética y el comportamiento de los organismos vivos*, que son una muestra más de los procesos evolutivos. Dicho conocimiento tiene importantes aplicaciones prácticas en medicina y agricultura, ya que, por ejemplo, comprender cómo evolucionan los microorganismos y cómo se propagan las enfermedades nos permite en la actualidad desarrollar mejores estrategias para el tratamiento y la prevención de enfermedades. Por último, la teoría de la evolución ha supuesto un *cambio social y cultural*, que ha transformado la comprensión de nosotros mismos como seres humanos y de nuestro entorno, desafiando ideas tradicionales sobre nuestra propia existencia y nuestro lugar en la naturaleza[4][5]. Por todo ello, conocerla en profundidad, comprenderla realmente, supone todo un reto que va más allá de comprender un concepto teórico sobre ciencia.

La teoría de la evolución por selección natural ha sido ampliamente respaldada por la evidencia científica, incluyendo la observación de especies que evolucionan en respuesta a los cambios ambientales y la evidencia fósil que muestra la evolución de especies a lo largo del tiempo. Es más, la teoría de la evolución es un ejemplo de cómo trabaja la ciencia en sí, tan necesaria en los tiempos que vivimos. En primer lugar, la teoría de la evolución se basa en la *observación*. Los científicos han observado características y comportamientos de organismos vivos, así como evidencias fósiles de especies pasadas que han llevado a cuestionarse preguntas sobre cómo las especies cambian y se adaptan a lo largo del tiempo. A partir de estas preguntas genuinas, los científicos han formulado *hipótesis* para explicar los patrones observados, derivándose en predicciones específicas que han sido *sometidas a prueba* mediante la experimentación o análisis de fósiles y registros geológicos. A partir del análisis de estos datos, se ha llegado a *conclusiones* sobre la validez o no de las diferentes hipótesis iniciales. Esto ha llevado a la revisión y mejora constante de la teoría de la evolución a lo largo del tiempo. Por último, la teoría de la evolución es un ejemplo de cómo la ciencia funciona mediante la *acumulación de conocimiento*.

A través de décadas de investigación y estudio, los científicos han acumulado una gran cantidad de información sobre la evolución de las especies. Este conocimiento se utiliza para hacer nuevas predicciones, formular nuevas hipótesis y mejorar la comprensión de cómo funciona la evolución a distintos niveles. Podríamos decir, por lo tanto, que tener un buen conocimiento de la teoría de la evolución lleva intrínseco saber cómo funciona la ciencia y, por lo tanto, poder utilizar un pensamiento científico en nuestro día a día.

Tener un pensamiento científico es esencial en los tiempos que vivimos, ya que nos permite comprender mejor el mundo que nos rodea y tomar decisiones informadas basadas en la evidencia empírica, permitiéndonos abordar las grandes problemáticas socioambientales que enfrentamos a distintas escalas, tanto locales como globales, pudiendo relacionarlas y comprender la complejidad de las mismas, consideradas en muchos casos como problemáticas hipercomplejas que involucran una multitud de factores[6]. Desde la salud pública, hasta el cambio climático y la sostenibilidad se pueden analizar de una forma más profunda si aplicamos este tipo de pensamiento, donde prima una visión integral frente a una visión parcial y centrada en una única disciplina. Por otro lado, en un mundo globalizado, cada vez más complejo y lleno de información de todo tipo, el pensamiento científico nos ayuda a separar los hechos de las creencias infundadas y los prejuicios personales. Al tener un pensamiento científico, podemos evaluar de manera crítica la información que recibimos y determinar su validez y fiabilidad. Esto es particularmente importante en la era de la información digital, donde la desinformación y la propagación de noticias falsas son más que comunes[7]. Al desarrollar un pensamiento científico, podemos cuestionar y evaluar la información que encontramos en línea, en las redes sociales o en otros medios de comunicación de una manera crítica.

Por lo tanto, desarrollar un pensamiento científico lleva implícito fomentar el desarrollo de un pensamiento crítico, destreza que, dada su importancia, está presente en agendas, programas y currículos educativos a nivel mundial[8,9]. Muchos países y sistemas educativos han reconocido la importancia de desarrollar habilidades de pensamiento crítico en docentes y estudiantes, ya que promueve la capacidad de análisis, evaluación y toma de decisiones informadas. En muchos programas educativos, el pensamiento crítico se considera una habilidad transversal que se puede aplicar en diversas disciplinas y contextos, desafiando a los estudiantes a cuestionar, analizar y reflexionar sobre la información que reciben, en lugar de simplemente aceptarla sin un examen riguroso. Con el fin de fomentar estas destrezas, en las últimas décadas se han desarrollado diferentes enfoques integradores de enseñanza de las ciencias como son los enfoques de contextualización y los relacionados con las prácticas científicas de indagación, modelización y argumentación[10].

Por último, y a pesar de la importancia que supone la teoría de la evolución para la formación de ciudadanos íntegros en una sociedad en constante desarrollo como la nuestra, y la amplia aceptación que tiene esta teoría por parte de la comunidad científica, todavía persiste una fuerte resistencia a la misma por parte de la sociedad. Muestra de ello es, por ejemplo, Estados Unidos, donde a pesar de los esfuerzos de las últimas décadas en las diferentes reformas educativas, el porcentaje de la población general que acepta la evolución biológica como la explicación de la diversidad de la vida se ha mantenido relativamente sin cambios durante los últimos 35 años[11]. Este rechazo social, no solo en el caso de EEUU sino a nivel global, está influenciado por una serie de factores como pueden ser una comprensión inadecuada de la evidencia empírica y el contenido de la teoría evolutiva moderna, una comprensión inadecuada de la naturaleza de la ciencia, la religión, factores psicológicos y factores políticos y sociales[12] [13].

Factores que influyen en la aceptación de la teoría de la evolución

El estudio de la aceptación de la evolución está ampliamente representado en la literatura, estando la mayoría de estos estudios enfocados al estudio de la aceptación a nivel de país o culturas en específico[14] [15] [16]. A continuación, vamos a revisar algunos trabajos realizados sobre esta temática, haciendo énfasis en los factores que influyen sobre la aceptación o no de la teoría de la evolución.

En uno de los primeros estudios comparativos más grandes y detallados realizados hasta la fecha sobre la aceptación de la evolución en todo el mundo, Miller et al.[15] concluyeron que, entre los 34 países involucrados en el estudio, la evolución varió ampliamente según el país, con los niveles más altos de aceptación en países como Islandia, Dinamarca, Suecia y Francia, y los niveles más bajos en países como Estados Unidos y Chipre. Según ese estudio, la aceptación de la evolución estaba relacionada con factores como la *educación*, la *actitud ante la vida* y la *religión*. En general, las personas con mayor nivel educativo tendían a ser más propensas a aceptar la evolución, mientras que las personas más religiosas tendían a ser menos propensas a hacerlo. Igualmente, los individuos con puntos de vista a favor del derecho al aborto presentaron un porcentaje más elevado de aceptación de la teoría que aquellos con fuertes actitudes provida. Tener una educación científica es clave para mejorar la aceptación de la evolución según este estudio, siendo las personas que comprendían mejor la ciencia y, por tanto, los principios que rigen la evolución, más propensas a aceptarla. Además, los autores señalan que el papel de la religión en la aceptación de la evolución es complejo y varía según el país y la tradición religiosa específica.

Heddy y Nadelson[13], por su parte, exploraron la aceptación de la teoría de la evolución en 35 países, incluyendo a más de 8000 participantes, mostrando la existencia de relaciones significativas entre la aceptación jose la evolución y la *esperanza de vida escolar* (definido como el promedio de años de escolaridad por ciudadano dentro de un país), la *alfabetización científica*, el *producto interior bruto per cápita* de un país y la *religiosidad*. Al igual que Miller et al.[15], los resultados del estudio indicaron que la aceptación de la evolución variaba significativamente entre los países, y que la educación y la alfabetización científica eran factores muy importantes asociados con la aceptación de la teoría de la evolución. Los autores encontraron que los participantes con mayor esperanza de vida escolar y mayor alfabetización científica tenían más probabilidades de aceptar la evolución. Ambos factores están directamente relacionados, ya que tener una etapa escolar más prolongada implica una mayor exposición a contenidos relacionados con ciencia. De igual manera, los individuos que viven en países con mayor producto interno bruto per cápita mostraron una mayor predisposición a aceptar la teoría. Respecto a este último factor, los autores discuten cómo los países con un PIB per cápita más alto pueden tener una población cuya visión del mundo está formada por las oportunidades que brinda una economía avanzada, lo que permite un mayor enfoque en la educación y la ciencia. La población de países con un PIB per cápita bajo por el contrario puede tener visiones del mundo formadas en base a la falta de oportunidades para participar en una variedad de actividades educativas formales e informales. Por otra parte, el estudio destacó cómo la *religiosidad* estaba negativamente asociada con la aceptación de la evolución, lo que sugiere que las creencias religiosas pueden desempeñar un papel importante en la aceptación o el rechazo de la evolución. Los autores especulan sobre el mecanismo por el cual la religión influye en la aceptación de la evolución, indicando que podría ser debido a la confianza de los seguidores en sus autoridades religiosas y a una interpretación de ideas que podrían contradecir la teoría de la evolución.

El estudio de Dunk et al.[11] constituye uno de los primeros intentos de modelar cuantitativamente la influencia que tienen diferentes variables, como el *conocimiento del contenido evolutivo*, la *religiosidad*, la *sofisticación epistemológica* (referida a estar abiertos a la experiencia) y la *comprensión de la naturaleza de la ciencia*, en cuanto a la predicción de la aceptación o el rechazo de la evolución por parte de un individuo. Según los autores, cuando estas variables se analizan juntas en un modelo lineal general, una mayor sofisticación epistemológica, conocimiento del contenido evolutivo y comprensión de la naturaleza de la ciencia se asocian con niveles más altos de aceptación de la evolución, mientras que niveles más altos de religiosidad se asocian con menores niveles de aceptación de la evolución. La variable *comprensión de la naturaleza de la ciencia* explicó al menos cuatro veces más variación en el modelo generado que el *conocimiento evolutivo*, seguido de la *religiosidad* y la *apertura a la experiencia*, sugiriendo que el esfuerzo educativo para impactar sobre el incremento de la aceptación de la teoría de la evolución debe estar enfocado en incrementar la *comprensión de la naturaleza de la ciencia* y estar *abiertos a la experiencia*. Por otra parte, de acuerdo al consenso entre investigadores que estudian las epistemologías de los estudiantes sobre lo que constituye una postura sofisticada hacia el conocimiento científico, los estudiantes deben entender el conocimiento científico como tentativo y en evolución, en lugar de seguro e inmutable; ligado subjetivamente a las perspectivas de los científicos, en lugar de objetivamente inherente a la naturaleza; y construidos individual o socialmente, más que descubiertos[17], lo que significa que estar abiertos a la experiencia es un factor clave en la adquisición de destrezas relativas al conocimiento científico.

Los estudios descritos con anterioridad nos dan valiosa información sobre los factores generales que influyen en la aceptación o rechazo de la teoría de la evolución, poniendo la alfabetización científica como principal motor de la aceptación y la religiosidad como el principal motor de rechazo. Sin embargo, las conclusiones obtenidas por da Silva Oliveira et al.[18] en un estudio donde se comparan diferencias en cuanto a la aceptación de la evolución en Italia y Brasil por parte de estudiantes de secundaria que declaran pertenecer a la misma religión en los dos países, apoyan que la afiliación religiosa no es el factor principal para predecir el nivel de aceptación de la evolución, siendo el entorno sociocultural y el nivel de conocimiento evolutivo más importantes en este sentido. Otros muchos estudios corroboran la importancia de la alfabetización científica, destacando el rol que tiene la educación y el nivel de exposición a contenido científico/evolutivo en la aceptación de dicha teoría[19][20][11][21][22].

Relación entre la aceptación y el conocimiento de la teoría de la evolución

Hasta el momento hemos hablado de aceptación de la teoría de la evolución, y cómo un buen conocimiento de cómo funciona la ciencia fomenta la aceptación de dicha teoría. No obstante, cuando analizamos el conocimiento de la teoría de la evolución, nos encontramos que no todas las personas que aceptan la evolución tienen una comprensión adecuada de la misma. Tavares & Bobrowski[23], en un estudio realizado en Brasil con el fin de ver los niveles de aceptación y conocimiento de la teoría existentes en estudiantes de biología, encontraron que los estudiantes, en promedio, tenían una 'Aceptación muy alta' (89,91%) y un 'Conocimiento muy bajo' (59,42%) de la teoría evolutiva. Estos mismos resultados fueron encontrados por Gefaell et al.[24], quienes a través de la aplicación de los cuestionarios MATE (referentes a la Medida de Aceptación de la Teoría de la Evolución) y KEE (referente al Conocimiento sobre el tema de la Evolución) encontraron que el 87,2 % de estudiantes de diferentes carreras (Biología, Química, Historia e Inglés) dentro del sistema de universidades español aceptaban la teoría de la evolución, pero el conocimiento que tenían sobre la evolución era muy bajo (5,4 sobre 10 de promedio). Incluso para estudiantes de la carrera de biología, quienes destacaron entre los estudiantes de las demás carreras analizadas, este valor fue bajo (6,5 puntos sobre 10). No obstante, esta diferencia entre biología y otras carreras la atribuyen al peso relativo de los temas evolutivos dentro de sus planes de estudio, hecho que coincide con lo comentado en apartados anteriores.

El hecho de tener una sociedad con una alta aceptación de la teoría de la evolución y un bajo conocimiento de la misma supone unos riesgos importantes. Sin una comprensión adecuada de la teoría de la evolución, es posible que las personas malinterpreten o distorsionen sus conceptos fundamentales. Esto puede llevar a la difusión de ideas erróneas o conceptos simplificados que no reflejan fielmente la complejidad y la evidencia científica respaldada por la teoría de la evolución. Además, al ser un marco fundamental para comprender y abordar una amplia gama de fenómenos biológicos, una comprensión superficial puede limitar su aplicación práctica en campos como la biología, ecología, conservación o la medicina, entre otros, lo que se refleja en una dificultad para abordar muchos de los grandes desafíos científicos y sociales actuales y otros que, sin duda, están por venir. Por otra parte, al no comprender la teoría de la evolución, las personas pueden tener dificultades para aceptar nuevas ideas que desafíen sus concepciones limitadas y, en lugar de actualizarse y adaptarse a nuevas perspectivas científicas, pueden mantener creencias desactualizadas o incorrectas. Incluso podría tener limitaciones en la educación científica ya que, si los estudiantes no tienen una comprensión sólida de la teoría de la evolución, pueden tener dificultades para construir conocimientos más complejos en materias relacionadas con la ciencia. De esta manera se pone de manifiesto la necesidad de replantear el sistema educativo de modo que incluya mayor contenido referente a la evolución.

Con el fin de fomentar una actitud positiva hacia la aceptación de la teoría de la evolución, una exposición a los contenidos científicos/evolutivos de manera progresiva y desde edades tempranas ayudarían al estudiantado a alcanzar una comprensión profunda y adecuada del fenómeno evolutivo en etapas posteriores[25] [26]. De no ser así, la exposición tardía a dichos contenidos tendría que lidiar con numerosas y muy diversas concepciones previas que el estudiantado irá forjando con el paso del tiempo en base a su experiencia en las diferentes facetas de su vida, concepciones que pueden entrar en conflicto con las concepciones propias del modelo científico escolar. Para evitar que estas concepciones acaben siendo un obstáculo Vázquez-Ben y Bugallo-Rodríguez[21] sugieren trabajar progresivamente un modelo científico desde la educación infantil y primaria, donde las grandes teorías científicas, como la evolución, deberían convertirse en eje vertebrador del currículum en las diferentes etapas educativas.

CONCEPCIONES PREVIAS SOBRE EVOLUCIÓN

Las concepciones previas o preconcepciones, son aquellas ideas o conocimientos que un estudiante tiene de manera previa a la enseñanza formal[27]. Las concepciones previas pueden surgir de diferentes fuentes, como la experiencia personal, la interacción con el entorno o la información previa adquirida a través de diversas fuentes. Pueden ser consistentes o inconsistentes con la teoría científica y pueden influir en cómo los estudiantes interpretan y asimilan nueva información. Desde el punto de vista educativo, lejos de considerarse un problema, estas concepciones suponen una gran oportunidad para el proceso de enseñanza-aprendizaje, ya que constituyen los cimientos de dicho proceso sobre la temática en concreto. Para ello, estas concepciones deben ser reconocidas y abordadas para promover una comprensión más completa y precisa de los conceptos científicos, no solo por parte del docente, sino sobre todo por el propio estudiante. Una forma de estudiar las concepciones previas es analizar las explicaciones que el estudiantado pueda dar a preguntas abiertas sobre una temática en concreto que le permitan expresar sus puntos de vista con más detalle. Además, reconocer la experiencia y el conocimiento previo de los estudiantes puede aumentar su motivación y su participación activa en el aprendizaje, a la vez de constituir un reto para ellos, desafiándoles a confrontar y reflexionar sobre sus propias concepciones en comparación con los conceptos científicos establecidos. El hecho de que la propia naturaleza de las concepciones previas esté basada en la experiencia y la observación personal del estudiantado hace que, al trabajarlas, se establezcan puentes entre el conocimiento científico y la vida cotidiana de los mismos. Esto ayuda a los estudiantes a comprender la relevancia de los conceptos científicos en su entorno y a relacionarlos con su propia experiencia, lo que promueve un aprendizaje más significativo y duradero, promoviendo el cambio conceptual.

El proceso de cambio conceptual en evolución no es simple, ya que los estudiantes no deben abordar un único concepto de manera directa, sino que deben desarrollar una red compleja de conceptos que se interconectan entre sí, por lo que más que sustituir un concepto antiguo por otro nuevo, los estudiantes deben reemplazar modelos explicativos preexistentes por otros nuevos, más efectivos y acorde con los modelos científicos[28]. Por otra parte, los estudiantes pueden traer concepciones tanto alternativas como científicamente aceptables y ponerlas en juego en respuesta a diferentes contextos problemáticos[29], siendo de gran importancia la comparación de explicaciones de los estudiantes a estos diferentes contextos tras la instrucción en la materia con el fin de obtener una coherencia explicativa y no solo una explicación para un caso proporcionado por un estudiante en concreto de manera previa a la instrucción[28].

En cuanto a la teoría de la evolución existe una amplia bibliografía acerca de las explicaciones previas más comunes presentes entre el estudiantado[30][31][32][33][34][28][35]. Algunas de las explicaciones previas más comunes están vinculadas a entender la evolución como un proceso en el que las especies responden a las condiciones ambientales, cambiando gradualmente con el tiempo, atribuyendo los *cambios en los rasgos debidos a un proceso adaptativo impulsado por la necesidad,* en lugar de estar impulsado por mutaciones aleatorias y recombinación genética. Según el estudiantado, estos cambios se dan gradualmente en todos los miembros de una población, sin tener en cuenta la variación de los rasgos dentro de la misma ni las diferencias en el éxito reproductivo. Además, se considera que los *caracteres adquiridos en vida por estos individuos serían heredados por su descendencia (herencia de caracteres adquiridos).* Kampourakis y Zogza[33] puntualizan que esta explicación alternativa, normalmente ligada a explicaciones lamarckianas, no debería ser catalogada como tal, ya que, en su estudio, la mayoría de los estudiantes creían que las necesidades imponen directamente cambios en los cuerpos de los animales para poder sobrevivir en un entorno dado, mientras que Lamarck creía que era el efecto del uso o desuso lo que produciría dichos cambios. Otra explicación previa presente entre el estudiantado, normalmente de origen teológico, es que la *evolución es un proceso dirigido o progresivo hacia una finalidad,* entendiendo que la evolución tiene un fin, y que siempre las especies evolucionan hacia una forma más compleja. Vinculada a esa explicación previa está también la de considerar que los *organismos evolucionan de forma intencional o que tienen el control consciente de su evolución,* ignorando la aleatoriedad de los cambios en el material genético y la selección natural de las características beneficiosas en un ambiente determinado. Malinterpretar la selección natural como un *proceso que beneficia a los individuos más fuertes o dominantes* también es una explicación recurrente, ignorando que la selección natural actúa sobre las características heredables que aumentan las posibilidades de supervivencia y reproducción en un entorno específico y que, por tanto, pueden ir ligadas a cuestiones más sutiles y nada vinculadas con la fuerza o la dominancia.

Conocer las principales explicaciones previas del estudiantado sobre la teoría de la evolución y, sobre todo, hacer que el estudiantado sea consciente de ellas, expresándolas y poniéndolas en conflicto con otras nuevas más cercanas a las científicas, es una pieza clave para poder avanzar hacia el cambio conceptual y desarrollar una coherencia explicativa[36]. Para ello, el desarrollo de Secuencias de Enseñanza Aprendizaje (SEAs) sobre la temática evolutiva se presta como una herramienta clave. Kampourakis y Zogza[28] llevaron a estudiantes de secundaria a una situación de conflicto conceptual, donde sus explicaciones previas fueron enfrentadas a dos conceptos completamente opuestos a las mismas como son el azar y la imprevisibilidad. El resultado de este estudio concluye que los estudiantes de secundaria inferior pueden lograr, hasta cierto punto, el cambio conceptual y la coherencia explicativa en la evolución a través de una secuencia instruccional específica sobre evolución (en este caso centrada en las homologías y las adaptaciones) que puede formar una base para enseñar más acerca de la evolución.

LATINOAMÉRICA COMO REGIÓN CLAVE PARA LA TEORÍA DE LA EVOLUCIÓN

Durante su viaje en el Beagle, Darwin visitó distintos lugares de Latinoamérica que fueron claves posteriormente para la emisión de su teoría. El Beagle llegó a Bahía (Brasil) en febrero de 1832 y se dirigió hacia el sur, haciendo varias paradas en diferentes puntos de la costa brasileña. Unos meses más tarde, en julio de 1832, visitó Buenos Aires (Argentina) e hizo exploraciones a Patagonia y Tierra de Fuego, incluyendo las Islas Malvinas, donde llegó en marzo de 1833. En julio de 1834 el Beagle llegó a Valparaíso (Chile) y exploró la costa chilena y las islas cercanas, incluyendo la región de Chiloé y el archipiélago de los Chonos. No fue hasta septiembre de 1835 que el Beagle llegó a las Islas Galápagos (Ecuador), uno de los puntos más destacados del viaje de Darwin. Su viaje por la región Latinoamericana le aportó sin duda un contacto directo con una biodiversidad exuberante. Y aunque esos hallazgos no fueron el único factor que influyó en su teoría, sí es cierto que desempeñaron un papel determinante al proporcionar ejemplos concretos de los mecanismos y procesos evolutivos. Las Islas Galápagos jugaron un papel primordial en la elaboración de la teoría de la evolución, donde Darwin observó claramente que diferentes especies de aves y tortugas presentaban características morfológicas y comportamentales adaptadas a las distintas islas en las que vivían. En ellas, Darwin pudo apreciar que especies de aves similares, de pinzones y cucuves, exhibían diferencias notables en sus características físicas, como el tamaño y la forma del pico. Estas variaciones entre especies estrechamente relacionadas, le llevaron a plantear la idea de que los organismos no son inmutables y que podrían cambiar a lo largo del tiempo.

Aunque el trabajo de Darwin que dio lugar a la teoría de la evolución se publicó por primera vez en 1859, su influencia y recepción se extendieron a nivel mundial en las décadas siguientes. En Latinoamérica, a pesar de que la recepción de la teoría de la evolución no fue homogénea y enfrentó resistencia en algunos sectores conservadores de la sociedad, con el tiempo generó un impacto importante en el desarrollo científico y cultural de la región. Varios científicos y pensadores latinoamericanos como Florentino Ameghino, paleontólogo y naturalista argentino, o el naturalista mexicano Alfonso Herrera, adoptaron y difundieron las ideas de Darwin en la región Latinoamericana. Además, en el ámbito académico, distintas instituciones científicas comenzaron a incorporar la teoría de la evolución en sus programas de estudio y líneas de investigación.

Por otra parte, América Latina se ha caracterizado siempre por ser una región con un alto nivel de religiosidad en comparación con otras partes del mundo. La gran mayoría de la población latinoamericana se identifica con alguna religión, siendo el catolicismo, a raíz de los procesos coloniales, la confesión religiosa más predominante en muchos países de la región. Sin embargo, es importante tener en cuenta que en las últimas décadas ha habido un crecimiento de la diversidad religiosa en América Latina, con un aumento en la adhesión a denominaciones protestantes y un aumento en el número de personas sin afiliación religiosa.

De acuerdo con los estudios previos, donde se pone de manifiesto que una alta religiosidad está relacionada con una baja aceptación de la teoría de la evolución, sería de esperar que Latinoamérica presentase una mayor reticencia ante la aceptación de esta teoría. No obstante, algunos estudios focalizados en países latinoamericanos muestran tendencias similares a los planteados en otros contextos mundiales, que implican que la aceptación de la teoría de la evolución es entre alta y moderada, pero va acompañada, de nuevo, de una escasa comprensión de la misma[37][23][38]. Según Salazar-Enríquez et al.[22], en un estudio realizado entre estudiantes de secundaria mexicanos, existe una relación directamente proporcional entre el nivel educativo de los padres y madres de familia, y el nivel de aceptación y conocimiento de dicha teoría por parte de sus hijos. Al igual que en otros estudios, este autor observó de nuevo cómo la religiosidad es el principal factor de influencia negativa tanto en la aceptación como en la comprensión. En otros países como República Dominicana, Brasil o Uruguay, la aceptación de la teoría varía entre 41% y más del 74% dependiendo del país[38]. En el caso de Ecuador, país al que pertenecen las Islas Galápagos, está justo en medio de estos dos valores anteriores, con un 50% de ecuatorianos que acepta la teoría de la evolución y está de acuerdo en que los seres humanos y otros seres vivos han evolucionado con el tiempo. Por el contrario, el otro 50% presenta una visión creacionista, rechazando la teoría y pensando que los seres humanos siempre han existido tal y como se ven en la actualidad. Como en otros países, la educación, de nuevo, aparece como un factor influyente en estas percepciones, mostrando un incremento de 8 puntos (58%) la aceptación en los adultos con educación secundaria o superior[38].

Distintos estudios llevados a cabo en Brasil[37][23] determinan y avalan la importancia de fomentar políticas nacionales que reformulen los planes de estudios escolares y universitarios actuales para mejorar la comprensión de la teoría de la Evolución. Esta necesidad se hace extensible a toda la región Latinoamericana, marcada por un enorme mosaico religioso y cultural. Por lo tanto, es crucial generar estudios específicos que revelen los niveles de aceptación y comprensión de la teoría de la evolución en los diferentes países latinoamericanos, considerando sus diversos contextos. Además, resulta particularmente necesario e interesante diseñar secuencias de enseñanza-aprendizaje y desarrollar materiales contextualizados que sirvan como recursos para fomentar el aprendizaje de la teoría de la evolución en esta región del planeta.

REFERENCIAS

1. Good, R. Jerry A. Coyne: Why Evolution is True. *Sci Educ (Dordr)* **19**, (2010).

2. Dobzhansky, T. Nothing in biology makes sense except in the light of evolution. *Am Biol Teach* **75**, 87–91 (2013).

3. Reznick, D. A., Bryga, H. & Endler, J. A. Experimentally induced life-history evolution in a natural population. *Nature* **346**, (1990).

4. Sequeiros, L. *Raíces de la humanidad:¿ Evolución o creación?* vol. 19 (Editorial SAL TERRAE, 1992).

5. Conde, C. J. C. & Ayala, F. J. *Humanos.¿ O no?* (Comercial Grupo ANAYA, SA, 2021).

6. Block, T., Van Poeck, K. & Östman, L. Tackling wicked problems in teaching and learning. Sustainability issues as knowledge, ethical and political challenges. *Sustainable development teaching: Ethical and political challenges* 28–39 (2019).

7. Gutiérrez-Coba, L., Coba-Gutiérrez, P. & Gómez-Diaz, J. A. La Noticias falsas y des-información sobre el Covid-19: análisis comparativo de seis países iberoamericanos. *Revista Latina* (2020) doi:10.4185/rlcs-2020-1476.

8. Pithers, R. T. & Soden, R. Critical thinking in education: A review. *Educational research* **42**, 237–249 (2000).

9. Alsaleh, N. J. Teaching Critical Thinking Skills : Literature Review. *The Turkish Online Journal of Educational Technology* **19**, (2020).

10. Muñoz-Campos, V., Franco-Mariscal, A. J. & Blanco-López, Á. Integración de prácticas científicas de argumentación, indagación y modelización en un contexto de la vida diaria. Valoraciones de estudiantes de secundaria. *Revista Eureka sobre Enseñanza y Divulgación de las Ciencias* **17**, (2020).

11. Dunk, R. D. P., Petto, A. J., Wiles, J. R. & Campbell, B. C. A multifactorial analysis of acceptance of evolution. *Evolution: Education and Outreach* **10**, (2017).

12. Allmon, W. D. Why Don't People Think Evolution Is True? Implications for Teaching, in and out of the Classroom. *Evolution: Education and Outreach* **4**, (2011).

13. Heddy, B. C. & Nadelson, L. S. A Global Perspective of the Variables Associated with Acceptance of Evolution. *Evolution: Education and Outreach* **5**, (2012).

14. Alters, B. J. & Alters, S. *Defending evolution in the classroom: A guide to the creation/evolution controversy.* (Jones & Bartlett Learning, 2001).

15. Miller, J. D., Scott, E. C. & Okamoto, S. Public acceptance of evolution. *Science* **313**, 765-766 (2006).

16. Scott, E. C. *Evolution vs. creationism: an introduction: an introduction.* (ABC-CLIO, 2008).

17. Elby, A. & Hammer, D. On the substance of a sophisticated epistemology. *Sci Educ* **85**, (2001).

18. da Silva Oliveira, G., Pellegrini, G., Araújo, L. A. L. & Bizzo, N. Acceptance of evolution by high school students: Is religion the key factor? *PLoS One* **17**, (2022).

19. Paz-Y-Mino, G. & Espinosa, A. Acceptance of Evolution Increases with Student Academic Level: A Comparison between a Secular and a Religious College. *Evolution: Education and Outreach* **2**, (2009).

20. White, P. J. T., Heidemann, M., Loh, M. & Smith, J. J. Integrative cases for teaching evolution. Evolution: *Education and Outreach* **6**, 1–7 (2013).

21. Vázquez-Ben, L. & Bugallo-Rodríguez, Á. ¿Qué saben niños y niñas sobre evolución? Diseño y aplicación de un modelo científico escolar de evolución para educación primaria. *Revista Eureka sobre Enseñanza y Divulgación de las Ciencias* **19**, (2022).

22. Salazar-Enriquez, G., Guzman-Sepulveda, J. R. & Peñaloza, G. Understanding and acceptance of the theory of evolution in high school students in Mexico. *PLoS One* **18**, e0278555 (2023).

23. Tavares, G. M. & Bobrowski, V. L. Integrative assessment of Evolutionary theory acceptance and knowledge levels of Biology undergraduate students from a Brazilian university. *Int J Sci Educ* **40**, (2018).

24. Gefaell, J. *et al.* Acceptance and knowledge of evolutionary theory among third-year university students in Spain. *PLoS One* **15**, (2020).

25. Hermann, R. S. Breaking the cycle of continued evolution education controversy: on the need to strengthen elementary level teaching of evolution. *Evolution: Education and Outreach* **4**, 267–274 (2011).

26. Vázquez-Ben, L. La incorporación de la teoría de la evolución biológica a la educación primaria. (Universidad de La Coruña, 2020).

27. Driver, R. E*book: Children's Ideas in Science.* (McGraw-Hill Education (UK), 1985).

28. Kampourakis, K. & Zogza, V. Preliminary evolutionary explanations: A basic framework for conceptual change and explanatory coherence in evolution. *Sci Educ (Dordr)* **18**, (2009).

29. Palmer, D. H. Exploring the link between students' scientific and nonscientific conceptions. *Sci Educ* **83**, (1999).

30. Bishop, B. A. & Anderson, C. W. Student conceptions of natural selection and its role in evolution. *J Res Sci Teach* **27**, (1990).

31. Alters, B. J. & Nelson, C. E. Perspective: Teaching evolution in higher education. *Evolution (N Y)* **56**, 1891–1901 (2002).

32. Tamayo, M. Evolución de las teorías biológicas evolutivas en libros de texto de enseñanza en Chile. (Universidad de Granada, 2004).

33. Kampourakis, K. & Zogza, V. Students' preconceptions about evolution: How accurate is the characterization as 'lamarckian' when considering the history of evolutionary thought? *Sci Educ (Dordr)* **16**, (2007).

34. Kampourakis, K. & Zogza, V. Students' intuitive explanations of the causes of homologies and adaptations. *Sci Educ (Dordr)* **17**, (2008).

35. Zambrano Abarzúa, J. & Quintanilla-Gatica, M. Modelos Científicos Escolares en estudiantado de secundaria ¿Cómo explican la evolución adaptativa? *Revista Eureka sobre Enseñanza y Divulgación de las Ciencias* **20**, (2023).

36. Smith, M. U. Counterpoint: Belief, understanding, and the teaching of evolution. *J Res Sci Teach* **31**, (1994).

37. Pazza, R., Penteado, P. R. & Kavalco, K. F. Misconceptions about Evolution in Brazilian Freshmen Students. *Evolution: Education and Outreach* **3**, (2010).

38. Deniz, H. & Borgerding, L. A. *Evolution education around the globe. Evolution Education Around the Globe* (2018). doi:10.1007/978-3-319-90939-4.

Nada tiene sentido en educación si no es a la luz de la teoría de la evolución

José Gijón Puerta, Meriem K. Gijón, Emilio J. Lizarte Simón, Gregorio Perán Mesa, María M. Camacho Álvarez[1]

La teoría de la evolución[2], en sí misma, es un objeto de enseñanza y aprendizaje en distintas etapas educativas. Con diferentes niveles de profundidad, se encuentra en los currículos de la Enseñanza Secundaria Obligatoria y de Bachillerato (siempre en los itinerarios que solemos denominar «de ciencias») y en los grados y posgrados relacionados con la biología y, en menor medida, con la medicina y algunas otras carreras vinculadas a las ciencias sociales o las ciencias de la educación, como el Magisterio. Esto plantea, *de facto*, la cuestión de que una buena parte de la población española, incluso completando su educación obligatoria —desde los seis hasta los dieciséis años— nunca tendrá una referencia académica de esta teoría, de su impacto en la ciencia y la sociedad ni de sus implicaciones para conocimiento general del ser humano.

Se podrá entonces destacar la importancia de enseñar a los estudiantes la evolución biológica y cómo esta puede ser integrada en la reflexión personal, social e, incluso, religiosa o espiritual, resaltando la necesidad de su asimilación crítica y del uso de los recursos que nos aporta para comprender el mundo de manera racional.

Se podrá enfatizar la necesidad de fomentar un enfoque interdisciplinario en la educación, donde se promueva el diálogo y la colaboración entre diferentes áreas de conocimiento, para abordar los desafíos complejos que enfrentamos como sociedad, con un sustrato clave en la teoría evolutiva.

También, al fin, se podrá indicar que privar a los ciudadanos del conocimiento de la teoría central de la biología es sustraerles un saber esencial y el conocimiento de las claves de la existencia del ser humano sobre la Tierra.

---

1. José Gijón Puerta, Profesor del departamento DOE de la Universidad de Granada; Meriem K. Gijón, Investigadora del grupo SEJ658 CHTI-HAM de la Universidad de Granada; Emilio J. Lizarte Simón, Profesor del departamento DOE de la Universidad de Granada; Gregorio Perán Mesa: Profesor de Biología y Geología del IES Emilio Prados de Málaga; María M. Camacho Álvarez, Catedrática de la Universidad de Costa Rica.

2. Aunque de forma general hablamos de la teoría de la evolución desde una visión histórica amplia, en el ámbito de la enseñanza reglada nos referimos a la teoría de Charles Darwin en su formulación conocida como la Síntesis Moderna, que combina la selección natural darwiniana con el desarrollo de la genética.

Así, el propósito de este texto va más allá de la enseñanza de las ciencias naturales o del conocimiento de la teoría de la evolución como elemento de cultura general para una ciudadanía bien informada. Su propósito fundamental es el de reflexionar sobre la capacidad de la teoría de la evolución para servir como referente en los procesos educativos de enseñanza y aprendizaje o, lo que es lo mismo, sobre la necesidad de dar a los docentes en su formación inicial el conocimiento necesario sobre la teoría de la evolución y sobre los referentes evolutivos de muchos de los comportamientos implicados en el aprendizaje y la enseñanza, para que puedan mejorar su quehacer profesional. En definitiva, argumentaremos sobre la ciencia y su método como ayuda para los docentes, y sobre la teoría de la evolución como un referente básico para la formación de los docentes de cualquier nivel educativo y rama del conocimiento.

El valor de la ciencia y del método científico en la investigación social y educativa

Cuando el académico o investigador se acerca a cualquier problema de estudio en las ciencias sociales, debe enfrentarse a elementos contradictorios en función de las concepciones, paradigmas, enfoques o plataformas de racionalidad que en las que se intente apoyar. Y esto es así porque, independiente de la diversidad de formulaciones que encontremos en la literatura y de su significado –«paradigmas» *empírico-analítico, simbólico* y *crítico*[1,2], «estructuras de racionalidad» *técnica, hermenéutica* y *emancipadora*[2], «perspectivas o enfoques» *técnico, interpretativo* y *crítico*[3]–, la toma de postura se hace necesaria no solo en función de una simple metodología, sino en razón de los presupuestos conceptuales desde los que responder a cuestiones más profundas que afectan a qué investigar, por qué y para qué hacerlo, cómo hacerlo y cuál es la relación que quiere establecerse entre el conocimiento y la acción educativa.[4] Si bien el discurso sobre las perspectivas, paradigmas o tradiciones es bien conocido, definirse como defensor del paradigma empírico-analítico y situarse en la defensa de una racionalidad (técnica) ya no es tan frecuente en el ámbito de la educación –específicamente de la Didáctica y Organización Escolar– y debe hacerse explícito. Esta es, pues, la posición tomada por los autores para el desarrollo de este texto.

También es conveniente explicar que un aspecto interesante de la discusión paradigmática es justamente poner en duda no ya solamente el concepto de *paradigma* –en el sentido de Kuhn– sino el uso que de este concepto se ha hecho por otros autores y escuelas (que incluso Kuhn censuró), alertando además de la utilización actual –coercitiva para el investigador– del concepto de «comunidad científica» que se deriva de las tesis sobre cómo se producen las revoluciones científicas.[5] En nuestra opinión, la idea de «comunidad científica» puede encorsetar la investigación y el desarrollo de nuevas ideas, sometiéndolas a la aceptación de un sanedrín de académicos que, en algunos casos, valora más el consenso que las evidencias presentadas. Nuestra posición se puede explicar con el conocido como *efecto Mateo*[6] que lleva directamente a la utilización cada vez más frecuente de argumentos *ad verecundiam, ad hominem* e, incluso, *ad baculum,* desde las posiciones de enorme poder que asumen instituciones científicas o medios de difusión disciplinar, en relación con los tópicos que la comunidad científica avala y que, en algunos casos, llegan a sustentar el desarrollo de verdaderas *industrias* académicas con dudosa base científica, como indicó ya hace más de dos décadas Edward O. Wilson sobre el entonces «emergente» paradigma feminista en investigación social. Wilson, además, desarrolló un concepto muy interesante para la idea de una ciencia unificadora, el de *consiliencia,* manteniendo la idea de un acceso parcial a los sistemas complejos en la naturaleza –incluyendo el humano desde distintas disciplinas–, para posteriormente reconstruir un conocimiento global del sistema más profundo y consistente.[7]

ENTENDER LOS PROCESOS DE TRANSMISIÓN DE LA CIENCIA Y DE SUS VALORES ASOCIADOS

Pero la enseñanza y el aprendizaje de la teoría de la evolución, no puede –o no debe– separarse de los valores que representa: los valores científicos que proceden de la Ilustración [8,9] y que se anclan en el método científico y, entre ellos, el valor del pensamiento crítico, que trasciende la ciencia para llegar a lo social, lo político y lo ideológico. La educación en valores es sin duda un pilar fundamental para el desarrollo integral de los individuos y la construcción de una sociedad más consciente e informada. Pero no podemos desvincularla del conocimiento previo que antecede a cualquier análisis crítico ni invertir o pervertir la cadena de la evidencia a la inferencia, base del método científico. Estas son dos cuestiones esenciales: el método científico como valor esencial de la ciencia y el modelo de transmisión de valores.

EL MÉTODO CIENTÍFICO, VALOR ESENCIAL DE LA INVESTIGACIÓN SOCIAL Y LA PRÁCTICA EDUCATIVA

En términos generales, el método científico puede concebirse como un conjunto de fases que todo investigador debe seguir. Inicia con la observación de algún hecho o patrón que despierta la curiosidad y genera preguntas sobre su naturaleza. A partir de esa observación, se procede a realizar una revisión exhaustiva del conocimiento existente, consultando fuentes especializadas como publicaciones y libros. Una vez que se ha investigado y comprendido el contexto actual del tema, procede a formular una hipótesis de trabajo que busca explicar la observación inicial. Esta hipótesis es sometida a un contraste empírico a través de un experimento o una observación sistemática. La hipótesis debe ser verificable y debe ir acompañada de detalles precisos sobre los métodos y condiciones utilizados para obtener datos experimentales o derivados de la observación.

Si los resultados experimentales se ajustan a lo que la hipótesis predijo, entonces se confirma la hipótesis. En caso contrario, si los resultados no concuerdan con la predicción, la hipótesis es rechazada. Este proceso de contraste empírica es crucial, ya que las hipótesis científicas deben basarse en la evidencia observacional y ser sujetas a comprobación.

La ciencia se diferencia de otras disciplinas en que las hipótesis formuladas deben ser empíricamente contrastables y sometidas a pruebas con hechos observables. Si una hipótesis supera estas pruebas y cumple con ciertas condiciones, como la claridad de su formulación, la corrección de los métodos utilizados y la compatibilidad con el conocimiento científico previo, entonces se incorpora al cuerpo de conocimientos científicos.

Es importante señalar finalmente que el método científico no siempre sigue una secuencia lineal, y a menudo existen conexiones y retroalimentación entre las distintas etapas. La práctica real de la ciencia puede ser menos ordenada y los científicos pueden enfocarse en diferentes aspectos del método según la naturaleza de su investigación.

Sin embargo, abandonar el método, matizarlo o, incluso, despreciarlo basándose en supuestas concepciones paradigmáticas, es en nuestra opinión una buena manera de perder la información y los datos —lo más valioso— para entender los procesos de enseñanza y aprendizaje y mejorarlos. Porque la ciencia no es consenso ni es democrática; la ciencia es, simplemente, evidencia. Y no admite, por mucho que algunos paradigmas así lo quieran mostrar, sumisión a la percepción personal o al acuerdo democrático. La palabra «democracia» es muy atractiva, pero no sirve para nada en la ciencia, esclava de la evidencia. Al contrario, la inutiliza como fuente de generación de nuevo conocimiento.

Así, en términos generales, la formación del docente para abordar investigaciones o evaluar su propia práctica, debiera incluir el método científico entre sus contenidos más relevantes.

EL CONOCIMIENTO COMO CLAVE PARA LA TRANSMISIÓN DE VALORES

Un texto esencial para los docentes, relativo a la transmisión de valores ambientales, pero que se pueden extrapolar sin dificultad al conjunto de las teorías y conceptos científicos es el titulado *Educación en valores ambientales* de Joseph Cornell Caduto,[10] quien nos invita a reflexionar sobre la forma en que transmitimos los valores y el papel del conocimiento, frente a los modelos basados en la inculcación. Los modelos inculcadores son utilizados frecuentemente en la religión, la publicidad y, por supuesto, en la política, y se basan en eslóganes atractivos, que se convierten en verdades por su continua repetición y que, en nuestra opinión, han permeado desde hace ya algunas décadas muchas disciplinas científicas, entre ellas las ciencias sociales y, especialmente, las ciencias de la educación. En este contexto, es esencial entender que el conocimiento, como base de la transmisión de valores, no solo fomenta una comprensión profunda, sino que también nutre la capacidad crítica y reflexiva de los individuos.

La inculcación de valores puede implicar la transmisión de ideas de manera dogmática y sin el cuestionamiento crítico necesario para una comprensión significativa. En contraste, el conocimiento es un vehículo para despertar la curiosidad y el interés genuino por los valores que se pretenden transmitir. El conocimiento proporciona el contexto y las herramientas necesarias para que los individuos puedan internalizar y asimilar los valores de manera consciente y coherente. Al comprender los fundamentos y la importancia de una teoría como la teoría de la evolución, las personas pueden integrarlos de manera más significativa en sus vidas cotidianas y utilizarlos como sustrato en sus decisiones cotidianas, en su comportamiento y en su acción cívica y política. De esta manera, la transmisión de valores se convierte en una experiencia de aprendizaje transformadora y duradera.

Además, el conocimiento también permite que los individuos se conviertan en modelos a seguir en procesos como como el de la aceptación o negación de las teorías científicas, desde una perspectiva metodológicamente adecuada –el método científico–. Al tener una comprensión profunda y actualizada sobre el tema, los educadores pueden inspirar a otros y generar un impacto positivo en la sociedad. Para Caduto, un educador informado se convierte en la luz que guía a los demás hacia la sabiduría. En lugar de imponer ideas, el conocimiento nutre el crecimiento y la autonomía de los individuos para que se conviertan en agentes de cambio conscientes y responsables en la promoción de valores fundamentales para cuestiones como la preservación del medio ambiente o el bienestar social.

La teoría de la evolución y su proyección en los procesos de enseñanza y aprendizaje

A partir de las consideraciones anteriores, podemos ahora centrarnos un poco más en el valor de la teoría de la evolución como referente básico para la formación y la acción de los docentes de cualquier nivel y disciplina.

La teoría de la evolución por selección natural, propuesta por Charles Darwin, ha revolucionado nuestra comprensión sobre el «lugar del hombre en la naturaleza».[11] Considerada la continuación de la revolución copernicana[12] al situar al hombre fuera del centro de la creación –Copérnico había situado a la Tierra fuera del centro del universo–, esta teoría nos permite –a través del estudio de los aprendizajes en otras especies y su evolución hasta el ser humano–, extraer valiosas lecciones sobre cómo los profesores pueden aprovechar diferentes estrategias de aprendizaje, basándose en los comportamientos humanos profundamente enraizados en nuestra naturaleza –en nuestros genes– para enriquecer el proceso educativo. De hecho, algunos de los pedagogos y psicólogos más importantes desde el siglo XX han sido biólogos y buenos conocedores de los procesos evolutivos del aprendizaje hasta llegar a la especie humana. Jean Piaget,[13] por ejemplo, era biólogo y sus primeras publicaciones juveniles fueron descripciones de especies de pájaros o caracoles en Suiza, de forma que adquirió así las habilidades de observación que luego le permitirían establecer teorías muy sólidas desde la observación del comportamiento humano, en ámbitos como el desarrollo cognitivo[14] y el desarrollo moral.[15] Otro caso más cercano en el tiempo es el del profesor Joseph D. Novak, quien, a partir de la teoría del aprendizaje significativo de Ausubel,[16–18] desarrolló una de las herramientas más potentes para la representación del conocimiento y la detección de errores conceptuales que se conoce: los *concept mapping* –mapas conceptuales–,[19–21] que han sido utilizados por varias generaciones de docentes desde los años 70 del siglo XX[22,23] y que actualmente han sido reconocidas con apoyo de sólidas investigaciones como verdaderas herramientas neurodidácticas.[24,25]

Pero, más allá del ser humano, ¿qué nos enseñan los procesos evolutivos sobre el aprendizaje en humanos? ¿Podemos extraer enseñanzas de los estudios científicos sobre el aprendizaje en otras especies? A continuación, presentaremos cuatro ejemplos de comportamientos humanos que tienen referentes previos en animales y que nos podrán ayudar a entender mejor y gestionar muchas de las situaciones cotidianas en las aulas. Concretamente, abordaremos brevemente las emociones, las relaciones interpersonales y la moral, el aprendizaje social o cultural y, por último, la creatividad.

EJEMPLOS DE COMPORTAMIENTOS EN NO HUMANOS Y SU REFLEJO EN EL HOMBRE

Darwin y las emociones

En primer lugar, no podemos dejar de citar a Charles Darwin, quien se interesó por las emociones tanto en el hombre como los animales, abriendo líneas de investigación que tendrían un gran impacto en el inicio de la psicología. Su obra sobre la expresión de las emociones en los animales y el hombre,[26] publicada en 1872, o las observaciones hechas sobre el comportamiento de uno de sus hijos,[27] publicada en 1877, son reconocidas hoy como pioneras en el desarrollo de la psicología y debieran ser también consideradas por los impulsores de la utilización generalizada de las emociones como marco de trabajo y aprendizaje escolar. En este sentido, podemos citar el modelo como el de competencias clave de la Unión Europea (UE) reformulado en 2018 para incluir la competencia *LifeComp* (organizada en torno a tres áreas –personal, social y metacognitiva–),[28] o el modelo SEL (*Social and Emotional Learning*) promovido por la Organización para la Cooperación y el Desarrollo Económicos (OCDE) como potente herramienta para la inclusión y para la movilidad social,[29] asociada al modelo de capital social que defiende esta institución.[30-31]

Así pues, reconocido el renovado interés por el uso de las emociones en el ámbito escolar, y dando a Darwin el mérito de haber iniciado esta línea de investigación, que apuntaba claramente hacia la universalidad de las emociones y su expresión, su confirmación vino de la mano del psicólogo americano Paul Ekman, quien en la década de 1960 demostró como un hecho incontrovertible que las expresiones faciales de las emociones son universales y se reconocen también de forma universal en el ser humano, lo que implica necesariamente su raíz evolutiva –genética– aunque pueden ser moduladas según las denominadas «reglas de exhibición» de cada cultura.[32]

La universalidad de las emociones y su expresión –facial y corporal–[33], procedente de una historia evolutiva común con otros animales, nos permite comprender la posibilidad real de trabajar en entornos diversos educativos, en los que esperamos el entendimiento a través de las generaciones y de las culturas, entre personas que se conocen y con extraños, como ya describió Ekman.[34] El conocimiento por parte de los docentes de la expresión de las emociones como lenguaje universal y evolutivamente enraizado en el hombre, les dota de una herramienta de trabajo muy valiosa en los entornos educativos multiculturales y multiétnicos.

Incluso ahora, cuando se va extendiendo la interacción entre animales y humanos en las instituciones educativas con propósitos diversos, como la reducción del estrés académico,[35] y se emplean nuevas técnicas de reconocimiento de emociones en el hombre y los animales,[36,37] la formación de los docentes en la teoría de la evolución como referente general de trabajo y de los elementos evolutivos comunes con otros animales para aspectos específicos, como el de las emociones, es una necesidad. Ítem más, en el cercano futuro que ya es presente, se intentará dotar a las máquinas de expresiones faciales o «corporales» para una mejor interacción entre humanos y las inteligencias artificiales (IA) y robots, que estarán cada vez más presentes en todos los escenarios formativos.[38]

Las relaciones entre congéneres y desarrollo moral en nuestros «primos hermanos»

Desde la década de 1950 del siglo XX, la divulgación de los estudios sobre simios ha impactado en nuestra concepción del hombre, mostrando similitudes en muchos comportamientos, que sólo pueden ser entendidos desde un común origen evolutivo. Estos estudios nos pueden dar a los educadores muchas claves del comportamiento humano y servirnos de base para el desarrollo de estrategias de enseñanza y para la organización de los centros educativos.

Podemos destacar los trabajos de Roger Fouts sobre el comportamiento de nuestros «primos hermanos»,[39] las observaciones de Dian Fossey sobre los gorilas de montaña o las de Jane Goodal sobre los chimpancés,[40] entre las de otros muchos primatólogos, que han contribuido a divulgar entre la ciudadanía un mayor conocimiento de gorilas (*Gorilla sp.*), chimpacés (*Pan troglodytes*), bonobos (*Pan paniscus*) y, en menor medida, orangutanes (*Pongo sp.*), cuya vida es más solitaria.

Para los educadores, sobre todo los que trabajan en la educación secundaria y niveles inferiores, tiene especial interés las investigaciones sobre la violencia intraespecífica y los procesos de agresión y reconciliación en simios, porque en las aulas hay una especial preocupación por el acoso escolar o *bullying*, fenómenos que alteran el desarrollo normal de las clases, teniendo en algunos casos consecuencias muy graves.[41] Por ejemplo, conocer los trabajos de Michael Ghiglieri sobre la agresión en chimpancés y los tipos de violencia masculina[42] o los de Frans de Waal sobre la agresión y reconciliación en chimpancés y la organización política de los grupos en bonobos y chimpancés,[43–45] puede dar a los educadores una visión más amplia del origen de los problemas de disrupción, disciplina o acoso, que son en muchos casos tratados desde perspectivas o referentes teóricos que no tienen en cuenta la profunda raíz evolutiva de estos comportamientos y, por tanto, la dificultad para su modificación si no se tiene en cuenta su origen.

Vinculado al tema de las relaciones interpersonales en los contextos educativos, la cuestión del desarrollo moral es también un tema interesante para buscar unas raíces evolutivas. Si bien el juicio moral, el razonamiento o la acción moral son objeto de estudio y definición desde la filosofía o la psicología, en el ámbito educativo su definición y comprensión es sin duda muy importante para los docentes. Aunque el debate sobre juicio y acción moral (cómo reconocemos el bien y el mal que hacemos o que hacen nuestros congéneres) no es algo cerrado y se proponen actualmente nuevas teorías y modelos, citaremos dos ejemplos que siguen siendo muy influyentes en el mundo educativo:[46] el desarrollo moral definido por Jean Piaget como un proceso evolutivo desde la heteronomía (dependencia) del niño hasta la autonomía (independencia) del adulto en el juicio moral,[47] y los estadios del desarrollo moral propuestos por Lawrence Kohlberg[48] como una serie de momentos sucesivos que se van adquiriendo, integrando cada uno en los anteriores. Existirían 3 niveles de desarrollo moral (preconvencional –el individuo se mueve miedo o egoísmo–, convencional –el individuo está integrado en las normas del grupo– y posconvencional –la persona actúa basándose en principios morales generales–). Este desarrollo no es igual para todos los individuos y muy pocos de ellos alcanzan los últimos estadios. El modelo explicaría que un mismo individuo puede comportarse según los parámetros de distintos niveles de desarrollo moral (por la mañana alguien podría quedarse con una billetera que encontró pensando que nadie lo sabrá nunca y por la tarde, esa misma persona, votar a favor de una cuestión que favorece al conjunto de vecinos de su comunidad de vecinos, aunque le perjudica a él) y podría ser un buen modelo para el trabajo en entornos escolares. La ausencia de definición de los códigos morales «correctos» ha supuesto muchas críticas para el modelo de Kohlberg, como las realizadas por Roger Straughan, quien escribió un artículo titulado «¿Por qué no actuar según los juicios morales de Kohlberg? O cómo alcanzar el sexto estadio y seguir siendo un hijoputa».[49]

Pero, ¿existe una raíz evolutiva en relación con lo moral? Francisco J. Ayala y Camilo J. Cela Conde han reflexionados obre los aspectos evolutivos de la moral en su obra *Humanos ¿O no?*[50] y seguiremos aquí en parte su argumentación para dar una respuesta a esta pregunta.

La primera cuestión que se plantea la universalidad de la moral, que determinaría la base genética y evolutiva del «sentido moral». Es cierto que, en todas las culturas, los seres humanos anticipan las consecuencias de sus acciones, realizan juicios morales y eligen entre acciones alternativas frente a los problemas o decisiones que se les plantean. Estas características, como indican Ayala y Cela[50] (pág. 135), confiere a los seres humanos la capacidad de tener «sentido moral». Pero también plantean que los códigos morales son muy cambiantes en las distintas culturas e, incluso, en la misma cultura con el paso del tiempo –quizá los cambios en los códigos morales impliquen una «evolución» cultural, a veces de forma muy rápida–.

Medir las consecuencias de nuestros actos estaría enraizado en el ser humano por ser un producto de su evolución. Como modelo interesante para la educación, Shure y Spivack[51] establecieron la existencia de cinco tipos de «pensamiento» o habilidades metacognitivas del ser humano (causal, consecuencial, de perspectiva, alternativo y medios-fines), que se traduciría en un modelo de trabajo educativo para el desarrollo del juicio moral y que ha utilizado con éxito para el desarrollo de habilidades sociales, tanto en entornos escolares como en el medio penitenciario, el profesor Manuel Segura Morales.[52]

La dificultad de establecer las raíces evolutivas de la moral humana en la revisión del mundo animal es elevada, porque las inferencias necesarias a partir de las evidencias disponibles requieren de una cierta dosis de «imaginación» en la trasposición. La explicación del altruismo, por ejemplo, aún es insuficiente desde una perspectiva evolutiva, ya que –siendo uno de los grandes escollos para teoría de la selección natural– no ha tenido argumentos totalmente satisfactorios, ni desde la selección de grupo propuesta por Edward O. Wilson en su obra *Sociobiología*,[53] ni desde las propuestas del altruismo como «estrategia evolutiva estable», descrita en el desarrollo de la teoría de juegos por Maynard Smith.[54,55] Quizá las ideas del «altruismo recíproco», desarrolladas por Robert Trivers[56] incluyendo parientes y desconocidos que interactúan frecuentemente y que son capaces de medir el beneficio futuro de una acción altruista, a partir de la teoría de los juegos, puedan ser una interpretación adecuada al problema del juicio moral en animales y humanos y su evolución por acción de la selección natural.

Los monos de Koshima y la cultura como patrimonio no exclusivamente humano

Un aspecto importante del aprendizaje es la imitación. El aprendizaje vicario no sólo permite aprender habilidades básicas, sino que la imitación de comportamientos complejos es sustancial para integrarse en los grupos humanos, y determina compartir símbolos; en definitiva, desarrollar culturas. En el ámbito de la educación, la imitación del comportamiento de los docentes o de los iguales, la existencia de referencia y modelos de conducta define en buena parte los derroteros que toman las actividades de enseñanza y aprendizaje.

Por suerte para nosotros a la hora de argumentar a favor del concomimiento de la teoría evolutiva y sus procesos por los docentes, disponemos de una investigación que captó el comienzo de un comportamiento, su imitación y su elevación a rango cultural propio de un grupo de macacos de la isla japonesa de Koshima, que se ha mantenido hasta hoy. Se trata de un comportamiento creativo que se convirtió en una tradición cultural en seres no humanos y que se transmitió a través de generaciones,[57-59] que relata en el blog de la Asociación Primatológica Española con mucho detalle Miquel Llorente.[60]

Koshima es una pequeña isla en la prefectura de Miyakazi, hogar de un gran grupo de macacos (*Macaca fuscata*) divididos en dos grupos familiares extensos –tropas–. En 1948, el primatólogo de la Universidad de Kioto Kinji Imanishi, junto a dos de sus estudiantes (Junichro Itani y Shunzo Kawamura), iniciaron la observación sistemática de estas tropas, con la ayuda de la maestra Satsue Mito. Los macacos fueron identificados y «bautizados», para facilitar los registros de observación. En otoño de 1953, Mito observó a una joven hembra llamada Imo llevando a cabo un comportamiento inusual: lavando una batata dulce en el agua de un arroyo. Doce años después de la primera observación, se publicó un artículo en la revista japonesa *Primates* que documentaba este comportamiento cultural.[57] El lavado de las batatas cumplía con tres requisitos básicos para ser considerado una «cultura»: surgió como una aparición súbita, se difundió a lo largo de los años en la isla a través de la familia y los compañeros de juego, y fue modificado, ya que las batatas comenzaron a lavarse en el mar en lugar de los arroyos. Esto no solo limpió la batata, sino que también le dio un sabor más salado y agradable para los animales.

Así pues, la cultura –como concepto– se originó mucho antes de que los humanos pisaran la Tierra y es compartida con otras especies de primates no humanos y animales no primates (recuérdese el uso de herramientas por chimpancés para extraer insectos de los troncos de los árboles). Estos descubrimientos resaltan la importancia de enriquecer los entornos de aprendizaje para el desarrollo tanto de humanos como de otras especies, desde los sistemas educativos hasta la interacción con animales, e ilustra cómo el aprendizaje social es un mecanismo poderoso para transmitir conocimientos y habilidades entre individuos de una comunidad, mostrando además la eficacia del aprendizaje entre iguales y la mayor dificultad de aprendizaje al avanzar la edad, pues el lavado de batatas se propagó primero entre monos jóvenes compañeros de juegos y luego hacia los adultos, muchos de los cuales nunca llegaron a adquirirlo en el primer momento).

La creatividad

Otro aspecto importante del comportamiento humano y muy valorado actualmente en la educación es la creatividad. La UE la considera como un elemento esencial para el desarrollo de la «competencia emprendedora»,[61] una de las ocho competencias claves para el aprendizaje a lo largo de la vida (*lifelong learning*) en el contexto escolar y componente de varios elementos de la competencia *LifeComp*[28] (forma parte del «pensamiento crítico» –desarrollo de ideas creativas–, sintetizando y combinando conceptos e informaciones de distintas fuentes para la resolución de problemas). Hay sólidas evidencias de base genética para la creatividad y la modulación que hace de esta la cultura,[62-65] pero además es necesario establecer que la creatividad está arraigada profundamente en los seres humanos porque es una herencia evolutiva que apareció en períodos muy anteriores a la presencia del hombre sobre la Tierra.

Mientras que existen comportamientos complejos en el mundo animal que son estereotipados, otros muestran variaciones individuales en su ejecución y, precisamente estas variaciones, en muchos casos, definen una mayor supervivencia de los individuos y la adaptación de las poblaciones. Algunas de estas variaciones individuales pueden deberse a procesos creativos. Como ejemplo del primer tipo –los comportamientos estereotipados– podemos mencionar el apareamiento de la mantis (*Mantis religiosa*), que termina con la muerte del macho y que no presenta variaciones «creativas». Aun así, un cierto porcentaje de machos ha desarrollado estrategias para evitar ser decapitados y devorados por la hembra[66,67].

Entre los comportamientos del segundo tipo, que sí presentan variaciones creativas, podemos citar el baile nupcial de algunas aves que, generalmente reservado para los machos de la especie, permite que la hembra seleccione a los mejores pretendientes a través de una característica «honesta» que, en este caso, puede presentar algunas variaciones creativas.[68,69] Así, una característica individual relacionada con la adaptabilidad, como el baile nupcial, puede ser modulada por mayor o menor creatividad, que también podría vincularse con la adaptabilidad.

Por lo tanto, podemos pensar que, en el curso de la evolución, la creatividad ha sido favorecida por la selección natural, con grupos reproductivos que se desplazan hacia una mayor libertad en la toma de decisiones y la resolución de problemas. De hecho, existe una gran cantidad de evidencias sobre procesos creativos en animales, siendo muy interesante su vinculación con otros aspectos del comportamiento, como el aburrimiento y la curiosidad, como se presenta en una revisión reciente,[70] que utilizaremos como línea argumental. En relación con la creatividad y la curiosidad, Gosling[71] reintrodujo el concepto de personalidad animal en los estudios científicos sobre animales no humanos, recopilando diferencias individuales en la personalidad en varias especies.

Dando importancia al aburrimiento y la capacidad de volver a centrar su atención, Eastwood y colaboradores[72] han documentado comportamientos que son sin duda el resultado de la curiosidad, incluida la creatividad, la resolución de problemas, el juego y la interacción social. En este sentido, Bench y Lench[73] han argumentado la importancia adaptativa del aburrimiento, ya que motiva al individuo para que nuevos pensamientos o estímulos atraigan su atención. El aburrimiento también se ha relacionado en estudios recientes con los humanos con un aumento de la creatividad como los de Mann y Cadman.[74] Se ha asociado en animales no humanos con el interés en nuevas actividades, cuando se preparan ambientes que enriquecen la interacción y permiten actividades «creativas» en cautiverio, reduciendo los niveles de hormonas relacionadas con el estrés y también la cantidad de comportamientos estereotipados, como se evidencia en los estudios de Owen y colaboradores[75] en pandas gigantes (*Ailuropoda melanoleuca*) o de los Cannon y colaboaradores[76] en macacos (*Maccaca sp.*). En estos hallazgos ya aparece la necesidad de entornos de aprendizaje enriquecidos y estimulantes, que puede ser extrapolada a los seres humanos y que resulta de gran interés para el desarrollo de los sistemas educativos masificados, herencia de la escuela creada tras la Revolución Francesa.[70]

Una revisión reciente de Lilley y colaboradores[70] analiza las diferencias individuales en diferentes aspectos relacionados con la creatividad, el juego y la resolución de problemas, como la flexibilidad y adaptabilidad en las estrategias de alimentación observadas en orcas cautivas (*Orcinus orca*) al capturar gaviotas,[70,77] o la variabilidad entre timidez y audacia, directamente relacionada con la creatividad (los animales más creativos tienden a ser más curiosos y audaces). El juego también ha sido objeto de numerosos estudios en humanos y animales no humanos, aunque su origen evolutivo y adaptativo y sus relaciones con otros aspectos como el aburrimiento aún no están claramente determinados. Burghardt[78] ha propuesto que el juego puede reducir el aburrimiento y el estrés, actuando como contrapeso a la falta de estimulación, y también que puede ser un reductor de la energía metabólica excesiva, ayudando a mantener una aptitud cognitiva y física óptima.

El juego, desde sus raíces evolutivas, está vinculado a la personalidad de cada individuo, que influye tanto en la preferencia por usar objetos o establecer vínculos sociales, que a menudo forman parte de los juegos y podrían ser el estímulo que una persona busca cuando está aburrida. Estas situaciones han sido descritas claramente en estudios realizados en delfines por diferentes autores[79,80] que muestran que cada individuo tiene preferencias en la elección de compañeros de juego y diferencias en el nivel de búsqueda de compañeros o en el tipo de objetos seleccionados para jugar y en la frecuencia del juego.

J. C. Kaufman, quien trabajó con delfines entrenados en acuarios en la década de 1960, describe cómo los delfines nariz de botella del Pacífico (*Tursiops gilli*) exhiben espontaneidad y creatividad en sus interacciones con los visitantes, desarrollaron algunos de ellos juegos como saludar a las personas, no sacando la cabeza del agua, sino dándose la vuelta y colocando sus colas en el borde de la piscina.[81,82]

Como reflexión final de este apartado, podemos decir que, al estudiar la existencia de aspectos como las relaciones entre congéneres, las emociones, la creatividad o la moral en otras especies, podemos obtener valiosas lecciones sobre cómo optimizar el proceso de enseñanza-aprendizaje en el ser humano. El aprendizaje social, la curiosidad, la cooperación y el aburrimiento son aspectos fundamentales que los profesores pueden aprovechar para enriquecer la educación y fomentar el aprendizaje significativo o el pensamiento crítico en sus estudiantes. Al adoptar un referente evolutivo, podemos mejorar la calidad de la educación y preparar a las futuras generaciones para enfrentar los desafíos del mundo con una mente abierta y adaptable.

NADA TIENE SENTIDO EN EDUCACIÓN SIN UNA VISIÓN EVOLUTIVA

Hace ciento cincuenta años, el profesor Rafael García Álvarez, director a la sazón del Instituto Provincial de Segunda Enseñanza de Granada[3] , hizo una descripción y una defensa de la teoría de la evolución por selección natural de Charles Darwin en la lección inaugural del curso académico 1872/73, hecho que le valió una condena por parte de la Iglesia católica y que generó cierta tensión en los círculos sociales y académicos del momento.[83] Aunque García Álvarez no es el primer evolucionista seguidor de Darwin en España –como ejemplo ilustre podemos citar a Antonio Machado y Núñez en Sevilla––, y existen en nuestro país grandes precursores del evolucionismo, como José de Acosta (1540-1600), Athanasius Kircher (1601-1680) o Félix de Azara (1742-1821),[84] nuestro interés se centra en García Álvarez por ser un profesor de enseñanzas medias y tener el valor, entonces, de dar la lección inaugural de curso con este controvertido tema.

Cien años más tarde, el biólogo y genetista Theodosius Dobzhansky[85] publicó su extraordinario artículo «En biología nada tiene sentido sino a la luz de la evolución», en el que realiza una reflexión profunda y convincente sobre la importancia de la teoría de la evolución en la comprensión de todos los procesos biológicos. Dobzhansky sostiene que la evolución no es sólo una teoría, sino un hecho confirmado por la evidencia científica. La selección natural, la mutación y la deriva genética son los mecanismos fundamentales de la evolución, y han sido observados en numerosos estudios. La idea central de la evolución es que los organismos cambian de forma gradual a lo largo del tiempo, y que estos cambios se transmiten de generación en generación. Estos cambios son la base de la diversidad biológica que vemos en la actualidad. El autor argumenta que la evolución es una teoría unificadora que conecta todas las ramas de la biología. La evolución no solo explica cómo se originan las especies, sino también cómo se adaptan al medio ambiente, cómo se desarrollan los órganos y sistemas corporales, cómo se transmiten los rasgos genéticos y cómo se comportan los organismos. Todo esto, según Dobzhansky, sólo

---

3. Institución adscrita entonces a la Universidad de Granada y dependiente también de la Diputación Provincial y del Arzobispado, que desde 1934 se ha denominado Instituto padre Suárez.

puede ser comprendido y explicado a través de la teoría de la evolución e, incluye, obviamente, a la especie humana.

Ambos personajes –García Álvarez y Dobzhansky– fueron docentes y escribieron para docentes. Buenos conocedores de la teoría de la evolución y científicos de primer orden nos recuerdan con sus escritos –más allá del tiempo transcurrido– que la teoría de la evolución revolucionó el conocimiento humano y cambió para siempre nuestra sociedad occidental. Puede ser un buen momento ahora, transcurridos ciento cincuenta años desde la lección de García Álvarez, de avanzar un poco más y plantear la necesidad de considerar la teoría de la evolución como una referencia básica en el ámbito de la educación y de la formación de todos los docentes.

La proyección de artículo de Dobzhansky a la educación

El artículo de Dobzhansky resalta la relevancia de comprender la teoría de la evolución como base fundamental en el campo de la biología. Sin embargo, su implicación se extiende más allá de la enseñanza directa a los estudiantes. Para los docentes, el conocimiento profundo de la evolución es esencial, no solo para enseñarla de manera efectiva, sino también para enriquecer su comprensión del mundo natural y fomentar un pensamiento crítico entre sus estudiantes.

La teoría de la evolución es un pilar central en la biología y está interconectada con muchas otras disciplinas científicas. Comprender cómo las especies evolucionan y se adaptan a su entorno proporciona una base sólida para entender la biodiversidad, la ecología, la genética y la biología molecular. Los docentes, al adquirir un conocimiento profundo de la evolución, pueden contextualizar la información en diferentes áreas de la ciencia, permitiéndoles ofrecer una visión más completa y coherente del mundo natural a sus estudiantes.

Además, el conocimiento de la teoría de la evolución también enriquece el enfoque pedagógico de los docentes. Como menciona Dobzhansky, la evolución arroja luz sobre muchos aspectos de la biología. Al aplicar esta perspectiva evolutiva en la enseñanza, los docentes pueden presentar conceptos científicos de manera más integrada y relevante para la vida de sus estudiantes. Así, la educación no solo se limita a la transmisión de información, sino que se convierte en un camino para comprender cómo la ciencia se conecta con el mundo que nos rodea. Al promover el conocimiento de la teoría de la evolución entre los docentes, se fomenta una cultura científica más sólida en la educación general.

Los docentes, por otra parte, son modelos para sus estudiantes y su interés y comprensión de la evolución pueden despertar la curiosidad y el amor por un conocimiento científico, fundamentado en evidencias, en sus aulas. Como resultado, se promueve un pensamiento crítico y una mentalidad científica entre los futuros ciudadanos, quienes estarán mejor preparados para enfrentarse a los desafíos del mundo moderno con una base sólida de conocimiento científico.

Nada, en fin, tendría sentido en la enseñanza y el aprendizaje, si no es a la luz de la teoría de evolución.

Financiación

José Gijón Puerta ha recibido financiación del Plan propio de la Universidad de Granada, P15, Programa de sabáticos 2022.

Referencias

1. Popkewitz, T. S. *Cosmopolitanism and the age of school reform: Science, education, and making society by making the child. Cosmopolitanism and the Age of Sch. Reform: Science, Education, and Mak. Society by Mak. the Child* (2012). doi:10.4324/9780203938812.

2. Giroux, H. A. Critical theory and rationality in citizenship education. *Curriculum inquiry* **10**, 329–366 (1980).

3. Kemmis, S. Emancipatory aspirations in a postmodern era. *Curriculum Studies* **3**, 133–167 (1995).

4. Escudero, J. M. Tendencias actuales en la investigación educativa: los retos de la investigación crítica. *Qurriculum: Revista de Teoría, Investigación y Práctica Educativa* **2**, 3–26 (1990).

5. Kuhn, T. S. *La estructura de las revoluciones científicas, 4ª Edición.* (Fondo de Cultura Económica, 2013).

6. Merton, R. K. The Matthew Effect in Science. The reward and communication systems of science are considered. *Science (1979)* **159**, 56–63 (1968).

7. Wilson, E. O. *Consiliencia. La Unidad del conocimiento.* (Círculo de lectores, 1999).

8. González Pardo, H. Reseña de 'La tabla rasa: la negación moderna de la naturaleza humana' de Steven Pinker. *Psicothema* **16**, 526–528 (2004).

9. Pinker, S. *Racionalidad. Qué es, por qué escasea y cómo promoverla.* (Paidós, 2021).

10. Caduto, M. J. *A guide on environmental values education.* vol. 13 (Unesco, Division of Science, Technical and Environmental Education, 1985).

11. Huxley, T. H. *Man's Place in Nature and other Anthropological Essays.* (Macmillan, 1897).

12. Ayala, F. J. Copérnico y Darwin: dos revoluciones del pensamiento. *ArtefaCToS. Revista de estudios sobre la ciencia y la tecnología* **2**, 8–23 (2009).

13. Arias Arrollo, P., Merino Zurita, M. & Peralvo Arequipa, C. Análisis de la Teoría de Psico-genética de Jean Piaget. *La revista científica dominio de las ciencias* **3**, (2017).

14. Piaget, J. *Genetic Epistemology.* (Norton, 1971).

15. Piaget, J. *The moral judgment of the child.* (Routledge, 2013).

16. Ausubel, D. P., Novak, J. D. & Hanesian, H. *Educational psychology: A cognitive view.* (Holt, Rinehart and Winston, 1968).

17. Agra, G. *et al.* Analysis of the concept of Meaningful Learning in light of the Ausubel's Theory. *Rev Bras Enferm* **72**, 248–255 (2019).

18. Ausubel, D. P. The psychology of meaningful verbal learning. (1963).

19. Novak, J. D. Concept mapping: A useful tool for science education. *J Res Sci Teach* **27**, 937–949 (1990).

20. Cañas, A. J. & Novak, J. D. Mapas conceptuales. ¿Qué son y cómo elaborarlos? *Eduteka* 1–48 (2018).

21. Novak, J. D. & Gowin, D. B. *Learning how to learn.* (Cambridge University Press, 1984).

22. González García, F. *El mapa conceptual y el diagrama UVE. Recursos para la enseñanza superior en el siglo XXI.* (Narcea, 2009).

23. Ibáñez Cubillas, P., Gijón Puerta, J. & González García, F. Revisión del conocimiento acumulado sobre mapas conceptuales a través del análisis de comunicaciones presentadas en los 5 congresos mundiales. in *Concept Mapping to Learn and Innovating. Proceedings of the Sixth International Conference on Concept Mapping* (eds. Correia, P. R. M., Malachias, M. E. I., Cañas, A. J. & Novak, J. K.) 419–426 (Universidad de São Paulo, 2014).

24. Hu, M., Shealy, T., Grohs, J. & Panneton, R. Empirical evidence that concept mapping reduces neurocognitive effort during concept generation for sustainability. *J Clean Prod* **238**, 117815 (2019).

25. Flórez Uribe, A. M., Ayala Pimentel, J. O. & Conde Cotes, C. A. Los mapas conceptuales. Una estrategia para mejorar el proceso de enseñanza aprendizaje de la neuroanatomía. in *Proceedings of Fourth Int. Conference on Concept Mapping* (eds. Sánchez, J., Cañas, A. J. & Novak, J. D.) 298–304 (2010).

26. Darwin, C. R. *The expression of the emotions in man and animals.* (John Murray, 1872).

27. Darwin, C. R. A biographical sketch of an infant. *Mind* **2**, 285–294 (1877).

28. Sala, A., Punie, Y., Garkov, V. & Cabrera, M. *LifeComp: The European Framework for Personal, Social and Learning to Learn Key Competence.* (2020) doi:10.2760/302967.

29. OEDC. *Skills for social progress: The power of social and emotional skills.* (2015).

30. Gijón Puerta, J. *Aprendizaje y educación de adultos: evolución, tendencias y organización.* (Editorial Técnica Avicam, 2016).

31. Gijón-Puerta, J., Lizarte-Simón, E.-J., Khaled-Gijón, M. & Del Carmen Galván-Malagón, M. Aprendizaje y educación de adultos en la educación social desde la perspectiva de la Didáctica y la Organización Escolar. in *Investigación, innovación e inclusión educativa desde la praxis.* (2022). doi:10.2307/j.ctv2s0j5mj.15.

32. Matsumoto, D. Paul Ekman and the legacy of universals. *J Res Pers* **38**, (2004).

33. Farley, S. D. Introduction to the Special Issue on Emotional Expression Beyond the Face: On the Importance of Multiple Channels of Communication and Context. *J Nonverbal Behav* **45**, (2021).

34. Ekman, P. Facial expression and emotion. *American Psychologist* **48**, (1993).

35. Lizarte Simón, E. J., Botella López, M. C., Hernández Ríos, M. L. & Gijón Puerta, J. Stress-Less (Take my Paws). Proyecto para reducir el estrés ante los exámenes de los estudiantes de la Facultad de Ciencias de la Educación de la Universidad de Granada. in *Sociedad 5.0 ante la pandemia: Perspectivas de investigación avanzada* (ed. Alonso, S.) (Octaedro, 2020).

36. Salinas, F. A. C., Ortiz, G. G. R. & Suarez, P. C. M. Recognition of emotions through facial expression analysis. *South Florida Journal of Development* **2**, (2021).

37. Wibowo, H., Firdausi, F., Suharso, W., Kusuma, W. A. & Harmanto, D. Facial expression recognition of 3D image using facial action coding system (FACS). *Telkomnika (Telecommunication Computing Electronics and Control)* **17**, (2019).

38. Rawal, N. & Stock-Homburg, R. M. Facial Emotion Expressions in Human–Robot Interaction: A Survey. *Int J Soc Robot* **14**, (2022).

39. Fouts, R. *Primos hermanos*. (Ediciones B, 1997).

40. Walking with the great apes: Jane Goodall, Dian Fossey, Birute Galdikas. *Choice Reviews Online* **28**, (1991).

41. Gijón Puerta, J. La convivencia escolar como innovación: Un análisis sobre el caso andaluz utilizando el 'concerns-based adoption model'. *Educ Policy Anal Arch* (2006) doi:10.14507/epaa.v14n3.2006.

42. Ghiglieri, M. P. *The dark side of man: Tracing the origins of male violence*. (Perseus Publishing, 1999).

43. De Waal, F. & Waal, F. B. M. *Chimpanzee politics: Power and sex among apes*. (JHU Press, 2007).

44. De Waal, F. B. M. *Peacemaking among primates*. (Harvard University Press, 1989).

45. De Waal, F. B. M. & van Roosmalen, A. Reconciliation and consolation among chimpanzees. *Behav Ecol Sociobiol* **5**, 55–66 (1979).

46. Hersh, R. H., Reimer, J. & Paolitto, D. P. *El crecimiento moral: de Piaget a Kohlberg*. vol. 34 (Narcea Ediciones, 1984).

47. Fuentes, R., Gamboa, J., Morales, K., Retamal, N. & Víctor San Martín, R. Jean Piaget, aportes a la educación del desarrolo del juicio moral para el siglo XXI. *Convergencia educativa* **1**, 55–69 (2012).

48. Hersh, R. H., Reimer, J. & Paolitto, D. P. *El crecimiento moral: de Piaget a Kohlberg*. vol. 34 (Narcea Ediciones, 1984).

49. Straughan, R. Why not act on Kohlberg's moral judgments? (Or how to reach stage 6 and remain a bastard). in *The great justice debate: Kohlberg criticism. Moral development: A compendium, Vol. 4* (1994).

50. Conde, C. J. C. & Ayala, F. J. *Humanos.¿ O no?* (Comercial Grupo ANAYA, SA, 2021).

51. Shure, M. B. & Spivack, G. The problem–solving approach to adjustment: A competency–building model of primary prevention. *Prev Hum Serv* **1**, (1981).

52. Segura Morales, M. & Arcas Cuenca, M. *Decide Tú II. Programa de competencia social*. https://www.juntadeandalucia.es/educacion/portals/delegate/content/525942da-c22d-44fa-8b98-b58207a63396/DECIDE_TU_2.

53. Wilson, E. O. *Sociobiology: The new synthesis*. (Harvard University Press, 2000).

54. Houston, A. I. & McNamara, J. M. John Maynard Smith and the importance of consistency in evolutionary game theory. *Biol Philos* **20**, (2005).

55. Maynard Smith, J. The theory of games and the evolution of animal conflicts. *J Theor Biol* **47**, (1974).

56. Trivers, R. L. The Evolution of Reciprocal Altruism. *Q Rev Biol* **46**, (1971).

57. Kawai, M. Newly-acquired pre-cultural behavior of the natural troop of Japanese monkeys on Koshima Islet. *Primates* **6**, 1–30 (1965).

58. Leca, J.-B. *et al.* A multidisciplinary view on cultural primatology: behavioral innovations and traditions in Japanese macaques. *Primates* **57**, 333–338 (2016).

59. Schofield, D. P., McGrew, W. C., Takahashi, A. & Hirata, S. Cumulative culture in non-humans: overlooked findings from Japanese monkeys? *Primates* **59**, 113–122 (2018).

60. Llorente, M. Medio siglo lavando boniatos. *Asociación Primatológica Española* https://apespain.org/medio-siglo-lavando-boniatos/ (2023).

61. European commission. Education and Training. *Key Competences for Lifelong Learning.* (Publications Office of the European Union, 2019).

62. Barbot, B. & Eff, H. The genetic basis of creativity: A multivariate approach. in *The Cambridge handbook of creativity* (eds. Kaufman, J. C. & Sternberg, R. J.) 132–147 (Cambridge University Press, 2019).

63. Liu, Z. *et al.* Neural and genetic determinants of creativity. *Neuroimage* **174**, 164–176 (2018).

64. Zwir, I. *et al.* Evolution of genetic networks for human creativity. *Mol Psychiatry* 1–23 (2021).

65. Kandler, C. *et al.* The nature of creativity: The roles of genetic factors, personality traits, cognitive abilities, and environmental sources. *J Pers Soc Psychol* **111**, 230 (2016).

66. Burke, N. W. & Holwell, G. Costs and benefits of polyandry in a sexually cannibalistic mantis. *J Evol Biol* **36**, (2023).

67. Burke, N. W. & Holwell, G. I. Increased male mating success in the presence of prey and rivals in a sexually cannibalistic mantis. *Behavioral Ecology* **32**, (2021).

68. Crisanto Téllez, L. G. Respuesta del cardenalito (Pyrocephalus rubinus) a diferentes partes del canto: evaluando la información sobre identidad de especie. (Benemérita Universidad Autónoma de Puebla, 2016).

69. Gallego Rubalcaba, J. V. Asimetría sexual de las estrategias vitales en aves: una aproximación comparada en Sturnidae, y experimental y teórica en el poligínico estornino negro. (Universidad Rey Juan Carlos, 2017).

70. Lilley, M. K., Kuczaj, S. A. & Yeater, D. B. Individual Differences in Nonhuman Animals: Examining Boredom, Curiosity, and Creativity BT - Personality in Non-human Animals. in (eds. Vonk, J., Weiss, A. & Kuczaj, S. A.) 257–275 (Springer International Publishing, 2017). doi:10.1007/978-3-319-59300-5_13.

71. Gosling, S. D. From mice to men: what can we learn about personality from animal research? *Psychol Bull* **127**, 45 (2001).

72. Eastwood, J. D., Frischen, A., Fenske, M. J. & Smilek, D. The Unengaged Mind: Defining Boredom in Terms of Attention. *Perspectives on Psychological Science* 7, 482–495 (2012).

73. Bench, S. W. & Lench, H. C. On the Function of Boredom. *Behavioral Sciences* **3**, 459–472 (2013).

74. Mann, S. & Cadman, R. Does being bored make us more creative? *Creat Res J* **26**, 165–173 (2014).

75. Owen, M. A., Swaisgood, R. R., Czekala, N. M. & Lindburg, D. G. Enclosure choice and well-being in giant pandas: is it all about control? *Zoo Biology: Published in affiliation with the American Zoo and Aquarium Association* **24**, 475–481 (2005).

76. Cannon, T. H., Heistermann, M., Hankison, S. J., Hockings, K. J. & McLennan, M. R. Tailored enrichment strategies and stereotypic behavior in captive individually housed macaques (Macaca spp.). *Journal of Applied Animal Welfare Science* **19**, 171–182 (2016).

77. Baird, R. W. The killer whale. in *Cetacean societies: field studies of dolphins and whales* (eds. Mann, J., Connor, R. C., Tyack, P. L. & Whitehead, H.) 127–153 (University of Chicago Press Chicago, IL, 2000).

78. Burghardt, G. M. A brief glimpse at the long evolutionary history of play. *Anim Behav Cogn* **1**, 90–98 (2014).

79. Greene, W. E., Melillo-Sweeting, K. & Dudzinski, K. M. Comparing object play in captive and wild dolphins. *Int J Comp Psychol* **24**, (2011).

80. Kuczaj, S. A. & Eskelinen, H. C. Why do dolphins play. *Anim Behav Cogn* **1**, 113–127 (2014).

81. Kaufman, A. B., Butt, A. E., Kaufman, J. C. & Colbert-White, E. N. Towards a neurobiology of creativity in nonhuman animals. *J Comp Psychol* **125**, (2011).

82. Kaufman, J. C. & Sternberg, R. J. *The Cambridge handbook of creativity.* (Cambridge University Press, 2019).

83. Sequeiros, L. *Granada y el darwinismo: discurso de Rafael García Álvarez (1872) y la censura sinodal.* (Editorial Universidad de Granada, 2009).

84. Sequeiros, L. Tres precursores del paradigma darwinista: José de Acosta (1540-1600), Athanasius Kircher (1601-1680) y Félix de Azara (1742-1821). *PENSAMIENTO. Revista de Investigación e Información Filosófica* **65**, 1059–1076 (2009).

85. Dobzhansky, T. Nothing in Biology Makes Sense except in the Light of Evolution. *American Biology Teacher* **35**, 125–129 (1973).

La teoría de la evolución: ciencia y religión en diálogo

Francisco J. Ayala[1]

¿Se puede creer en la evolución y en Dios? La evolución y las creencias religiosas no tienen por qué estar en contradicción. La ciencia y la religión son como dos ventanas diferentes para observar el mundo. Las dos ventanas miran el mismo mundo, pero muestran aspectos diversos de él. La ciencia se ocupa de los procesos que explican el mundo natural: cómo se mueven los planetas, la composición de la materia y la atmósfera, el origen y la adaptación de los organismos. La religión se ocupa del significado y la finalidad del mundo y de la vida humana, la correcta relación entre los seres humanos y el Creador, y entre ellos mismos, y de los valores morales que inspiran y gobiernan la vida de las personas. Solo surgen aparentes contradicciones cuando la ciencia o la religión cruzan sus límites y se entrometen indebidamente en los asuntos de la otra.

La conclusión que quiero proponer en este ensayo es que los conocimientos científicos y las creencias religiosas no tienen por qué estar en contradicción. Si se los evalúa de forma correcta, no pueden estar en contradicción, porque ciencia y religión se ocupan de campos de conocimiento que no se superponen. Únicamente al hacer afirmaciones que están más allá de sus fronteras legítimas, es cuando la ciencia y las creencias religiosas parecen ser antitéticas.

La teoría de la evolución afirma que los organismos están emparentados por ascendencia común. Hay una multiplicidad de especies porque los organismos cambian de generación en generación, y los linajes diferentes cambian de forma diferente. Las especies que comparten un antepasado reciente son por tanto más parecidas que las que tienen antepasados remotos. Así, los humanos y los chimpancés son, en configuración y constitución genética, más similares entre sí de lo que lo son respecto a los babuinos o los elefantes.

La ciencia ha demostrado más allá de toda duda razonable que los organismos vivos evolucionan y se diversifican a lo largo del tiempo, y que sus rasgos son fruto de un proceso, la selección natural, que explica su «diseño». Darwin y otros biólogos del siglo XIX hallaron pruebas contundentes de la evolución biológica en

---

1. Cátedra Hana y Francisco José Ayala de Ciencia, Tecnología y Religión. Universidad de Comillas.

el estudio comparativo de los organismos vivos, en su distribución geográfica, y en los restos fósiles de organismos extintos. Desde la época de Darwin, la evidencia procedente de estas fuentes se ha vuelto más sólida y más amplia, mientras que las disciplinas biológicas recientes —la genética, la bioquímica, la fisiología, la ecología, el comportamiento animal (etología), y especialmente la biología molecular— han aportado poderosas pruebas adicionales y confirmación detallada.

Consecuentemente, los científicos coinciden en que el origen evolutivo de los animales y las plantas es una conclusión científica más allá de toda duda razonable. Lo sitúan junto a conceptos establecidos como que la Tierra es redonda y gira alrededor del Sol, y la composición molecular de la materia. Que la evolución ha ocurrido es, en lenguaje corriente, un hecho.

Hay personas creyentes, incluyendo teólogos, que piensan que la teoría de la evolución es incompatible con la fe cristiana, porque no concuerda con la narración de la creación que hace la Biblia. Los primeros capítulos de libro bíblico del Génesis describen la creación por parte de Dios del mundo, las plantas, los animales y los seres humanos. Una interpretación literal del Génesis parece incompatible con la evolución gradual de los humanos y de otros organismos por procesos naturales.

Sin embargo, ya hace tiempo que muchos estudiosos de la Biblia y teólogos han rechazado por insostenible una interpretación literal, puesto que la Biblia contiene afirmaciones mutuamente incompatibles. El mismo principio del libro del Génesis presenta dos narraciones diferentes de la creación. En el capítulo 1 figura la narración familiar de la creación en seís días, en la que Dios crea a los seres humanos, tanto al macho como a la hembra, después de crear la luz, la tierra, los peces, las aves y los animales.

En el capítulo 2 aparece una narración diferente. En esta segunda narración, Adán es creado primero, antes del Jardín del Edén. Solo después de crear las plantas y los animales crea Dios a la primera mujer, a partir de la costilla de Adán.

¿Cuál de las dos narraciones es la correcta? Ninguna de las dos entraría en contradicción con la otra si entendiéramos que transmiten el mismo mensaje: que el mundo fue creado por Dios y que los humanos son sus criaturas. Pero ambas narraciones no pueden ser históricamente y literalmente verdaderas, tal como postulan ciertos «creacionistas».

Según San Agustín, en su comentario «literal» sobre el libro del *Génesis* (*De Genesi ad litteram*), los cristianos no deben tratar de resolver cuestiones científicas con las Sagradas Escrituras. San Agustín añadía: «Si sucede que la autoridad de las Sagradas Escrituras parece oponerse a conocimientos obtenidos por un razonamiento claro y seguro, significa que la persona que interpreta las Escrituras no las comprende correctamente».

Según el Papa Juan Pablo II en 1981:[2] «La Biblia nos habla del origen del universo y su creación, no para proporcionarnos un tratado científico sino para establecer

---

2. Discurso a la Academia Pontificia de las Ciencias. 3 de octubre de 1981

las correctas relaciones del hombre con Dios y con el universo». El Papa añade: «Las Sagradas Escrituras simplemente desean declarar que el mundo fue creado por Dios, y con el fin de enseñar esta verdad se expresan *en los términos de la cosmología conocida en los tiempos del escritor sagrado*».

El ámbito de la ciencia es el mundo de la naturaleza, la realidad que es observada, directa o indirectamente, por nuestros sentidos. La ciencia propone explicaciones relacionadas con el mundo natural, explicaciones que están sujetas a la posibilidad de corroboración o rechazo por medio de la observación y el experimento. Fuera de ese mundo, la ciencia no tiene autoridad, ninguna afirmación que hacer, ningún asunto que le sea propio ya sea tomando una posición u otra. La ciencia no tiene nada decisivo que decir sobre los valores, ya sean económicos, estéticos o morales; nada que decir sobre el sentido de la vida o su propósito; nada que decir sobre las creencias religiosas (excepto en el caso de las creencias que trascienden el propio ámbito de la religión y hacen afirmaciones sobre el mundo natural que contradicen el conocimiento científico; dichas afirmaciones no pueden ser ciertas).

La ciencia es metodológicamente *materialista* o, mejor dicho, metodológicamente *naturalista*. Prefiero la segunda expresión porque «materialismo» a menudo se refiere a una concepción metafísica del mundo, una filosofía que afirma que no existe nada más allá del mundo de la materia, que no hay nada más allá de lo que nuestros sentidos pueden experimentar. La cuestión de si la ciencia es o no inherentemente materialista depende de si nos estamos refiriendo a los métodos y el ámbito de la ciencia, los cuales permanecen dentro del mundo de la naturaleza, o a las implicaciones metafísicas de la filosofía materialista que afirman que nada existe más allá del mundo de la materia. La ciencia no implica el materialismo metafísico.

Los científicos y los filósofos que afirman que la ciencia excluye la validez de cualquier conocimiento fuera de la ciencia cometen un «error categórico», confunden el método y el ámbito de la ciencia con sus implicaciones metafísicas. El naturalismo metodológico afirma los límites del conocimiento científico, no su universalidad. Que la ciencia no esté constreñida por diferencias culturales o religiosas es una de sus grandes virtudes. La ciencia no supera esas diferencias negándolas o tomando una posición en lugar de otra. Está más allá de las diferencias culturales, políticas y religiosas, porque estas cuestiones no son asunto suyo.

Sin embargo, algunos científicos, entre ellos evolucionistas, afirman que la ciencia niega cualquier conocimiento válido respecto a los valores o el sentido y propósito del mundo. El distinguido biólogo, Richard Dawkins, niega el diseño, el propósito y los valores de forma explícita: «El universo que observamos tiene precisamente las propiedades que deberíamos esperar si, en el fondo, no hay diseño, ni objetivo, ni bien ni mal, nada sino una ciega y despiadada indiferencia». El historiador de la ciencia William Provine no sólo afirma que no existen principios absolutos de ninguna clase, sino que extrae la conclusión final a partir de una línea de pensamiento materialista de que incluso el libre albedrío es una ilusión.

Hay una contradicción monumental en estas afirmaciones. Si el compromiso que la ciencia tiene con el naturalismo no le permite derivar valores, significados o propósitos a partir del conocimiento científico, sin duda tampoco le permite negar su existencia. Podemos conceder a estos autores su derecho a pensar como quieran, pero no tienen ninguna autoridad para basar su filosofía materialista en los logros de la ciencia.

La National Academy of Sciences de los Estados Unidos ha afirmado de forma enfática:

> La religión y la ciencia responden a preguntas diferentes sobre el mundo. Que el universo tenga un objetivo o lo tenga la existencia humana no son preguntas para la ciencia (...) En consecuencia, muchas personas y entre ellas muchos científicos, mantienen fuertes creencias religiosas y al mismo tiempo aceptan el hecho de la evolución.

Santo Tomás de Aquino (1224-1274), siguiendo una larga tradición cristiana que se remonta al menos hasta San Agustín (354-430), distinguía dos fuentes de conocimiento: la razón y la Revelación Divina. La Encarnación y la Trinidad son verdades teológicas que sólo se pueden conocer a través de la Revelación. La inteligencia humana, por medio de la experiencia y el razonamiento lógico, puede adquirir conocimiento válido y construir una ciencia del mundo natural. Como es bien sabido, Santo Tomás argumentaba, en «discusiones» públicas en la Universidad de París, que la verdad racional y la Revelación no pueden ser incompatibles. Las contradicciones sólo pueden ser aparentes, debidas a una errónea interpretación de las Escrituras o a un razonamiento equivocado.

Mi mensaje va más allá de negar la incompatibilidad entre ciencia y religión. Mi mensaje es que el llamado «creacionismo» no es compatible con la creencia cristiana en un Dios omnipotente y benévolo, en tanto que la ciencia en general y la teoría de la evolución en particular sí son compatibles. Más aun, cabe afirmar que la teoría de la evolución proporciona a la teología cristiana una solución posible al llamado «problema del mal».

He escrito «creacionismo» entre comillas para referirme a las actuales teorías fundamentalistas, populares sobre todo en los Estados Unidos, que no sólo afirman que Dios creó el mundo, sino también que lo creó en seis días y tal como lo observamos ahora. Esta forma de creacionismo no deja espacio a la geología o la astronomía; no deja espacio a la formación gradual de las montañas o los planetas. Y, desde luego, no deja espacio a la evolución biológica.

El creacionismo antievolucionista es incompatible con el cristianismo porque predica atributos del Creador que el cristianismo (al igual que otras religiones monoteístas, como el judaísmo y el islam) encuentra inaceptables. El Dios de estos creacionistas comete graves errores, crea órganos que son imperfectos y disfuncionales, y es el autor de la crueldad y el sadismo que se extienden por el mundo de los seres vivos.

La ciencia proporciona una explicación racional de estas deficiencias: son resultados de procesos naturales. La teoría de Darwin de la evolución por selección natural completó el conocimiento del universo que había comenzado con los descubrimientos de la física y la astronomía en los siglos XVI y XVII. Darwin proporcionó a los teólogos el «eslabón perdido» en la explicación del mal en el mundo o, en lenguaje teológico, la evolución proveyó una solución convincente al problema de la «teodicea».

Una definición de diccionario de la palabra teodicea es «la defensa de la bondad y la omnipotencia de Dios en vista de la existencia del mal». El problema del mal se ha planteado tradicionalmente en la forma de un dilema que se remonta a Epicuro, como lo expresa filosofo escocés David Hume: «Epicurus old questions are yet unanswered: Is he [God] willing to prevente vil but not able? then he is impotent. Is he able, but not willing? then he is malevolent. Is he both evil and willing? Whence then is evil?». Si este razonamiento es válido, se seguiría que o bien Dios no es omnipotente o no es benevolente. La alternativa es buscar la explicación del mal sin atribuirlo a su creación directa por Dios.

La teología tradicional distingue tres clases de mal: (1) mal moral o pecado, el mal originado por los seres humanos; (2) dolor y sufrimiento, tal como los experimentan los seres humanos; (3) mal físico, como las inundaciones, los tornados, los terremotos y las imperfecciones de todas las criaturas.

El pecado es una consecuencia del libre albedrío; la otra cara es la virtud. Sin libre albedrío, no existe virtud. Los teólogos cristianos han expuesto que si el hombre desea entrar en una relación genuinamente personal con su Creador, primero debe experimentar cierto grado de libertad y autonomía. Una vida virtuosa *gana* la eterna recompensa del cielo. La teología cristiana también proporciona una buena explicación del dolor y el sufrimiento humanos. En la medida en que el dolor y el sufrimiento son causados por la guerra, la injusticia, y otras formas de maldad humana, también son una consecuencia del libre albedrío, la otra cara de las buenas acciones.

¿Y qué ocurre con los terremotos, las tormentas, las inundaciones, las sequías y otras catástrofes físicas? Aquí entra la ciencia moderna en el razonamiento teológico. Los sucesos físicos están insertos en la estructura del propio mundo. Desde el siglo XVII, los seres humanos han sabido que los procesos por los cuales se forman las galaxias, las estrellas y los planetas, y por los que se desplazan los continentes, así como las inundaciones, los tornados y los terremotos, son procesos naturales, no acontecimientos específicamente concebidos por Dios para castigar o premiar a los seres humanos.

A mediados del siglo XIX la teodicea aún se topaba con una dificultad en apariencia insuperable. Si Dios es el diseñador de la vida, ¿de dónde viene la crueldad del león, el veneno de la serpiente, y los parásitos que solo existen para destruir a sus huéspedes? La teoría de la evolución proporciona la solución al componente restante del problema del mal. Como las inundaciones y las sequías son una consecuencia necesaria de la estructura del mundo físico, los depredadores y los parásitos, las disfunciones y las enfermedades son consecuencia de la evolución de la vida. *No* son el resultado de un diseño deficiente o malévolo: las características de los organismos no han sido *diseñadas* por el Creador. La evolución por medio de la selección natural es la solución al último escollo del problema del mal.

La teoría de la evolución hace afirmaciones sobre tres cuestiones diferentes, aunque relacionadas: (1) el hecho de la evolución – es decir, que los organismos están emparentados por una ascendencia común; (2) historia evolutiva – los detalles del momento en que los linajes se separan unos de otros y de los cambios que tienen lugar en cada linaje; y (3) los mecanismos o procesos por los cuales se produce el cambio evolutivo.

La primera cuestión es la más fundamental y está establecida con completa certidumbre. Darwin reunió muchas pruebas en su apoyo, pero las pruebas no han dejado de acumularse continuamente desde entonces, procedentes de todas las disciplinas biológicas. El origen evolutivo de los organismos es hoy una conclusión científica establecida más allá de toda duda razonable, dotada de la clase de certidumbre que los científicos atribuyen a teorías científicas bien establecidas en física, astronomía, química, y biología molecular. Este grado de certidumbre más allá de la duda razonable es lo que se implica cuando los biólogos dicen que la evolución es un «hecho».

La teoría de la evolución va mucho más allá de la afirmación general de que los organismos evolucionan. La segunda y tercera cuestiones —tratar de comprobar la historia evolutiva, además de explicar cómo y por qué se produce la evolución— son asuntos que todavía estan sujetos a la investigación científica activa. Algunas conclusiones están bien establecidas. Una, por ejemplo, es que los chimpancés están más estrechamente emparentados con los humanos de lo que lo están cualquiera de esas dos especies con los babuinos u otros monos. Otra conclusión es que la selección natural, el proceso postulado por Darwin, explica la configuración de rasgos adaptativos como el ojo humano y las alas de los pájaros. Muchos asuntos son menos ciertos, otros son poco más que conjeturas, y aún otros —como las características de los primeros entes vivos y el tiempo preciso en que aparecieron— siguen siendo en gran parte desconocidos.

Pero la incertidumbre sobre estas cuestiones no arroja dudas acerca del hecho de la evolución. Del mismo modo, no conocemos todos los detalles sobre la configuración del universo y el origen de las galaxias, pero esto no es razón para dudar de la existencia de las galaxias y de todo lo que ya sabemos sobre sus características. La biología evolutiva es uno de los campos más activos de la investigación científica en la actualidad y constantemente se acumulan importantes descubrimientos, apoyados en gran parte por los avances en otras disciplinas biológicas.

Entre las cuestiones todavía no resueltas sobre la evolución humana, mencionaré dos grandes enigmas. Un enigma es la base genética de la transformación de simio a humano. El genoma humano y el del chimpancé han sido descifrados. Cada uno se compone de algo más de tres mil millones de pares de letras: los nucleótidos lineal-mente dispuestos de cuatro clases que constituyen el ADN. Los genomas humano y del chimpancé difieren en poco más de un uno por ciento del ADN que codifica las proteínas y sin embargo somos muy diferentes en importantes aspectos: un cerebro mucho más grande, el lenguaje, la tecnología, el arte, la ética y la religión.

¿Cuáles fueron las circunstancias y procesos que dan cuenta de diferencias tan fundamentales y como explicar tales diferencias en términos de cambios en una proporción tan pequeña del ADN codificante?

El otro enigma es la transformación de cerebro a mente. Sabemos que los treinta mil millones de neuronas de nuestros cerebros se comunican entre ellas y con otras células nerviosas por medio de señales químicas y eléctricas. ¿Cómo se transforman estas señales en percepciones, sentimientos, ideas, argumentos críticos, emociones estéticas, y valores éticos y religiosos? ¿Y cómo es posible que, a partir de esta diversidad de experiencias, surja una realidad unitaria, la mente o el yo?

El alma creada por Dios, podría uno decir, explica ambas transformaciones: de simio a humano y de cerebro a mente. Esta respuesta religiosa quizá sea satisfactoria para los creyentes, pero no es *científicamente* satisfactoria. Como biólogo, yo quiero saber cómo los rasgos anatómicos y de comportamiento que nos diferencian de los simios surgen de nuestras diferencias genéticas; y también quiero conocer las correlaciones biológicas que explican las experiencias mentales. Las próximas décadas avanzarán, sin duda, nuestros conocimientos sobre estas cuestiones y, eventualmente, tendremos tal vez respuestas satisfactorias a los dos enigmas planteados.